U0303552

汉译世界学术名著丛书

物 的 分 析

〔英〕罗素 著

贾可春 译

商务印书馆
The Commercial Press
哲学1897

Bertrand Russell

THE ANALYSIS OF MATTER

本书根据 Spokesman 2007 年版译出

汉译世界学术名著丛书
出 版 说 明

我馆历来重视移译世界各国学术名著。从 20 世纪 50 年代起，更致力于翻译出版马克思主义诞生以前的古典学术著作，同时适当介绍当代具有定评的各派代表作品。我们确信只有用人类创造的全部知识财富来丰富自己的头脑，才能够建成现代化的社会主义社会。这些书籍所蕴藏的思想财富和学术价值，为学人所熟悉，毋需赘述。这些译本过去以单行本印行，难见系统，汇编为丛书，才能相得益彰，蔚为大观，既便于研读查考，又利于文化积累。为此，我们从 1981 年着手分辑刊行，至 2020 年已先后分十八辑印行名著 800 种。现继续编印第十九辑，到 2021 年出版至 850 种。今后在积累单本著作的基础上仍将陆续以名著版印行。希望海内外读书界、著译界给我们批评、建议，帮助我们把这套丛书出得更好。

商务印书馆编辑部

2020 年 7 月

译　者　序

一、罗素其人

　　伯特兰·罗素(1872－1970)，是世界现代史上最为独特、最具魅力的人物。他是现代英国著名的哲学家、文学家、数学家、逻辑学家、政治活动家、大英帝国勋爵、帝国功绩勋章获得者，生前为皇家学会会员，曾于1950年被授予诺贝尔文学奖，以表彰其"多样且重要的作品，以及对人道主义理想与思想自由的不懈追求"。

　　罗素出生在威尔士的一个贵族家庭，祖父约翰·罗素伯爵是辉格党领袖，曾两度出任英国首相，祖母是一位虔诚的基督教徒，精通数门语言并有深厚的古典文学素养。罗素两岁丧母，四岁丧父，六岁时祖父去世，主要在祖母的抚育下长大。祖母对他的教育虽极为用心却管教严格，加上家庭生活中充满着一种清教徒式的虔诚与清苦，罗素感觉自己的童年生活很不愉快。11岁时罗素跟着哥哥学习欧氏几何，这门学科令他"像初恋一样陶醉"，成了他童年及成年后"幸福的主要源泉"。18岁时，罗素进入剑桥大学，学习数学和哲学。毕业后，罗素选择了哲学作为自己的终身事业。

　　罗素活了98岁。在其近一个世纪的漫长生涯中，罗素经历了大英帝国的辉煌与没落；他出生时，英帝国正处于发展巅峰期，而他去世时，由于经历了两次世界大战，英帝国已处于没落期。罗素在晚年的《自传》中总结自己的过往生涯时曾说，"三种纯粹而极强烈的激情支配着我的一生，那就是对爱情的渴望、对知识的追求以及对人类苦难不可遏制的同情。"确实，正是这三种激情，使得罗素有着不同于寻常人的生命经历和人生成就。

罗素说，他渴望爱情，是因为爱情能给他带来狂喜、解除孤寂，能从爱的结合中看到圣徒和诗人们所想象的天堂景象的神秘缩影。罗素一生有过 4 次婚姻。他最小的孩子是在他 66 岁时出生的，他第四次结婚时已年届八十，妻子比他小三十几岁。

罗素秉有和平主义理念，并热衷于社会政治活动，正是这一点凸显了他对人类苦难的深切同情。他反对英国参加第一次世界大战并因此入狱，他参与过肯尼迪遇刺事件的调查，他曾与爱因斯坦一起参加反核运动，并发表了著名的《罗素-爱因斯坦宣言》。罗素在 89 岁高龄时还与法国著名哲学家萨特一起参加反对越战的游行，并成立了民间性质的罗素法庭。罗素还是一位女权主义者，为追求妇女权益做出过不少贡献。另外，罗素还为废除死刑、实施安乐死及性自由等问题进行过很多辩护。

就对知识的追求而言，罗素是当代少有的百科全书式的学者。他不仅是一流的哲学家、文学家、数学家、逻辑学家，而且在历史学、教育学、社会学、政治学等方面也卓有建树。罗素还精通物理学、化学及生物学等自然科学，曾写过得到爱因斯坦本人认可的通俗科学读物《相对论 ABC》。罗素著作等身，共写过 70 余部著作及难以计数的论文；仅就哲学方面而言，影响较大的有：《数学原则》

(1903)、《数学原理》(1910—1913)、《哲学问题》(1912)、《我们关于外部世界的知识》(1914)、《逻辑原子主义哲学》(1918)、《心的分析》(1921)、《物的分析》(1927)、《哲学大纲》(1927)、《意义与真理的探究》(1940)、《西方哲学史》(1945)及《人类的知识》(1948)等。

在数学及逻辑学方面,罗素是 19 世纪、20 世纪之交数学基础三大流派之一的逻辑主义的主要代表。罗素提出过集合论悖论,直接导致了数学史上的第三次危机,动摇了整个数学大厦的根基。罗素的逻辑主义认为,全部数学都可以还原为逻辑。他与怀特海合写的三卷本《数学原理》就是对数学逻辑化的一次系统尝试;尽管哥德尔不完备性定理证明此次尝试并不成功,但此书奠定了现代数理逻辑的基本框架,并被誉为"20 世纪逻辑学的圣经"。罗素亦因此被视为自亚里士多德以来最伟大的逻辑学家。

在哲学方面,罗素是分析哲学的创始人、逻辑原子论的创始人及新实在论的主要代表。作为分析哲学的创始人,罗素与穆尔、弗雷格、维特根斯坦及卡尔纳普等人一起开创了 20 世纪的分析哲学运动。罗素于 1905 年发表的"论指谓"一文标志着当代分析哲学的诞生,该文阐述的摹状词理论被英国天才学者拉姆齐誉为"哲学的典范"。罗素提出逻辑是哲学的本质,他的一些基本观点及所采用的形式分析方法,影响了整个 20 世纪分析哲学的发展。作为新实在论的主要代表,罗素与穆尔一起推翻了以麦克塔加特及布拉德雷为代表的当年在英国占主导地位的新黑格尔主义哲学。作为逻辑原子论哲学的创始人之一(另一位是维特根斯坦),他主张建立一种能够反映实在结构的理想语言;逻辑原子论哲学极大地影响了上个世纪初显赫一时的维也纳学派。

此外,罗素也是一位教育家及教育学家。他办过实验学校,并出版过受到中国诗人徐志摩高度评价的《论教育》一书。

罗素曾于 1920 年到访中国,进行了为期近一年的讲学活动,成为当时中国思想界的一件盛事。在长沙期间,毛泽东当过他的速记员。罗素对中国抱有好感,回国后写有《中国问题》一书。孙中山读了此书后,称罗素是"唯一真正了解中国的西方人"。

二、知觉与物理学的真理性

罗素在形而上学、认识论、逻辑学、伦理学、科学哲学、语言哲学及心灵哲学等诸多领域都有论述,但他最关心的还是认识论问题。在《我的哲学的发展》中,罗素这样说过:"我的哲学的发展可以分为不同的阶段。在这些阶段中,只有一件事情引起了我持久的注意,那就是:我从始至终都急切地想发现我们能认识多少东西,以及我们的认识带有多大程度的确定性或可疑性。"

认识论问题曾是近代西方哲学的中心问题;围绕这个问题,出现过大陆唯理论与英国经验论之争。唯理论认为普遍必然的知识来自先天,而经验论则坚持认识起源于经验的经验论原则。从培根开始,经过洛克和巴克莱,直到休谟,古典经验论一步一步走完了其逻辑旅程。休谟把经验论原则推到极致,认为认识来源于知觉(即观念与印象),亦限于知觉,从而导致了哲学史上的所谓休谟问题。休谟问题的实质在于否认涉及未来的全称陈述的真理性,实际上也就是否认科学命题的真理性。休谟问题给哲学带来了巨大挑战。蒯因说,休谟问题是哲学和科学的共同耻辱,休谟的困境就是全人类的困境。包括康德及现代实证主义者在内的后世哲学家为解决这个问题都曾进行过不懈的努力。

作为现代经验论哲学家，罗素继承了古典经验论的基本原则，仍然把感觉当作认识的可靠出发点。在这一基本前提下，罗素亦不得不严肃面对休谟问题；事实上，罗素毕生对认识论问题的思考，就在于持续不断探索解决休谟问题的方案。从上个世纪 20 年代前后开始，罗素从新实在论转向中立一元论，认为构成世界的终极材料是感觉，从而开始坚持一种比较彻底的经验论。这种立场导致他认为：全部认识论都应该从"我知道什么"开始，并且唯有经验才能决定非重言式命题的真或假，而"当下的知觉对象"则是我们经验中最无可置疑的东西。因此，对罗素来说，休谟问题或者说认识论的中心问题可以这样表述：从第一人称的知觉经验出发，如何获得合法的不带主观性的科学知识？换言之，从知觉出发所得到的科学知识何以具有真理性？在解决这个问题上，罗素拥有了休谟所无法比拟的优势，即拥有了数理逻辑。数理逻辑使得罗素有可能以一种新的方式挽救经验论，并为解决休谟问题提供新的思路。事实上，罗素的工作就是"把类似于休谟的一般观点与从现代逻辑中成长起来的方法结合起来"。

在罗素的心目中，科学的典范是物理学。对他来说，解决科学知识的真理性问题，就是解决物理学的真理性问题，进而言之，就是回答知觉何以能够为物理学命题提供证据。在《物的分析》中，罗素正是在深入探讨知觉与物理学二者关系问题的基础上，着力解决物理学的真理性问题。

罗素最初的设想是，利用《数学原理》所提供的方法，提炼出物理学的先天部分并将其公理化,然后对物理学的中心概念进行逻辑构造;只要构造出来的东西拥有物理学家期待其拥有的全部性质,我们就可以证明物理学的真理性。但罗素后来发现,当时物理学的发展状况使其尚无法将物理学公理化;因此在《物的分析》中,他第一步的工作,只是对当代物理学,尤其是量子力学及相对论中的一些关键概念和问题做初步的逻辑分析。完成这种分析之后,罗素深入探讨了物理学真理的证据问题,即知觉与物理学之间的关系问题;最后,在这种探讨的基础上,罗素才对物理学的中心概念展开了构造。

现代物理学的发展出现了越来越抽象化的趋势,物理世界加速远离日常世界。比如,古典物理学的时间及空间概念已让位于相对论的时–空概念,最终还可让位于不可通过四维坐标系来表达的事件次序概念;又如,物质被等同于某种具有守恒性质的张量,这样的物质概念其实是由质量、动量及应力的可测量性所构成的物质之力学抽象。物理学的抽象化趋势使得物理学与知觉之间的鸿沟越来越宽,但在罗素看来,知觉仍然是物理学知识的可靠来源,所以在这种情况下,物理学的真理性问题就愈益突出。作为经验论哲学家,罗素的主要做法是在物理学与知觉之间架起一座桥梁;而架设这一桥梁的关键就在于进行所谓的逻辑构造。他认为,假如给定了作为一个演绎系统的物理学,且该系统是从某些关于未定义的项的假设中推论出来的,那么,若存在满足这些假设的殊相或由殊相组成的逻辑构造,则物理学完全是真的。罗素指出,无论是常识,还是实践中的物理学,都假定了知觉的原因理论,即认为我们的所有知觉都因果地联系于可以不是知觉的因果前件,而且知觉对象的结构上的属性一定存在于刺激物中。所以他认为，一定有可能存在满足相关假设的殊相或由殊相组成的逻辑构造。《物的分析》的中心任务，就是努力尝试这样的构造，或者说去发现物理世界的一种可能的结构。这样的构造或结构，一方面要体现它与知觉之间的连续性，另一方面又要具有物理学家期待其拥有的全部性质；唯有如此，才能表明加速抽象化的物理学是正当的。

　　这里，我们仅以点的构造为例，来看一看罗素是如何进行构造的。

　　由于相对论已用一体化的时-空概念代替了分立的时间和空间概念，所以罗素在《物的分析》中所要构造的点，严格说来是点-瞬，当然亦可简称点。同样是因为相对论的出现，罗素在这本书中用以构造的材料不再是以往所说的感觉材料或现象，而是所谓的事件，即占据一个时-空区域的存在体或结构；而且用事件作为材料，也可以保证物理学与知觉之间的连续性。

　　可以先在一维时间顺序中通过事件来定义点。

　　假如两个事件在时-空中是重叠的，就可以说这两个事件具有一种共存关系。假如某一历史中的一组事件全都是彼此共存的，那么它们将在时-空中共同占有某个地方。假如在这组事件之外不存在任何与它们全都共存的事件，那么这个地方将是一个点。因此，一个点就是拥有下列两种属性的一个事件组：(1)该组的任何两个分子都是共存的；(2)在该组之外，没有任何事件与该组的每一个分子共存。

　　罗素把在一维时间中定义点的方法拓展到了多维时-空。他说：

我们把一种五项关系"共点"作为点的构造中的一种基本关系。这是五个事件之间的关系;当它们拥有一共同区域时,此种关系就成立。由五个或更多的事件所构成的一个事件组被称为"共点的",假如从这个组中选出的每个五元事件组都拥有这种关系的话。一个点就是一个若继续共点就不能被扩大的共点组。

在罗素看来,对各种物理学存在体进行逻辑构造,实际上就相当于用经验词项对物理学做了解释,或者说,在知觉与物理学之间的鸿沟上架起了一座桥梁,从而保证了物理学的正当性或真理性。

三、奥康剃刀与逻辑构造

在《物的分析》中,逻辑构造是解决物理学真理性问题的关键所在。这里,我以经验论发展史作为背景,着重结合奥康剃刀原理,从本体论的角度说一说罗素哲学中的构造问题。

人们通常认为,罗素哲学观点多变;但很少有人注意到,多变的背后亦有其连续性的一面,那就是,罗素哲学自始至终都鲜明地体现着奥地利物理学家、哲学家马赫的思维经济原则,即对奥康剃刀原理的应用。

奥康剃刀原理是 14 世纪的威廉·奥康提出的,其基本内容可以概括为:如无必要,勿增实体。在 1914 年《我们关于外部世界的知识》一书中,罗素说:科学哲学的最高准则是,只要可能,就要用逻辑构造来代替推论的实体。显然,在罗素哲学中,以构代推或者说逻辑构造,就是奥康剃刀原理在本体论问题上的应用。尽管在不同的时期,罗素的构造方法及构造范围有所不同,但构造工作本身却是贯穿始终的。

按照孟加拉国学者 Sajahan Miah 的说法,在罗素哲学中,逻辑构造分为两种:语言学意义上的和认识论意义上的。

语言学意义上的逻辑构造,其实就是所谓的语境定义。最成功的语境定义体现在罗素的摹状词理论中。摹状词是一种不完全符号,它们在脱离语境的状态下没有意义。罗素利用现代逻辑中的量词理论,对包含摹状词的语句进行重新改写。改写后的句子不再包含摹状词,且原语句所表达的命题的真实的逻辑形式得以呈现;但是,新的语句中的所有成分都一定拥有经验的所指,而这一点是罗素的经验论原则的体现,同时亦是语境定义的关键所在。比如"金山不存在"这一日常语言中的主谓命题,可以改写为"对于 x 的一切值来说,'x 是金的且 x 是一座山'这个命题恒假"。这种新的陈述方式使我们避免了在否定金山存在的同时却又在迈农的意义上肯定其存在。可以看出,语境定义的实质,是用关于感觉材料的陈述解释关于实体性对象的陈述,换言之,是把关于实体性对象的陈述翻译为关于感觉材料的陈述。

认识论意义上的构造,指的是借助于集合(类)论来构造或者说谈论对象。罗素最初是在纯数学中实施这种意义上的逻辑构造的。就自然数而言,罗素提出,一个类的数就是所有与之相似的类的类。比如,数 2 就是由一切由对子所构成的类。在罗素看来,数 2 是形而上学意义上的存在,而类却是一种不容置疑的东西。其实,罗素与怀特海合著的《数学原理》就是一个宏大的数学概念构造系统。在 1912 年的《哲学问题》之后,罗素对物质概念也实施了以构代推。根据罗素,物体就是可感材料或现象(appearance)的类；比如，一个当下的物理对象，并不是一个实存的对象，而是由当下的可感材料或现象所构成的不同的类的类，这些可感材料或现象被视为该物理对象的诸现象。通过这样的构造，罗素认为多余的形而上学实体就被消解了；而且他希望藉此把一切推论和设定之物统统都用奥康剃刀剃掉。由于相对论的出现，在1927年的《物的分析》及以后的论述中，罗素开始用事件代替感觉材料作为构造的基本元素；但不管是感觉材料，还是事件，任何作为元素的东西都不能丧失其经验的意义，否则就无法通过构造来解决物理学的真理性问题。

在罗素哲学中，作为对奥康剃刀原理的运用，两种意义上的构造的目标是相同的：它们都是为了消除多余的形而上学实体。通过这两种构造，罗素一方面表明只有我们能亲知其所指的词才是有意义的，另一方面又表明所有科学知识都与经验相连接。

回顾一下历史，可以看到，从休谟到蒯因，经验论的本体论经历了怀疑、构造及承诺三个阶段，或者说是三种不同的形态。在这一历程中，罗素的逻辑构造具有重要的历史地位。

休谟严格从他所说的知觉出发，最终必然怀疑各类物质实体及精神实体的存在；实际上也可以说，休谟坚持的是一种印象本体论，即把物体直接等同于印象，但这样的本体论是后世哲学家们无法接受的。经过休谟的打击，传统哲学的本体论已元气大伤，哲学中的物质概念及因果观念都不可能在原来的意义上继续存在。康德提出的神秘的物自体概念，因为脱离了人类的认知领域，从而正如费希特所言，在理论上是一个多余的假设。实证主义哲学家穆勒把物质定义为"感觉的恒久可能性"，那实质上仍是一种言之无物的空洞文字游戏。作为古典经验论哲学的现代传人，罗素从解决认识论问题出发，借助数理逻辑，构造了一系列实体性对象，从而在保护了经验论原则的基础上解决了物理学的真理性问题。

罗素关于构造的基本纲领比较完整地体现在 1914 年《我们关于外部世界的知识》一书中。在那本书中，罗素的总体目标是将外部世界解释为感觉材料的逻辑构造。通过对关于外部世界的知识的逻辑分析，罗素一方面把物质、空间及时间等外部世界的概念还原到感觉材料，另一方面又从感觉材料中把它们构造出来。但是，罗素本人其实并未深入实施其纲领，而只是就日常感官世界和物理世界的构造勾画出一些思路性的东西。罗素构造纲领的最完美实施，体现在维也纳学派的重要代表卡尔纳普的《世界的逻辑构造》一书中。在这本书中，卡尔纳普以原初经验作为概念构造系统的基本要素，以原初经验间的相似性记忆作为基本关系，逐步构造出一个按等级顺序排列起来的涵盖一切知识领域的对象系统。与在罗素那里不同，卡尔纳普的构造，在给出一个概念系谱的同时，也成了他反形而上学的一个强有力工具；在他看来，形而上学的概念和命题不可能在一个构造系统中给出，因而缺乏可证实的意义。而对罗素而言，逻辑构造只是奥康剃刀原理的应用，它旨在解决认识的真理性问题，并无明显的反形而上学意味。

可是，卡尔纳普的构造并未真正取得成功，它有许多难以克服的困难，比如，对于像"可溶性"这样的表示倾向的词就难以定义。美国哲学家蒯因指出，卡尔纳普失败的根源在于其构造背后的理论基础是错误的。卡尔纳普构造的理论基础就是蒯因批判过的逻辑经验论的"两个教条"之一，即还原论思想。按照还原论，每一个有意义的陈述都等值于以指称直接经验的名词为基础的逻辑构造。蒯因坚持一种整体论的知识观,他和皮尔士一样认为,单个陈述并不简单地拥有一种经验的意义,理论的一个充分包容的部分才具有这种意义。蒯因曾提出著名的翻译不确定性论题,其目的也在于表明,我们无法在单个陈述与经验之间建立一一对应的关系;因此,一个理论中的句子,只有作为一个整体才具有经验的意义,也只有作为一个整体才有可能被经验所证实。所以在蒯因看来,罗素及卡尔纳普严格地从感觉材料中推出关于外部世界的知识的计划是注定不可能成功的。在这种分析批评的基础上,蒯因进而通过语义上溯,提出了本体论的承诺命题,即我们只能在理论中承诺一些事物的存在,或者说,任何科学理论都不可避免地附带着本体论上的断言,所以不要问"何物存在",而要问"我们说何物存在"。与此同时,蒯因还以谓词演算为工具,将量化方法引入本体论的语言分析,并提出把"存在就是成为约束变项的值"作为本体论承诺的标准。需要说明的是,虽然蒯因认为逻辑构造总体上是一种错误的本体论策略,但他又强调这种构造仍有其重要的理论意义,因为通过这种构造,理论话语的内容可以得以清晰地呈现。

以上的论述表明,在休谟重创本体论之后,罗素和蒯因都开展了本体论的重建工作。在休谟与蒯因之间,罗素起到了承前启后的重要作用。就其承前而言,他在继承休谟等人的经验论思想的基础上,以新逻辑作为工具来实施逻辑构造,从而在一种新的意义上重建了本体论;就其启后而言,罗素的工作对蒯因提出本体论承诺命题产生了极重要的影响。这种影响可以从两个方面来分析:一方面,正是在对罗素和卡尔纳普的逻辑构造所遇到的困难的深入分析及对逻辑构造背后的还原论思想的严肃批评的基础上,蒯因才提出自己的整体论知识观及本体论承诺命题;另一方面,蒯因提出的命题"存在就是成为约束变项的值"被认为是 20 世纪最重要的哲学成就之一,而该命题正是在利用罗素摹状词理论的成果的基础上才提出的。摹状词理论已表明,摹状词是可以消除的不完全符号,而蒯因在此基础上进一步指出,专名亦可转化为摹状词,从而也是可以消除的。这样,摹状词和专名都不是本体论承诺的负载者;而谓词因为根本不是名称,更不可能是本体论承诺的负载者。于是,在蒯因的标准记法中,只剩下约束变项与本体论承诺相关了,因此能使我们卷入本体论承诺的唯一途径就是通过约束变项的作用而做出的本体论承诺;而所谓的存在,只不过是成为约束变项的值。通过这样的分析,我们就发现了罗素的构造思想在经验论哲学发展史上的重要地位。

《物的分析》一书于 1927 年在英国出版。上个世纪 20 年代初,国内亦有罗素的同名书籍出版,那是讲演稿。罗素曾于 1920 年 10 月至 1921 年 7 月应邀来华讲学。在华期间,罗素就政治、教育、宗教、哲学及科学等诸多问题在全国各地做了一系列讲演,这其中就有"物的分析"专题。罗素是于 1920 年 12 月至 1921 年 3 月期间在北京大学做这个专题的讲演的。当时,罗素从物理学与哲学两个方面探讨了物的问题,重点是讲相对论及其哲学后果,前后一共讲了 6 次。1921 年 5 月,北京大学新知书社出版了姚文林的听讲笔记《物的分析》;1922 年,惟一日报社出版的《罗素与勃拉克讲演集》中,亦包含"物的分析"讲演。

我的好友、郑州航空工业管理学院教授、西安交通大学工学博士曾凡光先生,对译稿中涉及数学及物理学的地方进行了认真的校对与修正;商务印书馆编辑关群德先生对本书的翻译给予了诸多关心,并对译稿进行了极为精心的编辑与润色。在此,一并向他们表示衷心的感谢。

贾可春

2016 年 3 月 4 日于太原

1992 年版导言

《物的分析》是三十年思考的产物。当罗素完成其第二部著作即《论几何学的基础》(1897)时，就把注意力转向了物理学的哲学基础问题；他通常称之为"物的问题"，或简称"物"。当时，他还没有从其在剑桥大学所学到的新黑格尔主义中解脱出来，因此，他最初的作品都被塞进了那种哲学立场。当在《我的哲学的发展》(1959)中给出这些作品的一个样本后，他对它们进行了无情的批评："重读我在 1896 至 1898 年所写的物理学哲学方面的作品时，我觉得它们完全是一派胡言，而且我发现，难以想象我如何曾以别样的方式去思考"。但是，并非他在物的问题上的所有思考都受到了其哲学立场的损害，因为他是一位受过训练的数学家，并广泛阅读过科学教本。从一个科学家的立场来审察这个问题，他断定，直到数学有了一个稳固的基础，他才能在物的问题上取得进展；因此，他决意首先解决那类问题，并相信这只需占用他短短几年的时间。1903 年，他在《数学原则》(*The Principles of Mathematics*)中向公众提供了一个初步的说明；但是，甚至在该书出版前，他就认识到，在其理论能被视为令人满意之前，仍有大量的工作要做。他在前言中告知读者，阿尔弗雷德·诺思·怀特海和他商定合力阐发他的理论，即在其全部所必需的细节上，许多数学都是逻辑的分支；而且他承诺要写出该书的第二卷，并在那一卷中完成这一任务。然而，与他们所预期的相比，这一任务不仅比较困难，而且所花的时间也长得多。他们联合写出的第一卷直到1910年才出版，并呈现为一部独立的作品，即《数学原理》(*Principia Mathematica*)；然后，他们又花了三年时间写出了第二卷和第三卷。到了这个时候，罗素才愉快地把注意力转向了别的计划。

伴随着身体疲劳的消退，他重新把物的问题作为其下一步的重大计划加以启动。与十五年前相比，他现在获取成功的信心要强得多。《数学原理》的成功是这种信心的源泉之一；另一个源泉则是目前已在手边并准备加以使用的大量逻辑工具。他在这个时期写给莫雷尔·奥托琳太太的情书中频繁提到了物的问题以及他为解决该问题而提出的诸计划。《数学原理》只处理数学的先天部分，并且在只使用符号逻辑的记法的情况下提供了这些部分的一种公理化。罗素认为，每门学科都有先天的部分，哲学家——尤其是在数理逻辑方面经过训练的哲学家——的正当任务，就是对这个部分加以研究并使其系统化。他在1912年10月30日给她写信说："现在使我感兴趣的事情是：我们的一些知识来自感官，一些知识拥有其它来源；拥有其它来源的知识被称为'先天的'。绝大部分实际知识是二者的混合物。把一种实际知识分析为纯粹感官的和纯粹先天的，时常是非常困难的，但几乎总是非常重要的：纯粹先天的知识，就像纯金属一样，与它从中提取出的矿石相比，无限有力而又完美。"

他的宏伟目标是从物理学中提炼出其先天部分，并将该部分公理化；完成这一目标之后，他就将尝试着用数理逻辑的符号来定义其中心概念。这是他和怀特海为算术和数学的某些其它部分所做的事情。皮亚诺的算术公理包含了三个非逻辑的概念,即零、数字及后继。《数学原理》给出了这些概念的逻辑定义,并且从一组纯逻辑公理出发,皮亚诺的五个公理被证明是定理。

罗素认为,仔细研究力学和电动力学,就能发现其中心的、基本的概念,即不可根据其它物理学概念加以定义的概念,并且能获知它们相互间的逻辑关系。他将通过使用数理逻辑,尝试着发现拥有物理学家期待其概念之所指对象所拥有的全部性质之逻辑构造。因为性质的这种一致性,他的逻辑构造就能被用来定义这些概念自身,并且使用概念的陈述就能翻译成只包含逻辑构造及逻辑联结词的陈述,而在《数学原理》的一个专门探讨先天物理学的派生篇章中,这些转换了的陈述将作为被证明了的定理发现其适当的位置。这是一个宏大的想法,而且假如能够实现,就会成为《数学原理》的一部有价值的续著。但是,困难不久出现了。他发现,物理学的两个中心概念,即感觉和因果性,不易加以分析。感觉引出了我们关于外部世界之知识的全部问题。当认识到这一点时,他心有不甘地断定,在处理更基本的一组哲学问题时,物的问题必须再次搁置一边。1913 年,他几乎把一整年的时间都花在了知识问题上。在五月和六月期间,他写出了其关于知识论的巨著的一大部分,但由于维特根斯坦对该著的攻击,他于当年六月放弃了写作。那本书在 1984 年作为《罗素文集》的第七卷首次出版。在 1913 年的九月和十月,他写出了《我们关于外部世界的知识》(1914)。完成该书之后,他想用该书所阐发的新思想来重新处理物的问题。但是,第一次世界大战的爆发意外地使其注意力转向了反战工作,直到战争快要结束时他才重新开始从事哲学。

当战争走向尾声时,他在伦敦向付费听众做了一系列关于逻辑原子主义的讲演。这些讲演近来在《罗素文集》第八卷(1986)中再版。在做这些讲演的过程中,他向听众提供了关于威廉·詹姆士中立一元论的一种广泛的讨论。罗素于 1913 年在为詹姆士的《激进经验主义论文集》写书评时首先研究了这种理论。大体上,詹姆士认为,世界上的一切事物都只是由经验构成的:心灵是根据心理学法则组织起来的经验,而同样的经验依据物理学法则组织起来就是物质。罗素发现这种理论的还原论方面是富有吸引力的,因为它符合奥康剃刀原则;这一原则要求,在不必要的情况下不应该增加实体;而且它为数理逻辑工具和技术的使用提供了沃土。然而,他并不相信所有精神实体——他最喜欢的反例是精神的意象——在物理世界中也拥有一种位置,但根据这种理论,它们却必须拥有一种位置。在战争年代及整个讲演过程中,罗素既阐述又批评了詹姆士的中立一元论。按照历史顺序回顾他关于这种理论所不得不说的全部话语,显然看得出,其逻辑的吸引力逐渐压倒了人们声称其所存在的形而上学的缺陷。

到了 1921 年,当他出版《心的分析》时,他几乎接受了詹姆士的全部观点,但仍然怀疑它能充分解释意象。在这本书中,他试图不再使用经验而用事件作为基本材料来定义主要的精神概念;他使用的技术还是一样的,即提供拥有心理学家期待精神概念之所指对象所拥有的那些性质之逻辑构造。因为写作本书是为了将其作为讲演提交的,这些逻辑构造是被勾画出来的,而没有像在《数学原理》中对待算术概念那样加以详细地展开。在二十年代,他自已逐渐确信,他早期对詹姆士的反对几乎是没有根据的,而且他开始称自己为中立一元论者。如同已经提到的那样,他的一元论就在于只承认事件是宇宙的基本建筑用料。事件自身中立于心灵与物质;精神的和物质的实体根据它们被从事件中组织出来的方式而相互区别开来。这种观点的一个额外的吸引力在于,它省却了关于心灵与身体相互作用的笛卡尔问题。由于拥有一种预示着成功的形而上学方案,罗素再次准备思考物的问题。

然而,在他准备思考这个问题以前,还有另外一个障碍不得不克服。在完成《数学原理》后把注意力转向物的问题时,罗素不熟悉物理学的最新进展,即相对论和量子力学。那时候,他的意图是为经典力学和电动力学提供基础。在阿瑟·S.爱丁顿及巴西的其他一些科学家于 1919 年 5 月 29 日令人惊叹地证实了爱因斯坦的理论后,并当情况已经表明,恰如爱因斯坦所预言的那样,太阳确实移动了穿越其附近区域的星光时,需要基础的正是这种新物理学。这项工作需要非常细致的研究;在几年的过程中,罗素为此倾注了许多时间。他的目标是理解它,而非为其做出独创性的贡献。到了 1920 年代初期,他觉得已充分熟悉了新物理学,并开始为一些谈话节目和出版物撰写解释它的东西。他充分相信自己有能力来阐述新物理学,并因而受邀撰写两本关于它的著作。《原子基础》(1923)及《相对论入门》(1925),因其清楚、准确并精彩地使用了解释性类比和浅显的例子而受到了评论家们的称赞,罗素所有作品都有这些优点。这些著作非常广泛地被人阅读,前一本重印了四次,后一本重印了五次。因此,当他以前的学院邀请他做泰纳讲座时,他经过很多努力之后正准备开始处理物的分析问题。

这次邀请受到了特别的欢迎，因为正是剑桥大学三一学院在第一次世界大战期间解雇其讲师职务的。邀请他进行这些重要的讲演因而充分地向世人传递了一种信号，即一个迷途而又非常出色的孩子被原谅了过失。

《物的分析》并没有为读者呈现物理学的宏大的公理化，甚至连其中的一部分也未呈现，而他先前构想其计划时表明这种公理化是可能的。在世纪初期物理学所取得的令人震惊的新进展，彻底打乱了他的计划；而且当他写作本书时，量子理论刚刚形成。因此，本书对从哲学角度理解物理学具有关键意义的概念和问题进行了初步的分析。至于物质概念本身，他主张可以用以事件作为基本建筑材料的逻辑构造来代替。他小心地指出，这并不证明物质——他也称之为"实体"——不存在，但这确实表明物理学家可以在不假定物质确实存在的情况下继续他们的工作。确实，假如他们断言了物质的存在，他们就会走到自身能够获得的证据以外。"物质"的片断——电子和质子等等——只不过是以某种方式连接起来的成组的事件；当对这些构造物加以研究时，我们发现，它们的性质就是物理学所需要的全部性质。电子和质子可以作为"事物"存在；但根据罗素的看法，我们"绝不可能获得任何赞同或反对这种可能性的证据"（第 254 页），因此，根据奥康剃刀原则，必须丢弃这种可能性。要不然，一种形而上学的混乱将毫无根据地注入物理学的真正的心脏地带。

约翰·G. 斯莱特

多伦多大学

目　　录

第一部分　物理学的逻辑分析

第二部分　物理学与知觉

第三部分　物理世界的结构

序

当前,试图发现现代物理学的哲学意义,面临着重重巨大的困难;因为,当相对论(至少已暂时地)取得一种稳定的形式时,量子及原子结构的理论就快速地出现了,以至于无法猜测几年后它将会呈现出什么样的形式。在这种情况下,有必要对该理论已得到明确承认的及近期很可能被修改的部分做出判断。对于一个就像本书作者这样并非职业物理学家的人来说,做出这样的判断是困难的,而且很可能意外地发生错误。然而,"物质"同存在之物的关系问题,以及一般地,根据存在之物对物理学进行解释的问题,并不单单是物理学的问题。要对本书所处理的主题进行充分的讨论,除了物理学之外,心理学、生理学、数理逻辑及哲学全都是必需的。因此,单一作者的某些缺陷,不管怎样可憾,大概几乎都是不可避免的。

我感激皇家学会会员 R.H.福勒先生、剑桥大学圣约翰学院 M.H.A.纽曼先生以及剑桥大学国王学院的 F.R.拉姆齐先生对本书的某些部分所提供的有价值的帮助,也感激 D.M.林奇博士友好地阅读了全书的打印稿并提出了很多有价值的批评和建议。

本书的有些部分曾于 1926 年秋季学期在剑桥大学三一学院的泰纳讲座上讲过。然而,在收到去做这些讲演的邀请之前,本书就在酝酿之中了,并且包含了这些讲演中似未出现过的大量材料。

　　由于本书的目的是哲学的,我力求尽可能避免使用物理学及数学的术语。然而,某些现代理论,可能因为它们仍然是新的,我未能将其翻译成非数学语言。关于它们,假如非数学读者发现符号太多,并且假如数学读者又发现符号太少,我都必须乞求他们的原谅。

伯特兰·罗素

1927 年 1 月

第一章 问题的性质

　　除纯数学以外,科学的最先进部分是物理学。理论物理学的
某些部分已有可能通过纯数学的演绎,展现为一条从某些假定的
前提到某些显然很遥远的推论的逻辑之链。对于广义相对论所包
含的一切,这一点尤为确实。我们不能说作为整体的物理学现已
达到了这个阶段,因为在目前,量子现象及电子和质子的存在依然
是未经解释的事实。但很可能这种状况不会长久持续;期待着无
需经过很多年人们就有可能对整个物理学做统一的处理,这并非
空想。

　　然而,尽管被视作一门科学的物理学取得了非凡的成功,其哲
学后果似乎远非像我们所知甚少时那样清楚。本章的意图就是探
讨物理学的"哲学后果"以及有什么样的方法能用来确定其性质。

　　就物理学或事实上就任何一门科学而言,我们可以提出三种
问题。第一种是:被视作一个演绎系统的物理学的逻辑结构是什
么? 有什么样的方法来界定物理学的存在体(entity),并从一种初
始的存在体及命题装置演绎出那些物理学命题? 这属于纯数学的
问题;在其基础部分,数理逻辑是解决它的恰当工具。像我们刚才
那样提及"初始的存在体及命题",并不完全正确。在这种讨论中,
我们真正必须由之开始的,是包含变项的假设。在几何学中,这种

步骤已为人熟知。我们所拥有的,不再是人们信以为"真"的"公理",而是这样的假设,即一组存在体(其它方面未加定义)拥有某些被枚举的性质。我们开始证明,这样的一组存在体拥有形成欧几里得几何学——或任何其它可能正在引起我们注意的几何学——之命题的那些性质。一般地,选择许多不同的且都将产生同一种命题集的初始假设组将是可能的;在这些组之间所做的选择从逻辑上讲是不相干的,而且可以只在美学因素的指导下进行。然而,发现几个将会产生某个演绎系统之全体命题的简单假设将是极有用处的,因为在判定某个给定的存在体组合是否满足该演绎系统时,它能使我们知道什么样的检验是必要而充分的。另外,我们一直在使用的"存在体"这个词太狭隘了,假如在某种形而上学的含义上去使用它的话。在对一个演绎系统所做的特定应用中,相关的"存在体"可以是复杂的逻辑构造。关于这一点,在定义基数、比率及实数等等时,我们拥有一些纯数学的例子。在定义时-空的"点",甚至在定义电子或质子时,我们必须想到物理学方面可能会有类似的结果。

　　对一个演绎系统进行逻辑分析,并非像初看上去那样是一项明确而有限的任务。这是由于刚才所提到的情况,即最初被我们当作基本存在体的东西可以用复杂的逻辑构造来代替。由于这种情况对物理哲学有着重要的意义,用其它领域的例子来阐述其后果将是值得的。

　　最好的例子之一,是关于有限整数的理论。维尔斯特拉斯及其他一些人表明,全部分析都可以还原为一些关于有限整数的命题;然后,皮亚诺表明,这些命题全都可以从包含三个未定义的概念的五个初始命题中演绎出来。[①]　人们可以认为,五个初始命题把某些性质指派给了这三个未定义的概念;而所说的性质带有逻辑的而非专门的算术的特性。皮亚诺所证明了的是:给定任何一个拥有此五种性质的三元概念组,只要适合于这个概念组的解释被采纳了,每个算术及分析命题对这个概念组来说都是真的。但是,情况似乎进一步表明,对应于每一个无穷系列(在其中只有一个项对应于每个有限整数)$x_1, x_2, x_3, \cdots x_n, \cdots$,都有一个这样的三元概念组。这样的系列可以在不提及整数的情况下被定义。任何这样的系列都能取代有限整数系列而被当作算术及分析的基础。对任何这样的系列来说,每一个算术的及分析的命题都是真的;但是,这些命题在每一个系列中都将不同于它们在任何其它系列中所是的东西。

以某个简单的算术命题为例来说明,比如说:"前 n 个奇数之和是 n^2"。假定我们希望把这个命题应用到 $x_0, x_1, x_2, \cdots x_n, \cdots$ 这个序列上。在这个序列中,令 R 是每一个项与其后继项的关系。那么,"奇数"将意味着"与 x_1 拥有一种关系的项,而该关系是 R^2 的一个幂",这里的 R^2 是一个 x 与除了 1 以外的下一个 x 的关系。[②]　我们现在可以认为 R^{x_n} 意味着把 x_0 和 x_n 关联起来的 R 的那个幂,而且我们可以进一步认为 $x_m + x_n$ 意味着 x_m 与其有关系 R^{x_n} 的那个 x。这就决定了"前 n 个奇数之和"的解释。为了定义 4

---

①　关于这个问题,参见《数学原则》(*Principles of Mathematics*)第十四章。

②　关系的幂的定义(这是不包含数的定义),是在《数学原理》(*Principia Mathematica*)第 91 节中加以阐述的。

n^2，最好定义乘法。我们已经定义了 R^{x_n}；考虑一下由 R 的逆关系与 R^{x_n} 的关系积所形成的关系。这个关系把 x_1 同 x_n 关联了起来，它的平方把 x_2 同 x_{2n} 关联了起来，它的立方把 x_3 同 x_{3n} 关联了起来，等等。可以表明，这个关系的任何幂都等值于在关系上被乘以 R^{x_n} 之某个幂的 R 之逆关系的某个幂。因而，这个关系有一个幂，而该幂相当于从 x_m 后退到 x_0 然后再向前；向前的运动所带给我们的这个项被定义为 $x_m \times x_n$。因此，我们现在能够解释 x_n^2。我们将会发现，依照这种解释，我们由之开始的命题是真的。

以上所述表明，假如我们从皮亚诺的未经定义的概念及初始命题出发，算术和分析就无涉被称为数的确定的逻辑对象，而与任何序列的项有关。我们可以把任一序列的项称为 $0,1,2,3,\cdots$；在这种情况下，当给予＋和×以适当的解释时，所有算术命题对于这些项来说都是真的。因此，$0,1,2,3,\cdots$，就成了"变项"。为使它们成为常项，我们必须选择某一确定的序列；而自然而然的选择是弗雷格所定义的有限基数序列。在皮亚诺的方法中作为初始项的东西因而就被若干逻辑构造代替了；但是，有必要证明这些构造满足皮亚诺的五个初始命题。在把算术与纯逻辑联系起来时，这个步骤是必要的。我们将发现，为把物理学与知觉联系起来，一种在某些方面相似而在另外一些方面尽管非常不同的步骤也是必需的。

上述步骤是某种一般步骤的一个例子，我们将把这种一般步骤称为"解释"。常常出现的情况是，我们拥有一个从与未经定义的对象相关的一些假设出发的数学演绎系统，而且我们有理由相信存在一些满足这些假设的对象，尽管起初我们没有能力明确地指出一些这样的对象。通常，在这类情况下，尽管许多不同的对象集合都可以在抽象的意义上满足这些假设,但有一个集合比其它集合重要得多。在上例中,这个集合就是基数。用这样的一个集合替代未经定义的对象,就是"解释"。在揭示物理学的哲学含义时,这个步骤是必要的。

　　我们可以通过几何学的例子弄清一种重要的与一种不重要的解释之间的差别。几何学中的每个点都拥有以实数表示的坐标;经过解释,任何一种几何学,无论是欧氏几何,还是非欧几何,都对一个由诸多实数组所构成的系统有效——也就是说,一个点可以被理解为其坐标组。当我们把几何学作为纯数学的一个分支来研究时,这个解释是合理的,而且是便利的。但它并不是那种重要的解释。与算术和分析不同,几何学是重要的,因为它可以被解释为应用数学的一部分——事实上,可以被解释为物理学的一部分。正是这种解释才是真正有趣的,而且我们因此不能满足于使几何学成为实数研究之一部分并因此最终成为有限整数研究之一部分的解释。几何学,就像我们在本书中所考虑的那样,将总被视为物理学的一部分;而且我们将认为,它处理那些并非或者单纯作为变项或者可用纯逻辑词项定义的对象。直到我们根据构成经验世界之一部分的存在体对其初始对象加以定义后,我们才将认为几何学得到了满意的解释;这里所说的经验世界,是与逻辑必然性的世界相对的。当然,有可能——甚至很有可能——出现这样的情况:各种不同的几何学,即使应用到同一组对象上是不相容的,也全都可以凭借不同的解释而应用于经验世界。

　　迄今为止,我们一直在思考物理学的逻辑分析,这将构成本书第一部分的主题。但是,相比于关于几何学的解释,我们已经遇到了一个非常不同的问题,即物理学应用于经验世界的问题。当然,这是至关重要的问题:尽管物理学可以作为纯数学来研究,但它并非作为纯数学才是重要的。因此,在物理学的逻辑分析方面所要说的东西,也仅仅是我们的主题的一个必要准备。人们相信物理定律至少是近似地真的,尽管它们并不是逻辑上必然的;它们的证据是经验的。在最终的分析中,所有经验证据都是由知觉组成的;因此,在某种意义上,物理世界与我们的知觉世界一定是连续的,因为正是后者提供了物理定律的证据。在伽利略时代,这个事实似乎没有引起一些非常困难的问题,因为物理世界还没有变得很抽象、很遥远,是后来的研究才使其成为这个样子的。但是,这个现代问题已隐含在笛卡尔的哲学中,并且由于巴克莱,它变得清晰了。因为物理世界初看上去迥异于知觉世界,以至于难以看清一个世界是如何为另一个世界提供证据的,所以,这个问题就产生了;此外,物理学和生理学自身似乎都给出了一些根据,来让人假定知觉不能提供关于外部世界的非常精确的知识,并因而弱化了它们被建立于其上的支柱。

这个困难已导致了——尤其在怀特海博士的著作中——对物理学的一种新解释,而此种解释使物质世界与我们的经验世界之间变得不太遥远了。在我看来,激励着怀特海工作的原则对于正确解决这个问题来说是必要的,尽管在细节上我有时倾向于一种或多或少相对有所保留的态度。我们可以把这个问题抽象地陈述如下:

物理学之为真的证据在于,知觉是在物理定律引导我们去期待时产生的——比如,当天文学家说将有一次日食或月食时,我们就看到一次日食或月食。但是,物理学自身从不说任何与知觉有关的东西;它不说我们将看到一次日食或月食,而说与太阳和月亮有关的某种东西。从物理学所断言的东西到被期待的知觉的过渡是模糊的,并且是因果的;它丝毫不具备属于物理学本身的那种数学的精确性。我们因此必须为物理学找到一种给知觉以应有地位的解释;若不如此,我们就没有权利求助于经验的证据。

这个问题有两个部分:使物理世界类似于知觉世界,以及使知觉世界类似于物理世界。物理学必须以某种倾向于唯心论的方式得到解释,而知觉必须以某种倾向于唯物论的方式得到解释。我认为,与人们通常所设想的相比,物质不太具有物质性,而心灵也不太具有精神性,并且当认识到这一点以后,由巴克莱所引起的困难大部分就消失了。确实,休谟所引起的一些困难仍然没有被消除;但是,它们涉及通常的科学方法,更具体地说,涉及归纳。在本书中,我不打算就这些问题说些什么,而本书自始至终都将假定,以适当的方式加以实施的科学方法之一般有效性。

在试图为物理学(通常所理解的)和知觉之间的鸿沟架设桥梁时所出现的这些困难,分为两种类型。首先是认识论的问题:我们了解哪些与物理学相关并可用作其经验基础的事实与存在体?这需要讨论我们从知觉中终究将学到什么,并且也要讨论人们通常所假定的由光波或声波——比如说——所引起的知觉之物理的原因。关于这后一个问题,有必要考虑我们可以在多大范围内并以何种方式去假定一种知觉类似于其外在原因,或至少说,允许做出关于那个原因之特征的推论。这转而又要求我们对因果律进行细致的考虑;然而,无论如何,因果律是物理学之哲学分析的一个必要部分。在整个研究中,我们都在自问:有什么理由可以假定物理学是"真的"。但是,需要联系我们在解释问题上已说过的话来对这个问题的意义做某种阐明。

总体上除了"真"之意义这个一般的哲学问题外,在物理学是否是"真的"这个问题上还存在一定程度的模糊性。在最狭隘的意义上,我们可以说物理学是"真的",假如我们拥有它引导我们去期待的知觉。在这种意义上,一个唯我论者可以说物理学是真的,因为尽管他会设想太阳和月亮(例如)只是他自己的某系列知觉,然而通过假定广为人们接受的天文学定律,这些知觉是能够被预见到的。因此,例如,莱布尼茨说:

"尽管据说全部生命只是一场梦,并且可见的世界只是一种幻影,但假如在充分运用理智的情况下我们绝不会被其欺骗,那么我就说这场梦或这种幻影是足够真实的。"①

一个不是唯我论者的人,只要相信一切实在都是精神的,就可以毫无困难地在上述意义上宣称物理学是"真的",而且甚至可以走得更远,并在一种非常宽泛的意义上承认物理学之真理性。我认为这种宽泛的意义是更重要的;它如下所述:假如给定了作为一个演绎系统的物理学,且该系统是从某些关于未定义的项的假设中推论出来的,那么存在满足这些假设的殊相或由殊相组成的逻辑构造吗?假如答案是肯定的,物理学就完全是"真的"。假如我没有弄错的话,我们将发现:我们不能为一种完全肯定的答案提供任何决定性的理由,但若接受这样的观点,即我们的所有知觉都因

---

① *Philosophische Werke*,Gerhardt's edition,vol.vii,p. 320.

果地联系于可以不是知觉的因果前件（antecedents），这样的答案就将自然地出现。这是常识的看法，而且至少在实践中始终是物理学家的观点。在物理学中，我们是从大量模糊的常识信念出发的，并能在不摧毁物理学之真实性（即我们当前所说的"真实性"）的前提下对这些信念进行逐步的提炼；但是，如果我们像笛卡尔那样试图怀疑所有常识信念，我们就不能证明任何荒谬都是因为拒绝上述关于知觉原因的假定而产生的，并且我们将因而无法断定物理学是否完全是"真的"。在这样的情况下，我们是采纳还是拒绝所谓的实在论假设，似乎是一个个人喜好的问题。

我们刚才一直在纲要性地陈述的认识论问题，将是本书第二部分所探讨的问题。第三部分将探讨本体论的后果，也就是这样的问题：物理学凭之为真的终极存在物（假定有这种东西）是什么？它们的一般结构是什么？还有，时-空、因果性及质系列之间的关系分别是什么？（我用"质系列"来意指由彩虹的颜色或各种音高的声音所形成的那类东西。）假如我没有弄错，我们将发现，存在于物理学中的数学意义上的基本对象，诸如电子、质子及时-空中的点，全都是由存在体构成的逻辑上复杂的结构，而存在体在形而上学意义上是更基本的东西，并可以被方便地称为"事件"。阐明如何从存在体中构造出数学物理学家们所需要的对象，是数理逻辑的事情。探究已知世界中是否存在某种并不属于形而上学意义上 10 的基本物理学材料的东西，也是我们这一部分的主题。这里，我们从先前的认识论研究中获得了巨大的帮助，因为这些研究使我们能够看到物理学和心理学何以能包含在一门比前者更具体而又比后者更有解释力的科学中。物理学就其自身而言是极其抽象的，并且只揭示它所处理的材料的某些数学特征；它不向我们说明这种材料的内在特性。心理学在这方面是相对令人满意的，但它在因果关系上不是自主的：如果我们假定心理事件完全服从于因果律，我们将被迫为某些心理事件假定一些明显不受心理定律支配的原因。但是，通过把物理学和知觉放在一起，我们能够把心理事件包括在物理学的材料中，并把更高程度的具体性给予物理学；这种具体性产生于对我们自己的经验题材的更密切的接触。把物理学和心理学、心灵和物质分离开来的传统做法在形而上学上是站不住脚的，本书的意图之一就在于表明这一点。但是，两者被放在一起，不是通过让其中任何一者从属于另一者，而在于把每一者都展示为一种逻辑构造；此构造是由我们将称之为"中立材料"——效仿 H.M.舍弗尔博士的说法[1]——的东西组成的。我们不宣称存在有利于这种构造的证明性根据，而只将表明，它是依据通常的科学的理由，即理论解释之经济性和有力性而被提出来的。

---

[1]　参见他给霍尔特的(Holt)《意识概念》(*Concept of Consciousness*)写的序。

第一部分

物理学的逻辑分析

第二章　前相对论物理学

　　如果被视作一个演绎系统，牛顿物理学拥有一种当代物理学
所缺少的完美性。科学有两种易于彼此冲突的意图：一方面，它希
望尽可能多地了解相关领域的事实；另一方面，它试图把所有已知
的事实都纳入数量上可能最少的一般定律中。万有引力定律解释
了牛顿时代已知的所有关于行星及其卫星运动的事实。在那个时
代，它展示了科学的理想。但是，理论和事实似乎或迟或早注定要
发生冲突的。当这种情况发生时，就会有一种倾向，它或者否认事
实，或者对理论产生绝望。多亏爱因斯坦，那些已被发现与牛顿自
然哲学不相容的细微事实，被融入了一种新的自然哲学中；但是，
在牛顿是无可争议的时候，还没有出现过完全的理论上的和谐。

　　有必要说一说牛顿的体系，因为后来的每一种东西都是作为
对它的修正而非一种新的开始而产生的。这个体系中的绝大部分
基础概念都是由伽利略提出的；但是，完整的结构首先出现在牛顿
的《自然哲学的数学原理》中。这个理论是简单的，并且是以数学
形式出现的；确实，它与现代理论的主要差别之一，就在于它认为
（或许可以追溯到希腊几何学），大自然对于数学家来说是便利的，
并且他的概念几乎不需要作什么修改就可以应用。

　　通过例如波斯科维奇所采用的那种纲要性的简单方式，牛顿

14 的体系可以陈述如下。存在一种绝对的空间，它是由点组成的；存在一种绝对的时间，它是由瞬组成的。存在一些物质粒子，它们在全部的时间中持续，并在每一瞬都占据一个点。每一个粒子都对别的粒子施加力，而力的后果便是产生加速度。每一个粒子都与某个量即它的"质量"联系在一起，该"质量"与一给定的力在该粒子身上所产生的加速度成反比。通过类比于引力定律，物理定律被构想为一些公式；这些公式将给出一个粒子在一特定的相关环境中对另一个粒子所施加的力。这个系统在逻辑上是没有缺陷的。人们批评它，既以绝对时间和空间是没有意义的为由，也以超距作用是不可构想的为由。后一种反对意见得到了牛顿的认可，而这时的牛顿已对自己有所背离。但事实上，从逻辑的观点来看，两种反对意见都没有丝毫的力量。康德的二律背反及人们想象中的关于无限与连续性的困难，最终都被 G.康托尔消除了。不存在先天有效的理由来设想大自然并不像牛顿的追随者们所断言的那样，而且这些追随者科学上的成功提供了有利于断言的经验的证明——至少是实用主义的证明。因此，毫不奇怪，在整个十八世纪，导致引力定律产生的观念体系支配着全部的科学思想。

然而，在物理学自身为这座大厦制造一些裂口之前，有一些认识论方面的反对意见。这些意见值得我们考虑，因为有人主张相对论容不下它们，尽管我认为这种主张只是部分地得到了证明。

最难对付的持久的攻击是针对绝对时间与空间的。这场攻击是在牛顿还活着的时候由莱布尼茨发起的，并尤其体现在莱布尼茨与代表牛顿的克拉克的辩论中。绝大多数物理学家都及时开始放弃对绝对时间和空间的信念，尽管仍保留了假定它们存在的牛顿技

术。在 C.麦克斯韦的《物质与运动》中,绝对运动在其中一段文字中　15
得到了断定,在另一段文字中却又被否定了,而且他几乎没有尝试
去调和这两种意见。但是,在十九世纪末,流行的观点当然是马赫
的,他有力地否认了绝对时间和空间。尽管这种否认现在已被证明
是正确的,但我还是可以认为,在爱因斯坦和闵可夫斯基之前,不存
在有利于它的决定性证明。尽管这整个的问题现在都已成为年代
久远的历史,简要地思考一下这些证明可能还是有启发意义的。

　　拒斥绝对时间与空间的重要理由有两个。首先,我们能够观
察到的一切事物都只与物体及事件的相对位置有关;其次,点和瞬
是不必要的假设,并因此将依据经济原则(这是与奥康剃刀一样的
东西)被拒绝。依我看,这些论据中的第一个是没有任何力量的,
而第二个在相对论出现以前是错误的。我的理由如下:

　　当然,我们确实只能观察到相对的位置;但是,为简单及因果
律上的连续性起见,科学假定了许多不能观察到的事物。莱布尼
茨假定有极微小的量,尽管我们能够观察到的一切东西都远远超
出了某种最小的尺寸。我们全都认为,地球有一个内部,并且月亮
有我们看不见的一侧。但是,我们将会说,这些事物类似于我们所
观察到的东西,并且我们能够想象我们在其中观察到它们的情形,
而绝对时间和空间在种类上就不同于任何直接被认识的东西,而
且也不能在某些可构想的条件下被直接认识。然而,不幸的是,这
种情况同样适用于物理学的物体。我们所看到的相对位置是部分
视野中的相对位置,但视野中的事物并不是传统物理学所构想的
物体;传统物理学受笛卡尔心灵与物质的二元论支配,并把视野放　16
在了心灵中。这个证明不能有效地驳倒马赫;他主张我们的感觉

事实上就是物理世界的一部分，并因此开始走向否认心物二元论之终极有效性的中立一元论。但是，它能有效驳倒所有那些认为物质是一种物自体且本质上不同于任何进入我们经验中的事物的人。对他们来说，从我们的知觉中推论物质，就同推论绝对时间和空间一样不合法。哥白尼的辩论表明，和另一种看法一样，这种看法也是我们纯朴信念的一部分；对于拒绝绝对时间和空间的人，这类信念是不可能的。而且，就如在另一种情况下一样，在这种情况下，与我们知觉的悬殊也是由反思所导致的一种发现。

不可能制定这样一条严格的规则，即我们绝不能有效地推论某种根本不同于我们所观察到的事物的东西——除非我们事实上采取这样的立场，即任何未被观察到的事物终究都不能被有效地推论。维特根斯坦在其《逻辑哲学论》一书中对这种观点进行了辩护；从一种严格的逻辑的立场来看，这种观点拥有很多对自身有利的东西，但它终结了物理学，并因此终结了本书所关心的问题。我将因而假定，如果极细心地加以实施，科学推论可以是有效的，只要我们认为它所提供的只是可能性，而非确定性。有了这个假定，我看不出有什么可能的理由来拒绝推论绝对时间和空间——只要事实似乎需要它。我们可以同意，如果可能，最好避免推论某种非常不同于我们知其存在的东西。这样的一条原则必须建立在可能性的根据上。可以说，对未被观察到的某种事物的一切推论都只是可能的，并且它们的可能性部分地依赖于该假设的先天的可能性；相比于推论某种与我们所知之物不同的东西，在推论某种相似的东西时，这种可能性可以设想得更大些。但是，似乎可以怀疑这个论证是否是强有力的。我们所直接感知到的一切东西都取决于某些条件，尤其是生理条件；似乎先天可能的是，当这些条件缺乏时，事物就不同于我们所能经验到的东西。如果我们设想——我们满可以这么做——我们所经验的东西拥有与我们的经验行为相联系的某些特征，那么对于这样一个假设，即我们没有经验到的某些事物缺乏我们经验中普遍具有的某些特征，就不可能存在先天的反对意见。因此，对绝对时间和空间的推论必须被放在与任何其它的归纳推论相同的层次上。

　　反对绝对时间和空间的第二个论据，即它们是不必要的假设，最终被证明是有效的；但是，只是在晚近的时候，牛顿的相反论证才被驳倒。众所周知，这个论证涉及的是绝对转动。有人主张，我们可以用"相对于恒星的转动"来代替"绝对转动"。这在形式上是正确的，但被归于恒星的影响具有占星学的味道，而且从科学上讲是不可信的。除了这个特殊的证明以外，全部牛顿技术都奠基于这样的假定，即存在一种像绝对加速度这样的量；没有这一点，这个体系就会坍塌。这就是引力定律不能不加改变地进入广义相对论的一个原因。当然，相对论有两个明显的要素：其一是指把时间和空间融合为时-空（space-time），它是全新的；而另一个是用相对运动代替绝对运动，这是自打莱布尼茨时代以来人们就开始尝试的。但是，这个相对古老的问题不能通过其自身而得以解决，因为在牛顿力学中绝对加速度是必需的。只是张量法以及根据这种方法所获得的新的引力定律，才使得人们有可能去回应牛顿关于绝对时间和空间的论证。因此，尽管这些是不必要的假设这个论点始终是拒绝它们的有效根据（假如我们知道它是真的），但只是现在我们才能相信它是正确的，因为只是现在我们才拥有一种与其

18

相一致的数学技术。

多少有些相似的考虑也适用于超距作用。从莱布尼茨开始，牛顿的批评者们也认为超距作用是不可信的，而且甚至牛顿本人也这样认为。有一种理论，它理所当然可以是真的；根据这种理论，超距作用是自相矛盾的。这种理论从因果分离中引出时-空分离。现在，我不谈论这种可能性，因为任何超距作用的反对者都没有提出这一可能性，他们全都认为时间的及空间的关系完全不同于因果关系。因此，从他们的立场看，对超距作用的反对似乎只是一种偏见。我认为，这个偏见的来源是双重的：首先，"力"的概念获自关于推和拉的感觉，它是"原因"的力学形式；其次，人们错误地设想，当他们推和拉一些事物或者被一些事物推和拉时，他们自己就和这些事物有了接触。我并不是说这样的粗糙的概念得到了明显的辩护，而是说它们支配着物理世界之想象的图景，并导致牛顿力学被荒唐地称为"可理解的"东西。除了这样的错误，是否存在超距作用应被视作一个纯经验的问题。在十八世纪的后半叶或后四分之三的时间，它事实上始终就是被如此看待的；而且，人们那时普遍认为，有利于超距作用的经验证据是压倒一切的。

与超距作用问题并非完全没有联系的，是力学中"力"的作用问题。在牛顿那里，"力"起着重大的作用，而且他似乎无疑认为"力"是真实的原因。假如存在超距作用，那么从某种角度看，"有心力"这个词的使用似乎使其变得更"可理解"了。但是逐渐地，人们越来越认识到，"力"只不过是构形和加速度之间的一条联结纽带，事实上给出微分方程的这类因果律就是我们所需的，而且为解释这样的因果律，"力"也绝非必要的。基尔霍夫和马赫提出了一种没有使用"力"的机械力学。赫兹在一部专著①中完善了他们的观点；从逻辑的优美性的观点看，该著可以与欧几里得相媲美。该著得出了这样的结论，即只存在一种运动定律；其大意是，在某种确定的意义上，每个粒子都描绘了一条短程线。尽管这种对上述观点的全部发展本质上都没有脱离牛顿，但它为相对论力学铺平了道路，并提供了——尤其是在最小作用原理的使用上——许多必要的数学装备。

　　以明确不同于牛顿天文学的思路建立起来的第一个物理学理论，是光的波动说。并不是存在某种与牛顿相矛盾的东西，而是思想的框架就是不一样的。笛卡尔使人普遍相信传播是透过媒介进行的，而牛顿的追随者们则使这种信念不再流行。就光的传播而言，人们发现有必要重新回到以往的观点上；而且，以太绝不像"地道的"物质那样令人舒服。它能够振动，但似乎并不是由拥有自身个性或受某些可发现的克分子运动支配的微体组成的。没有人知道它是胶状物，还是气体。它的性质不能从弹子的性质中推论出来，而只是其功能所需要的那些性质。事实上，就像一个遭受痛苦的乖巧少年，它只做人们要求它做的事情，而且人们或许因此期待着它早点离去。

　　一种更深刻的变化是由法拉第和麦克斯韦引入的。在对光的处理上，人们从未根据引力来进行类推；但是，电似乎是由与距离平方成反比变化的有心力组成的，而且因此被自信地纳入牛顿的系统中。法拉第和麦克斯韦分别从实验上和理论上展示了这种观

---

① 《力学原理》(*Prinzipien der Mechanik*)。

点的不足;而且麦克斯韦还证明了光与电磁的同一性。这两种现象所需的以太因此是一样的;这赋予以太一种非常充分的权利来让人们设想其存在。确实,麦克斯韦的证明并不是决定性的;但是,当赫兹以人工的方式制造出电磁波并以实验的方式研究其性质时,这一证明就具有了决定性。因而,实际上包含着其整个体系的麦克斯韦方程组,显然必须和为大量现象提供数学公式的引力定律比肩而立。这组方程所需的概念起初并不明显与牛顿力学相矛盾。但是,在后来的实验结果的帮助下,矛盾就出现了;只是后来的相对论才将矛盾消除。关于这一点,我将在后面的一章中提及。

　　正统体系上的另一个裂缝是非欧几何的发明;这个裂缝的重要性直到广义相对论发表时才充分显露出来。在罗巴切夫斯基和鲍耶的工作中,尽管对欧几里得所做的哲学上的质疑已经是充分的,并且随之而来的对康德先验美学的反驳是非常有力的,但尚未呈现出——至少并未明显呈现出——黎曼的就职演讲《论作为几何基础的假设》所具有的那种深远的物理学意义。现阶段,不可避免地要就这个话题说上几句,尽管充分的讨论将在以后进行。

　　非欧几何——甚至在其最初的形式上——所产生的一个明显后果,就在于实际空间的几何学至少部分地是一种经验研究,而非纯数学的一个分支。可以说,像穆勒这样的经验论者始终把几何学建立在经验观察的基础上。但是,他们对算术也做了同样的处理;在算术中,他们这样做肯定是错误的。在非欧几何以前,没有人认为算术和几何处于完全不同的地位,即前者与纯逻辑是连续的,并独立于经验,而后者与物理学是连续的,并依赖于物理材料。

确实,几何学仍然能作为纯数学的一个分支来加以研究;但在这种情况下,它是假设性的,并且不能声称其初始假设(取代了公理)实际上是真的,因为这是纯数学之外的一个问题。工程师或天文学家所需要的几何学并不是纯数学的一个分支,而是物理学的一个分支。事实上,在爱因斯坦的手中,几何学与理论物理学的全部总则部分相同一:二者被合并在广义相对论中。

从逻辑上讲,黎曼是爱因斯坦的直接前辈;他引入了一种新的观念,这种观念的重要性在半个世纪的时间内都未被人们理解。他认为,几何学应该从无限小开始,并且对有限长度、面积或体积的陈述应该依赖于积分。这尤其需要用短程线来代替直线:后者拥有一种依赖于极微小的距离的定义,而前者则没有。传统的观点是,虽然曲线的长度一般说来只能通过积分加以定义,但是两点之间的直线的长度能被作为一个整体来定义,而不能作为一定数目的小线段之极限来定义。黎曼的观点是,直线在这方面与曲线并无不同;而且,通过各种物体所完成的测量是一种物理的操作,且对其结果的解释依赖于物理定律。这个观点最终被表明具有很大的重要性。它的范围为相对论所扩展,但实质上它出现在黎曼的就职演讲中。

像相对论一样,黎曼的工作及法拉第和麦克斯韦的工作都是在阐发这样的观点,即把物理世界视作一种连续介质的观点;从最早的时候起,这种观点就同原子观争夺控制权。正像牛顿把绝对时间和空间嵌入了力学技术一样,毕达哥拉斯也把空间原子论嵌入了几何学技术中。自希腊时代起,那些不相信"点"的实在性的人就面临着这样的困难:一门建立在点的基础上的几何学是有效的,而人们又并不知道启动几何学的其它方式。怀特海博士已经表明,这个困难不再存在了。我们在后面的一个阶段将会看到,现在,用全都具有一种有限大小的物质来解释几何学和物理学是可能的,而且要求任何物质都不小于一种指定的有限大小甚至也是可能的。这一事实,即该假设能与数学连续性相一致,是一个相当重要的新发现;直到近来,原子论和连续性似乎还是不相容的。然而,原子论有诸多形式,迄今为止人们还没有发现这些形式易于和连续性相一致;而且,碰巧存在有利于它们的强有力的实验证据。经过赫兹的补充,麦克斯韦似乎已把一切事物还原为连续性;而恰在麦克斯韦做出这样的还原时,有利于大自然问题上的原子观的新证据开始增加了。仍有一种未得到调和的冲突:一组事实指向一个方向,而另一组事实指向另一个方向。但是,可以合理地期待,这种冲突不久就会被解决。然而,现代原子论需要书写新的篇章。

第三章 电子和质子

当前,物理学可分为两个部分:一部分处理物质中或没有物质
的区域中的能量传播,另一部分处理这些区域和物质之间的能量
交换。人们发现,前者需要连续性,后者需要不连续性。但是,在
思考这个明显的冲突以前,扼要地讨论体现在量子理论和原子结
构中的物质和能量之不连续性特征,将是明智的。然而,为了哲学
的目的,有必要只讨论现代理论的最一般方面,因为这门学科发展
得太快了,而且任何陈述在交付发表以前都存在过期的危险。本
章及下一章所思考的主题,已由海森堡在 1925 年所开创的理论以
一种全新的方式加以处理了。然而,在思考这一理论之前,我将先
考虑卢瑟福-玻尔原子以及与之相联系的量子理论。

物质和电似乎都专门是由被称为电子和质子的某些有限单元
聚集而成的。氦核有可能是另一种独立的单元,但这似乎不太可
信。[①] 一个氦核所携的净正电荷是一个质子所携电荷的两倍,而
且其质量略微小于质子质量的四倍。这些事实是可以得到解释的
(包括质量的轻微缺乏),如果氦核是由四个质子和两个电子组成

---

① F.巴纳斯和 K.彼得斯两位教授声称已把氢转化成了氦。假如这种声称得到了
证实,那么这就明确地排除了氦核是一种独立的单元的可能性。参见《自然》杂志(*Na-
ture*),1926 年 10 月 9 日,第 526 页。

的话；要不然，它们似乎就是一种几乎难以置信的巧合。我们因此可以假定，电子和质子是物质的仅有的成份；假如结果表明氢核必须被补充进来，那对于物质(matter)的哲学分析也几乎不会产生什么影响。本书的任务就是对物质做哲学分析。

质子全都拥有同样质量和同样数量的正电。电子全都拥有相同的质量，即大约质子质量的 1/1835。一个电子上的负电数量总是相同的，并且因而恰好抵消了质子所携的电，所以一个电子和一个质子共同构成了一个中性的电系统。一个原子，当不带电时，是由若干行星式电子所围绕的一个核所组成：这些电子的数目就是相关元素的原子序数。核是由质子和电子组成的：前者的数目就是元素的原子量，后者的数目使得这个整体在电上成为中性的——也就是说，它是核中的质子的数目和行星式电子的数目之差。正常情况下，这个复杂结构中的每一项都应该进行某些运动；根据牛顿原理(由于相对论因素而被做了轻微的修改)，这些运动产生于电子和质子间的吸引与质子和质子间及电子和电子间的排斥。由太阳系进行类推，所有这些运动都是可能的。但是人们认为，事实上只有极小一部分是可能的；这在我们以后将要考虑的一些方面依赖于量子理论。

根据牛顿原理，行星式电子的轨道的计算只在两种最简单的情形中才是可能的：由一个质子和一个电子所组成(当不带电时)的氢的情形，以及带正电且失去一个而非两个行星式电子的氦的情形。在这两种情形中，数学理论实际上是充分的。在所有实际发生的其它情形中，尽管所需的数学是人们自牛顿时代以来就加以研究的，但要获得精确的答案是不可能的，甚至不可能获得令人满意的近似答案。就原子核而言,情况更加不妙。氢核是一个单独的质子,但下一个元素氦的原子核被认为是由四个质子和两个电子组成的。此种结合一定异常稳定,这既是因为没有任何已知的过程可以瓦解氦核,也是因为所涉及的质量的丢失。(假如氦原子的质量被测定为 4,那么氢原子的质量不是 1,而是 1.008。)这后一种论据依赖于同相对论相关的考虑,而且因此必须在后面加以讨论。关于氦核中质子和电子的排列方式,人们提出了各种各样的想法;但迄今为止,没有一种产生了必要的稳定性。因此,我们可以称之为核结构的东西仍然是未知的。也许,在有关的非常微小的距离上,力的定律并不是平方反比,尽管在数学能于其中发挥作用的两种情况下,人们发现这个定律在处理行星式电子的运动方面是极其令人满意的。然而,这只是一种推测。除了氢核(氢核中没有电子)的情况以外,我们不知道质子和电子在核内是如何排列的;当前,我们必须满足于这样的无知。

　　只要一个原子依然处在一种稳定运动的状态中,那就无法向外部世界证明其存在。一个物质系统是通过辐射或吸收能量而非通过别的方式向外人展示其存在的,而且除非在经历量子理论所思考的那种突然的重大的变化时,一个原子是不会吸收或辐射能量的。从我们的观点看,这是重要的,因为它表明,对于在原子和周围媒介间的能量交换方面产生相同结果的两种原子理论,任何经验证据都不能用来在它们之间进行抉择。也许,全部卢瑟福-玻尔理论太具体、太形象化了;与其本质上的表现相比,从太阳系所做的类推是极不准确的。一种解释了所有已知事实的理论并不因此就被表明是真的;这需要证明没有任何其它理论可以做到这一点。这样的证明几乎是不可能的;确实,就原子结构而言,它是不可能的。可被当作明确根据的东西是理论中用数字表示的部分。某些量以及某些整数是明显要被涉及到的;但是,如果说对这些量和整数做如此这般的解释是唯一的可能,那就草率了。在研究中借助于一种形象化的理论,既是恰当的,也是正确的;但是,可以算作确定的知识的东西是某种相当抽象的事物;而且极有可能的是,真理并不让自身接受形象化的陈述,而只接受数学公式化的表达。我们将会看到,这就是我们所谓的海森堡理论所采取的观点。

在我们关于原子的实际知识的性质这个问题上逗留一会儿,也许是值得的。在最后的分析中,我们关于物质的一切知识都起源于知觉;而知觉本身因果地依赖于物质在我们的身体上所产生的效果。例如,就视觉而言,我们依赖于冲击眼睛的光波。有了波,我们就将有视知觉——假定眼睛是没有缺陷的。因此,在视知觉中,任何东西都不能单独使我们对在达到人眼的光波方面产生相同结果的两种理论做出区分。如已陈述的那样,这似乎引进了心理学的考虑。但是,我们可以通过某种使其物理学意义更清晰的方式来表述这个问题。考虑一个椭圆形表面,该表面易于产生连续的运动及形态上的变化,但会在时间中持续,并且让我们假定从未有人待在这表面内侧过。比如,我们可以用一个围绕着太阳的球体为例,或者用一个围绕着某个电子且绝未构成人体之一部分的小盒子为例。能量将穿越这个表面,有时向内穿越,有时向外穿越。在穿越边界的能量流方面产生相同后果的两种观点,在经验上是不可区分的,因为我们独立于物理理论而知道的一切事物都在该表面之外。我们可以扩大这个椭圆形表面,直到其"内侧"

是由相关物理学家——即我们自己——的身体以外的一切东西组成的。我们所听到的以及我们在书上所看到的,全都是通过穿越我们身体边界的能量流到达我们的。可以有充分的理由认为,我们的直接知识少于该陈述所蕴涵的东西,但相对而言,它当然是不太重要的。在穿越 A 的身体边界的能量流方面给出相同结果的两个宇宙,对 A 来说总体上将是不可区分的。

在提出这些考虑时,我的目标部分地在于为关于唯我论的论证提供一种新的形式。唯我论通常被认为是一种形式的唯心论;它认为在我的心灵和我的精神事件之外无物存在。然而我认为,说在我的身体之外无物存在,或者说在包住我的身体的某个封闭表面之外无物存在,是同样理性或同样不理性的。两者都不是通常的论证形式;通常的形式是前文首先给出的那一种:给定任何不包含我自己的区域,在整个区域范围内给出同样边界条件的两种物理学理论从经验上说是不可区分的。尤其是,电子和质子只是通过它们在别的地方所产生的效果而被人知道的,而且只要这些效果没有改变,我们就尽可以随兴改变我们关于电子和质子的观点而不会对可以证实的事物造成影响。关于对我们之外的事物的推论之有效性问题,逻辑上完全不同于世界的材料是精神的、物质的还是中性的这一问题。我可能是一个唯我论者,并且同时认为我是我的身体;我也可能相反地承认对不同于我自己的事物所做的推论,但又认为这些事物是心灵或精神事件。在物理学中,这个问题并不是唯我论的问题,而是一个非常明确的问题:给定某个体积的界面上的物理条件,并且对其内部没有任何直接的知识,我们能在多大程度上正当地推论其内部所发生的事情? 有充分的根据认为我们所能推论的东西和物理学家通常所假定的东西一样多吗？或者,我们所能推论的东西也许比人们通常所假定的东西少得多吗？我还没有打算回答这个问题;我现在将其提出来,是为了在我们关于原子结构的知识之完全性问题上表明一种怀疑。

第四章　量子理论

　　物质的可分性是和希腊人一样古老的一个假设,而且绝不同我
们的精神习惯相抵触。物质是由电子和质子构成的这一理论,因其
有效的简洁性而显得优美,但又不难想象或相信。伴随着这种可分
性,它以别的方式被引入了量子理论。这可能不会让毕达哥拉斯吃
惊;但极其肯定的是,它会让后来的每一位科学家吃惊,就像它让我们
现今时代的科学家吃惊一样。在尝试着得到一种关于物的哲学以前,
有必要理解这个理论的一般原理;但不幸的是,仍有一些与其相联系
的尚未解决的物理学问题,这些问题使得一种关于这个主题的令人满
意的哲学不可能马上构建起来。不过,我们必须做我们所能做的。

　　众所周知,量子是由普朗克于 1900 年在研究黑体辐射时首次
引入的。普朗克表明,当我们考虑构成一个物体上的热的振动时,
这些振动并不是根据通常的支配随机分布的频率定律而沿着所有
可能的值分布的,相反地,它们维系于某一定律。假如 ϵ 是一次振
动的能量,并且 ν 是其频率,那么就存在某个常数 h,[①]即公认的普
朗克常数,并且 ϵ/ν 是 h, $2h$, $3h$, 或 h 的某个其它的小的整倍数。

---

　　① 　h 的数值是 6.55×10^{-27} 尔格·秒,并且其量纲就是"作用量"(action)的量纲,
即能量×时间。

伴有其它数量的能量的振动并不出现。人们不知道它们不出现的
31　理由;迄今为止,这仍是一个棘手的事实。起初,这个事实是孤立
的。但现在,人们发现普朗克常数包含在各种各样的其它现象中;
事实上,对于任何一种观察,只要它是足够细致的,我们就有可能
发现其中是否包含这样的常数。

　　人们发现,量子理论的另一个领域是在光电效应中。这种效
应由金斯描述如下[①]:

　　"这种现象的一般特征已被充分认识。一段时间以来,人们知
道,高频光入射到一种带负电的金属的表面时容易导致放电,尽管
赫兹表明,光入射到一种不带电的导体上时会使其获得一种正电
荷。这些现象完全决定性地被表明是依赖于金属表面的电子的发
射的,那些电子因光的入射而以某种方式获得了自由。

　　"在任何具体的实验中,单个电子离开金属的速度具有从零到
某一最大速度 v 之间的全部的值;此最大速度依赖于具体实验的
条件。人们没有发现哪个电子离开金属的速度会大于这个最大值
v。似乎可能的是,在任何一次实验中,所有电子在开始时都是以
相同的速度 v 被发射出去的,但来自表面以下一小段距离内的那
些电子在出离表面时部分地丧失了其速度。

　　"如果不考虑金属体表面上诸如杂质薄片这类令人不安的影
响,那么最大速度 v 只依赖于金属的性质及入射光的频率似乎就
是一条一般法则。它不依赖于光的强度,而且在使实验能得以进

---

　　① 《辐射与量子理论报告》(*Report on Radiation and the Quantum Theory*),《伦敦物
理学会》(Physical Society of London),1914 年,第 58 页。

行的温度范围内,它也不依赖于金属的温度。……对于特定的金属,这个最大速度随着光的频率的提高而有规则地增加,但也存在着某一频率,在此频率以下光的发射根本不会发生。"

1905 年,爱因斯坦[①]最先依据量子对这一现象进行了解释。当频率为 ν 的光落到导体上时,我们就可看到,光从其原子中分离出来的一个电子所吸收的总能量是 $h\nu$ 的大约六分之五,这里的 ν 是普朗克数。可以假定,另外的六分之一被原子吸收了,因此原子和电子恰好共同吸收了一个量 h。当光处于低频以至于 $h\nu$ 不足以释放一个电子时,光电效应就不会产生。已有人尝试过做出不包含量子的解释,但似乎没有一种解释能够说明这些实验材料。

另一个被发现有必要用量子假说来解释的领域,是低温状态下的固体比热。根据先前的理论,用比热(在恒定的体积中)乘以原子量,应该得到一个恒定的值 5.95。事实上,人们发现,这在高温情况下是极近于正确的,但在低温情况下,该数值随着温度的降低而变得更小。由德拜所提出的对这一事实的解释,极其类似于普朗克对黑体辐射事实的解释;而且正像那种情况下一样,在不求助于量子的情况下获得一种令人满意的理论,似乎是明显不可能的。[②]

量子理论最有趣的应用,是玻尔对元素的线状光谱的解释。人们从经验上发现,以前所知道的氢光谱的谱线拥有某些根据下述公式从两个"谱项"之差而获得的频率:

$$\nu = R\left(\frac{1}{n^2} - \frac{1}{k^2}\right) \quad\cdots\cdots\cdots\cdots\cdots\cdots\quad (1);$$

---

① 《物理学年报》(*Annalen der Physik*),第十七卷,第 146 页。
② 参阅金斯(Jeans),前面所引用的书,第六章。

33　　这里, ν 是频率, R 是"里德伯常数", n 和 k 是小的整数, $\dfrac{R}{n^2}$ 和 $\dfrac{R}{k^2}$ 是所谓的"谱项"。发现这个公式以后,与其相符的新谱线又被找到了。先前被归于氢并与上述公式不相符的某些谱线,被玻尔归于离子化了的氦;它们通过如下公式被给出:

$$\nu = 4R\left(\frac{1}{3^2} - \frac{1}{k^2}\right)$$

$$\nu = 4R\left(\frac{1}{4^2} - \frac{1}{k^2}\right).$$

玻尔把这些谱线归于氢的理论根据随后被福勒从实验上证明了。我们将看到,当用 $4R$ 代替 R 时,它们就使玻尔理论所解释的一个事实及一个更细微的事实与公式(1)相契合;这后一个事实是指,为了使这个公式精确,我们所须替换上的并不是完全的 $4R$,而是一个稍小的量。

方程(1)的形式使玻尔想到,一条氢光谱线不会被视作处于周期性振动状态中的原子所发射的某种东西,而应是从与一个整数相联系的状态向与另一个整数相联系的状态的变化之产物。假如电子的轨道并不是某种因牛顿原理才成其为可能的寻常轨道,而只是与一个完整的"量子数"即 h 的一个倍数联系在一起的轨道,那么这就会得到解释。

在这些方针的基础上,玻尔成就了自己的理论;他所采用的方式如下所述。他假定,电子只能在某些环线上绕原子核转动,而且这些环线具有这样的特点,即假如 p 是任一轨道的动量矩,我们将拥有:

$$2\pi p = nh \quad \cdots\cdots\cdots\cdots\cdots\cdots\cdots (2);$$

这里的 h,和往常一样,是普朗克常数,并且 n 是一个小的整数。

（在理论上，n 可以是任何一个整数；但实际上，人们从未发现它比 34
30 大出多少，而且只是在某些非常稀薄的星云中才是如此。）我们
很快就将解释为什么量子原理恰好假定了这种形式。

现在，假如 m 是电子的质量，a 是其轨道的半径，并且 ω 是其
角速度，那么我们有：

$$p = ma^2\omega。$$

因此， $$2\pi ma^2\omega = nh \quad\cdots\cdots\cdots\cdots\cdots（3）。$$

但是，根据通常的理论，由于电子的径向加速度是 $a\omega^2$，并且原子
核对它产生的吸引力是 e^2/a^2，所以我们有：

$$ma\omega^2 = e^2/a^2$$

即 $$ma^3\omega^2 = e^2 \cdots\cdots\cdots\cdots\cdots（4）。$$

从方程（3）和（4），我们得到：

$$a = \frac{n^2h^2}{4\pi^2me^2}, \omega = \frac{8\pi^3me^4}{n^3h^3} \quad\cdots\cdots\cdots\cdots（5）。$$

在上述计算 a 的公式中，通过令 $n = 1,2,3,4,\cdots$，就得到了电
子的各种可能的轨道。因而，最小的可能的轨道是：

$$a_1 = \frac{h^2}{4\pi me^2} \cdots\cdots\cdots\cdots\cdots（6）；$$

并且，其它可能的轨道是 $4a_1, 9a_1, 16a_1$，等等。

对于一个半径为 n^2a_1 的轨道上的能量，因为势能是动能负值
的两倍，[①]所以根据方程（5），我们有：

$$W = -\frac{1}{2}ma^2\omega^2 = -\frac{2\pi^2me^4}{n^2h^2}。$$

---

① 参见索末菲(Sommerfeld)，《原子结构与光谱线》(*Atomic Structure and Spectral Lines*)，第 547 页及以下诸页。

因而,当电子从一个半径为 $k^2 a_1$ 的轨道上跌落到一个半径为 $n^2 a_1$ $(k>n)$ 的轨道上时,就存在一种能量的损失:

$$\frac{2\pi^2 m e^4}{h^2}\left(\frac{1}{n^2}-\frac{1}{k^2}\right)。$$

这种能量被假定是以光波形式辐射出去的,且光波的能量是一个能量子 $h\nu$,这里的 ν 是其频率。因此,我们通过下面的方程得到了被发射的光的频率:

$$h\nu=\frac{2\pi^2 m e^4}{h^2}\left(\frac{1}{n^2}-\frac{1}{k^2}\right),$$

即

$$\nu=\frac{2\pi^2 m e^4}{h^3}\left(\frac{1}{n^2}-\frac{1}{k^2}\right)。$$

这完全与被观察到的谱线相一致,假如[参见方程(1)]:

$$R=\frac{2\pi^2 m e^4}{h^3};$$

这里的 R 是里德伯常数。当填入数值时,可以发现,这个方程就被证实了。这个惊人的成功,从一开始,就是支持玻尔理论的一个有力论据。

　　威尔逊[①]和索末菲推广了玻尔的理论,使其也适应于椭圆形轨道:这些轨道有两个量子数,一个——就像以前一样——对应于角动量或动量矩(根据开普勒第二定律,这是一个常数),另一个依赖于离心率。只有某些离心率是可能的;事实上,较小的和较大的轴之间的比率始终是有理数,并且以对应于动量矩的量子数作为

－－－－－－－－－－

　　① W.威尔逊(W.Wilson):《辐射的量子理论和线光谱》(*The Quantum Theory of Radiation and Line Spectra*),载《哲学杂志》,1915 年 6 月。

其分母。为了解释塞曼效应(出现于磁场中的),我们使用了第三个量子数,该量子数对应于磁场平面与电子轨道平面之间的角度。然而,在任何情况下都存在一个一般原理;我们现在就必须解释这个原理。这也将表明,为什么在玻尔的理论中,量子方程(2)会以它所采取的形式出现。[①]

有待观察的第一件事情是,量子原理确实与作用量原子而非能量原子有关:作用量等于能量乘以时间。现在假定我们拥有一个依赖于几个坐标的系统,并且每一个坐标都是周期性的。没有必要假定每一个坐标都有同一种周期:只需假设这个系统是"有条件地周期性的"——也就是说,每个坐标都独自地具有周期性。我们必须进一步假定,所选定的坐标允许"变数分离"(关于"变数分离",参见索末菲,前文所引之书,第 559—560 页)。那么,我们把与坐标 q_k 相联系的"动量"(在一种推广了的意义上)定义为关于 $\dot{q}_k$ 的动能的偏微分——也就是说,如果把推广了的动量称为 p_k,那么我们令:

$$p_k^{in} = \frac{\partial E_{kin}}{\partial \dot{q}_k},$$

这里的 E_{kin} 是动能。量子条件将在 q_k 的一个完整的周期过程中应用于 p_k 的积分——也就是说,我们将有:

$$\int p_k dq_k = n_k h \;;$$

---

① 以下所述摘自亨利·L.伯罗斯(Henry L.Brose)于 1923 年从德文第三版翻译的索末菲所著《原子结构与光谱线》(*The Atomic Structure and Spectral Lines*)一书的注释 7 (第 555 页及其以下),也参见注释 4(第 541 页及其以下)。

其中,积分是在 q_k 的一个完整的周期过程中获得的。这里的 n_k 将是与坐标 q_k 相联系的量子数。以上是一个一般的公式,关于量子现象的所有已知情况都是其具体的例子。这是其唯一的正当性。

上述原则是极其复杂的,甚至比其在我们的概述中所表现出来的更复杂——我们在概述中省略了各式各样的困难。其复杂性可能源于这样的事实,即量子力学不得不奋力冲过经典体系以自己的方式所设置的那些障碍;也可能,量子现象最终被证明是可以从经典原理中演绎出来的。但在追寻这样的思想路线之前,说一说索末菲及其他人对玻尔理论的发展也许是合适的。

玻尔的理论最初假定轨道是圆的,它解释了与氢及离子化了的氦的线状光谱有关的主要事实。但是,许多细微的事实要求人们假定轨道是椭圆的:有了这样的假定,再加上相对论本身所具有的一些精妙之处,人们就在理论与观察之间获得了最严密的一致。但是,这种巨大的成功或许会使人们认为,将被证实的东西比实际已被证实的东西更多。因承认轨道是椭圆的而带来的巨大好处在于,这些轨道将提供另一个量子数。原子在发射光时,我们所拥有的东西本质上如下所述:原子能够拥有各种各样的状态,这些状态是通过一些整数(量子数)而得到刻画的。依系统的自由度,可以存在或多或少的量子数。当原子从一组量子数的值所刻画的状态过渡到另一组量子数的值所刻画的状态时,能量的丧失或获得是已知的。当能量丧失(而电子或原子核的任何部分都未丧失)时,它是以光波形式离开的;而光波的能量就是原子所失去的能量,并且它乘以一次振动的时间就等于 h。能量是守恒的,而作用量是量子化了的。

为了举例说明,让我们回到玻尔理论中的圆形轨道上来;在新近的理论中,圆形轨道仍然是可能的,尽管不是普遍的。假如我们把 $E_{\min}$ 称作当电子处于最小的可能的轨道上时的动能,那么第 n 轨道上的动能就是 $\dfrac{E_{\min}}{n^2}$。(总能量的大小等于动能的负值。)我们不知道是什么东西决定电子从一个轨道跃迁到另一轨道上的;在这一点上,我们的知识只是统计性的。当然,我们知道,当原子不能吸收能量时,电子只能从较大的轨道跃迁到较小的轨道上,而当原子从入射光中吸收能量时,相反的跃迁就会发生。从光谱的不同谱线的相对强度中,我们也知道不同的可能的跃迁所具有的相对频率;并且在这个问题上,存在一种理论。但我们丝毫不知道,在大量的其电子并未处于最小轨道的原子中,为什么其中一些在一个时间跃迁,而另一些则在另一个时间跃迁;这正像我们不知道为什么放射性物质中一些原子会衰变,而另一些原子却不会衰变那样。自然界似乎充满了一些具有突破性的现象;对于这些现象,我们能够说,假如它们发生了,它们将会是几种可能的类型中的一种;但我们不能说,它们终究会发生,或者假如它们会发生,它们将在何时发生。就量子理论目前所能说的而言,我们满可以认为原子拥有自由意志;然而,此种自由只限于它们在几种可能当中选择一种。①

---

　　①　然而,这可能是一种暂时的状况。量子跃迁的某些范围已为人所知。参阅 J. 弗兰克以及 P. 约尔丹:《物质结构;通过碰撞激发的量子跃迁》(*Anregung von Quantens-prungen durch Stösse*),Berlin,1926;也请参阅 P.约尔丹:《现代物理学中的因果和统计》(*Kausalität und Statistik in der modernen Physik*),载《科学》(*Naturwissenschaften*),Feb. 4,1927。

　　无论如何,我们所知道的显然是当原子发射光时在能量上所出现的变化;而且我们知道,就氢或离子化了的氦来说,这些变化是用 $\frac{1}{n^2} - \frac{1}{k^2}$ 来测定的。我们几乎不可避免地会推断,原子的前一种状态是由整数 k 刻画的,而后一种状态是由整数 n 刻画的。但是,对轨道之类的东西的假定,尽管作为对想象的一种帮助是适当的,却几乎不可能通过类比于大尺度的过程而被证明为完全正当的,因为量子原理自身表明了对这种类比的依赖所带来的危险。在大尺度的现象中,没有任何东西会让人想到量子,而且这类现象的另外一些常见特征或许只来自于统计学上的平均化行为。

　　简要地考虑一下可能存在的椭圆形轨道也许是值得的。[①] 这也将阐明量子原理是如何应用到拥有不止一个坐标的系统中的。

　　以极坐标为例,动能是:

$$\frac{1}{2} m (\dot\gamma^2 + \dot\gamma^2 \dot\theta^2)。$$

于是,两个广义动量是:

$$p_\theta = m\gamma^2 \dot\theta , \ p_\gamma = m\dot\gamma。$$

我们因而有两个量子条件:

$$\int_0^{2\pi} 2m\gamma^2 \dot\theta d\theta = nh$$

以及

$$\int_{\theta=0}^{\theta=2\pi} m\dot\gamma d\gamma = n'h 。$$

---

① 参阅索末菲,前面所引述的书,第232页及其后诸页。

根据开普勒第二定律，$m\gamma^2\dot{\theta}$ 是不变的；我们称其为 p。因此：

$$2\pi p = nh。$$

另一个积分相对麻烦一些，但我们获得了这样的结果：假如 a 和 b 是椭圆的长轴和短轴，那么，

$$\frac{a-b}{a} = \frac{n'}{n}。$$

再稍加计算就可以得出：拥有量子数 n、n' 的轨道上的能量是：

$$-\frac{2\pi^2 me^4}{h^2} \cdot \frac{1}{(n+n')^2}。$$

除了 $n+n'$ 代替了 n，这完全等同于轨道是圆形时的情况。假如这就是全部，那么不管椭圆形轨道是否出现，氢的线状光谱都是完全一样的；而且没有任何经验的办法来判定这个问题。

然而，通过引入来自狭义相对论的思考，我们能够区分人们分别从圆形轨道与椭圆形轨道中期待得到的两种结果，并表明来自椭圆形轨道的结果必须出现，以便解释观察到的事实。关键之处在于，质量是随着速度而变化的：一个物体运动得越快，其质量就越大。因此，在椭圆形轨道中，电子在近核点比在远核点拥有更大的质量。我们发现，由此可以断定椭圆形轨道将不是严格意义上的椭圆，而近核点将随着每一次的旋转而缓慢地前移[①]；也就是说，如果以极坐标 γ 和 θ 为例，坐标 θ 会在 γ 的一个最小值及下一个值之间以略大于 2π 的幅度增大。因而，这个系统是"有条件地周期性的"，即每一个单独的坐标都是周期性地变化的，但两者的

---

① 这种现象与关于水星轨道的情形不一样。后者依赖于广义相对论，而前者依赖于狭义相对论。

周期并不重合。其结果[①]是，方程 $\dfrac{a-b}{a}=\dfrac{n'}{n}$ 由 $\dfrac{a-b}{a}=\dfrac{n'}{n\gamma}$ 代替；在这里，$\gamma^2=1-\dfrac{e^4}{c^2 p^2}$，$c$ 是光的速率，而 p，则和以前一样，是角动量。我们将会发现，γ 是非常接近于 1 的，因为是 c 巨大的。

　　与量子数 n 及 n' 联系在一起的能量公式现在变得非常复杂了，其巨大优点在于它解释了氢的线状光谱的完美结构。人们一定会感觉到，理论与观察之间所存在的这种严密的一致是非常显著的。但依然唯有经验证据才涉及与不同量子数相联系的能量差异，而且依据牛顿原理，关于在稳定运动期间的实际轨道及进程的理论一定不可避免地还是一个假设；就像我们将会看到的那样，在量子理论的最新形式中，这个假设已经不再出现了。

　　量子存在的事实非常令人不可思议；这一点人们无法否认，除非最终表明它可以从经典原理中演绎出来。事实似乎是，量子原理管控着物质及其周围介质间的所有能量交换。在调和量子理论与光的波动说方面，存在严重的困难；但是，我们直到后面才会考虑这些问题。更值得期待的是，以某种不像威尔逊及索末菲那样奇怪而又特别的方式来阐述量子原理。实际上，它是某种类似如下事实的东西：频率 ν 的一个周期性过程拥有数值为 $h\nu$ 的一个倍数的能量，而且相反地，假如一个给定数值的能量被用于启动一个周期性过程，那么它将启动一个频率为 ν 的过程，而且该能量的数值将是 $h\nu$ 的一个倍数。当一个过程拥有一种频率 ν 及一种能量 $h\nu$ 时，在一个周期内的"作用量"的数量就是 h。但我们不能说：在

41

①　索末菲，前面所引述的书，第 467 页及其后诸页。

任何周期过程中，一个周期的作用量的数量是 h 或是 h 的一个倍数。不过，某种与此类似的表述或许迟早会被证明是可能的。就像相对论所表现出来的那样，在物理学理论中，"作用量"比能量更为根本；因此，人们发现作用量起到重要的作用这一点或许就不会令人吃惊了。但在目前，关于物质及周围介质的交互作用的整个理论，都依赖于能量的守恒。一种更突出作用量的理论或许是可能的，而且它可能有助于产生一种关于量子原埋的更简单的表述。

在玻尔的理论及其发展中，存在着空白，也存在着困难。这种空白已经被提及：我们丝毫不知道一个电子为什么会选择在一个时刻而非在另一个时刻从较大的轨道跃迁到较小的轨道上。困难在于，这种跃迁通常被看作是突然的和不连续的：人们认为，假如它真的是连续的，那么相关区域内的实验事实就无法得到解释。这个困难有可能被克服，并且我们也许会发现，从一个轨道向另一个轨道的跃迁能够是连续的。但是，我们也完全有理由想到另一种可能，即跃迁实际上是不连续的。我已强调，我们对于原子内部所发生的事情实际上是相当无知的，因为我希望为某种与通常所设想之物完全不同的事物保留可能性。我们有正当的理由相信时-空是连续的吗？我们知道一个轨道与下一个轨道之间的其它轨道是几何学上可能的吗？爱因斯坦使我们认为，物质的邻域使空间成为非欧几里得的；邻域不也可以使其成为不连续的吗？做出下述假定确实是轻率的：世界的微观结构类似于被人们发现与大尺度现象相一致的结构——这种相似可以只是统计学上的平均数。上述这些考虑可以作为最新的量子力学理论的一个引言，而我们现在必须把注意力转移到这一理论上。①

　　在海森堡开创的这种新的理论中，我们不再拥有卢瑟福-玻尔原子的那种简单性；在这种原子中，电子像分立的行星一样绕着一个原子核旋转。海森堡指出，在这种理论中，存在很多甚至从理论上讲也观察不到的量；这些量代表着一些被设想当原子处于稳定状态时就会出现的过程。在新的理论中，正如狄拉克所说："玻尔理论中与一种静止状态相联系的那些可变量，即轨道运动的幅度与频率，没有任何物理的意义，而且也没有任何物理上的重要性"（4，第 652 页）。在首次介绍自己的理论时，海森堡指出，通常的量子理论使用了不可观察的量，比如电子旋转的位置与时间（1，第 879 页），而且电子应该通过诸如其辐射的频率这类可测定的量来说明（1，第 880 页）。现在，可观察的频率始终是两"项"之差，且每

① 　提出这一理论的主要论文是：

　　1.海森堡：《运动与机械关系的量子理论重新诠释》(*Ueber quantentheoretische Umdeutung kinematischer und mechanischer Beziehungen*).《物理杂志》(*Zeitschrift fur Physik*)，33，pp. 879 - 893，1925.

　　2.玻恩(M.Born)和约尔丹：《量子力学》(*Zur Quantenmechanik*). Ibid. 34，pp. 858 - 888，1925.

　　3.玻恩、海森堡及约尔丹：*Zur Quantenmechanik* II .Ibid. 35，pp. 557 - 615，1926.

　　4.狄拉克(P.A.M.Dirac)：《量子力学的基础方程》(*The Fundamental Equations of Quantum Mechanics*). 皇家学会公报(Proc.Royal Soc.) A 系列，第 109 卷，No.A752，pp. 642 - 653，1925.

　　5.海森堡：《论量子论运动学和力学》(*Ueber quantentheoretische Kinematik und Mechanik*).《数学年鉴》(Mathematische Annalen)，95，pp. 683 - 705，1926.

　　6.海森堡：《量子力学》(*Quantenmechanik*)，《自然科学》(Naturwissenschaften)，14 Jahrgang,Heft 45，pp. 989 - 994.

　　我将通过上面的数字引用这些论文。在这个问题上，我从皇家学会会员福勒(R.H. Fowler)先生那里受惠颇多。

一项都是用一个整数来代表的。因而,我们能通过一个无穷行列的数值即一个矩阵来描述一个原子的状态。假如 T_n 和 T_m 是两个"项",那么一个可观察的频率(理论上)是 ν_{nm};在这里,

$$\nu_{nm} = T_n - T_m。$$

就其是可观察的而言,正是像 ν_{nm}(存在一个双重无限系列的 ν_{nm})这样的数值刻画了原子。

海森堡以如下方式陈述了这种观点(5,第 685 页)。在经典谐振动理论中,给定一个只有一个自由度的电子,在时间 t 的延长度 x 可以通过一个傅里叶级数来描述:

$$x = x(n,t) = \sum_{\tau} x(n)_{\tau} . e^{2\pi i \nu(n).\tau. t};$$

这里的 n 是一个常数,τ 是谐波级次。这个级数中的单个的项,即

$$x(n)_{\tau} e^{2\pi i \nu(n)\tau t},$$

将包含人们所指出的可直接观察的量,也就是频率、振幅及位相。但是,通过这个事实,即在原子中频率被发现是"项"的差,我们不得不用下式来代表上式:

$$x(nm) e^{2\pi i \nu(nm)\tau t};$$

并且这些项的集合(而非总和)代表着先前的延长度 x 所是的东西。所有这些项的总和不再拥有任何物理的意义。因而,原子最终由数值 $\nu(nm)$ 来代表,而这些数值是用无限的矩形或者说"矩阵"来排列的。

构造一种矩阵代数是可能的;从形式上讲,此种代数只在一个方面不同于通常的代数,即它的乘法不是交换的。

一种新的运算被定义了;当量子数变大时,该运算接近于微分。通过使用这种运算,哈密顿运动方程以一种对周期运动与非

周期运动都同样适用的方式得以保存下来,以至于我们不必对某个范围内的量子现象再行区分;一些定律被应用于这类现象,而这些定律不同于应用到经得起经典力学检验的那些现象上的定律:"在这种理论中,'量子化'与'非量子化'运动的区分失去其其全部意义,因为在其中不存在从大量可能的运动中挑选出某些运动的量子化条件的问题;量子力学基本方程出现并代替了这个条件……。该方程对所有可能的运动都是有效的,并且为了给运动问题一个确定的意义,该方程也是必要的"(3,第 558 页)。上文所提及的基本方程如下所述:假设 q 是一个哈密顿坐标,p 是对应的(广义)动量,并且两者都是矩阵。我们记得,矩阵的乘法不是交换的;事实上,我们拥有下式作为所说的基本方程(2,第 871 页):

$$pq - qp = \frac{h}{2\pi i} \cdot 1;$$

45 这里的 1 代表其对角线是由诸多 1 所构成的矩阵,而其它的项则全都是 0。上式是唯一包含 h(普朗克常数)的基本方程,并且它对所有运动都适用。

海森堡并未声称这种新的理论解决了所有困难。相反地,他说(5,第 705 页):

"必须认为这里所描述的理论依然是不完备的。我们还没有完全弄清这个基本假定(5)[①]在几何学或运动学上的真实意义。尤其是,下述事实存在一种严重的困难:时间明显起到了一种不同

[①] 这就是上面所提及的假定,即处于时间 t 的一个原子或电子可以通过一种具有下述形式的项的集合来代表:$x(nm)e^{2iv(mn)t}$。

于空间坐标的作用，并且在形式上也得到了不同的处理。迄今为止，在这种理论中，关于一个过程之时间经历（course）的问题没有任何直接的意义，而且关于较早及较迟的概念几乎不可能得到精确的定义；这个事实使该理论的数学结构中的时间坐标之形式特征变得尤为明显。不过，我们无需要考虑这些构成了对该理论之反对意见的困难，因为人们预料，从原子系统所拥有的这些时-空关系的性质中恰好会出现此类困难。"

在一种或多或少通俗的解释中（6），海森堡阐述了其理论的某些后果。他说，电子和原子并不拥有"感官对象所拥有的那种程度的直接实在性"，而只拥有人们自然而然地归之于光量子的那类实在性。他认为，量子理论之所以出现麻烦，是因为人们试图制造原子模型，并把它们当作普通空间中的东西来描述。假如我们要保留微粒说，那么我们就不能在每个时间中指出电子或原子所处的确定的空间点。我们代之以一组经过充分定义的物理的量，而这些量代表着电子先前的位置。它们是可观察的辐射量，而且每个量都与两个"项"相联系，以至于我们得到了一个矩阵。对一个原子中内层电子与外层电子的区分变得没有意义了；"而且，从一系列类似的微粒中再次识别出一个特殊的微粒，从原则上讲是不可能的"（第993页）。

到目前为止，电子的矩阵理论由于太新了，以至于经不起某种逻辑分析；而本书这一部分的目的，就在于进行此种逻辑分析。然而，通过用一组代表我们实际所知之物的量，即来自原子被设想处于其中的那个区域的辐射，来代替玻尔原子中纯然假设性的稳定运动，它显然体现了一种科学上的简练；同样显然的是，在构造一种摧毁量子化运动与非量子化运动之区分且通过一组统一的原理来处理一切运动的力学中,有一种巨大的逻辑的进步。而且从逻辑上讲,海森堡原子较之于玻尔原子所具有的这种更高程度的抽象性使该理论变得更为可取,因为物理学理论中的形象化元素是最不容易得到人们信赖的。

德布罗意①和薛定谔②提出了一种明显不同的量子理论;人们发现,他们的理论在形式上与海森堡的理论是相同的,尽管乍看上去是非常不同的。德布罗意将这种理论描述为"新的物质波动理论";在这种理论中,"质点被构想为波的奇点"③;而且在这里,我们以为是来自原子的辐射,比原子自身拥有更多的物理"实在性"。迄今为止,在调和干涉及色散事实与导致光量子假说的事实方面,存在一些困难;而这个理论的优点之一,就在于它减少了这些困难。

与此同时,仍然存在这样的可能性,即所有量子现象都可以从经典原理中演绎出来,并且表面的不连续性可能只是一个明显的最大值与最小值的问题。据我所知,依据这些思路而提出的最成功的理论,是 L.V.金(L.V.King)的理论。④ 他假定,电子以固定的角速度旋转,并且所有的电子都是这样的;他也做了一个类似的关于

---

① 《物理学年报》(*Annales de Physique*),3,22,1925。

② 《物理学年报》(*Annalen der Physique*),1926。四篇论文,79,第 361、489 及 734 页;80,第 437 页。

③ 《自然》杂志(*Nature*),1926 年 9 月 25 日,第 441 页。也参见福勒:"矩阵与波动力学"(Matrix and Wave Mechanics),同上,1927 年 2 月 12 日。

④ 《旋磁电子和一种关于原子结构与辐射的经典理论》(*Gyromagnetic Electrons and a Classical Theory of Atomic Structure and Radiation*),皇家学会会员路易斯·维索特·金(Louis Vessot King)及麦吉尔大学(McGill University)物理学教授麦克唐纳(Macdonald Professor of Physics)著,路易斯·卡里尔(Louis Carrier),水星出版社(Mercury Press),1926 年。

质子的假定。因而,存在一个引入了某些条件的磁场;当电子和质子没有旋转时,这些条件就是缺失的。将会存在频率为 ν 的电磁辐射,在这里:

$$h\nu = \frac{1}{2}m_0 v^2,$$

h 是普朗克常数,m_0 是电子的不变质量,而且 v 是它的速度。(把 h 等同于普朗克常数,是通过调整这些假定的常数而做到的。)由这个公式,他推演出量子理论基于其上的许多现象;他还承诺要在后来的一篇论文中推演出另外一些现象。R.H.福勒先生的一篇文章("自旋电子"[Spinning Electrons],《自然》杂志,1927 年 1 月 15 日)讨论了金先生的理论,但并未做出一种赞成或反对的断言。在金先生的理论是否充分这一问题上,大概不久就可能有一个确定的答案。假如它是充分的,量子理论就不再与哲学家相关,因为这个理论中仍然有效的东西变成了从更基本的定律和连续的、不涉及行为之可分性的过程所做的一种推演。眼下,在物理学家对此做出决断之前,哲学家必须安心于对两个假设都进行不偏不倚的研究。

第五章　狭义相对论

　　相对论产生于三种元素的结合,这些元素都是重建物理学所需要的。在这三种元素中,第一是精密的实验,第二是逻辑的分析,第三是认识论的原因。最后这方面的元素在该理论的早期阶段比在其最终的形式中所起的作用要大;或许这是幸运的,因为它们的范围和有效性是可以怀疑的,或者至少说,若非因为它们导致了成功,它们将会是令人怀疑的。大致地,人们可以说,像早期物理学一样,相对论假定,当不同的观察者在做出所谓的"观察同一种现象"这一行为时,他们的观察在其中有所不同的方面并不属于现象,只有他们的观察在其中取得了一致的方面才是现象。这是常识在早年教给我们的一个原理。当一个小孩看到一艘轮船驶离时,他会认为这艘船正在持续地变小;但是,不久他便开始认识到,这种尺寸上的缩小只是"表面上的",并且船在整个航行中"事实上"保持着同样的大小。就相对论是由认识论的原因所激发的而言,他们是属于这种常识类型的;并且,这些明显的怪异之所以产生,是因为在我们的观察与其他假想的观察者的观察之间发现了预想不到的差异。像所有物理学一样,相对论物理学假定了一个实在论的假设,即存在一些不同的人都能观察到的现象。目前,我们可以忽略认识论,并接下来把相对论仅看作理论物理学。我们也可以忽略实验证据,并视整个理论为一演绎系统,因为正是这种观点才是我们在第一部分中所要关心的。

从哲学家的视角来看,相对论的最显著特征已经体现在狭义相对论中了:我的意思是,时间和空间(time and space)合并为时－空(space-time)。狭义相对论现在仅成了一种近似的理论,它并不完全适用于物质的邻域。但是,作为通向广义相对论的一个步骤,它仍然值得我们去领会。而且,它并不需要我们放弃为广义相对论所丢弃了的几乎大部分的常识观念。

从技术上说,整个狭义相对论都包含在洛伦兹变换中。这个变换有一个优点,即它使得光速对于任何两个彼此作匀速相对运动的物体都是相同的,而且更一般地,它使得电磁现象(麦克斯韦方程)对于任何两个这样的物体都是相同的。正因为有这个优点,它起初就被人采纳了;但人们后来发现,它还具有更广泛的影响及更一般的合理性。事实上可以说,在知道了光并非是在瞬间被传播的以后,人们只要具有足够的逻辑敏锐性,在任何时候都可以发现它。此时,人们已经非常熟悉它了,而且我甚至发现,它已被人(相当正确地)引用在福特纳姆和玛森公司的一则广告中。不过,我认为,这个理论是值得我们去阐述的。其最简单的形式有如下述:

假设有两个物体,其中一个(S')沿着与 x 轴平行的方向以速度 v 相对于另一个(S)做运动。再假设 S 上的一个观察者观察到一个事件,他根据自己的时钟判定该事件发生在时间 t,并判定其发生的位置是在相对于他而言坐标为 x, y, z 的一个地方。(每个观察者都以自己为坐标系原点。)假设 S' 上的一个观察者判定,该事件发生在 t',而且其坐标是 x', y', z'。我们设想,在时间 t 为 0

49

50

时,两个观察者处在同一个地方,并且 t' 也为 0。先前似乎不言自明的是,我们拥有 $t=t'$。两个观察者都被设想为使用了精准的计时器,并且在估计该事件发生的时间时当然也考虑到了光的速度问题。因此,人们会以为,他们对事件发生的时间会有相同的估计;人们也会以为我们有:

$$x'=x-vt。$$

然而,这两种想法都不正确。为了获得正确的变换,设:

$$\beta=\frac{c}{\sqrt{c^2-v^2}},$$

这里的 c 像往常一样还是光速;那么:

$$\left.\begin{array}{l} x'=\beta(x-vt) \\ t'=\beta(t-\dfrac{vx}{c^2}) \end{array}\right\} \cdots\cdots\cdots\cdots\cdots\cdots (1)。$$

至于其它的坐标 y',z',我们依然像以前一样拥有:

$$y'=y',z'=z。$$

这是关于 x' 和 t' 的两个殊相的公式。这些公式内在地包含着全部的狭义相对论。

关于 x' 的两个公式体现了斐兹杰惹收缩。在两个物体中,任何一个物体上的观察者所估算出的另一个物体上的长度,将会小于另一个物体上的观察者对这些长度的估算结果:较长的长度与较短的长度之间的比率将是 β。然而,更有趣的是关于时间的判定结果。假设物体 S 上的观察者判定在 x_1 和 x_2 的两个事件是同时的,并且两者都发生在时间 t;那么,S' 上的观察者将会判定它们发生在时间 t_1' 和 t_2',在这里:

$$t_1{}' = \beta(t - \frac{vx_1}{c^2})$$

$$t_2{}' = \beta(t - \frac{vx_2}{c^2}),$$

并且因此有：

$$t_1{}' - t_2{}' = \beta \frac{v(x_2 - x_1)}{c^2}。$$

除非 $x_1 = x_2$，这不是零。因此，一般说来，对于一个观察者来说同时发生的若干事件，对于另一个观察者来说则不是同时发生的。就像一直以来的那样，我们因而不能认为时间和空间是独立的。甚至时间中的事件顺序也是不确定的：在一个坐标系中，事件 A 可以先于事件 B，而在另一个坐标系中，B 可以先于 A。然而，仅当这些事件是分离的，以至于无论我们选择什么样的坐标，从一个事件发出的光线，直到另一个事件发生之后，才能到达另一个事件所在的地点，上述这一点才是可能的。

洛伦兹变换产生了这样的结果：

$$c^2 t^2 - x^2 = c^2 t'^2 - x'^2。$$

由于 $y = y'$，并且 $z = z'$，我们有：

$$c^2 t^2 - (x^2 + y^2 + z^2) = c^2 t'^2 - (x'^2 + y'^2 + z'^2);$$

或者用 r, r' 代表来自两个观察者的事件距离：

$$c^2 t^2 - r^2 = c^2 t'^2 - r'^2 \quad\cdots\cdots\cdots\cdots\cdots\cdots\quad (2)。$$

这个结果具有普遍性——也就是说，给定任何两个作匀速相对运动的参照物体，假如 r 是依据一个坐标系而算出的两个事件间的距离，r' 是依据另一个坐标系而算出的两个事件间的距离，并且假如 t 和 t' 分别是两个事件在两个坐标系中的时间间隔，那么方程

(2)将始终成立。因而,$c^2t^2-r^2$ 代表了一个物理量,它独立于坐标的选择;这个量被称作两个事件之间的"间隔"(interval)的平方。依据间隔是正数还是负数,存在两种情况。当它是正数时,两个事件的间隔被称为"类时间的";当它是负数时,则被称为"类空间的"。在居间的情况下,即当它等于零时,一条光线可以出现在每一个事件中;假若这样,从一个事件就可以看到另一个事件。当它们的间隔是类空间的时,在不同的参照系中,两个事件的时间顺序是不同的;但是,当它是类时间的时,在所有的参照系中,时间顺序都是相同的,尽管时间间隔的长度是有变化的。

当两个事件的间隔是类时间的时,一个物体在运动时就有可能出现在两个事件中;在那种情况下,间隔就是那个物体上的时钟将其作为时间来显示的东西。当两个事件的间隔是类空间的时,一个物体有可能以某种特有的方式运动,以至于两个事件在同一时间(根据其自己的时钟)发生;在那种情况下,间隔就是相对于那个物体并作为两者之距离而表现出来的东西。(在这些论述中,我们一直把光速作为速度的单位;这在相对论中是便利的。)两种情况都是洛伦兹变换的结果。由第一种情况可以断定,假如两个事件都对我发生了,那么用我的手表(假定我的手表性能优良)所测量到的两者间的时间就是两者的"间隔",并且这种时间依然具有一种物理的意义。因而,如果假定,从一种物理的观点来看,心理学所涉及的一切事物都发生在其精神事件正在被考虑的那个人的身体中,那么心理学所涉及的时间并未受到相对性的影响。这是一个假定,其根据将会在后面给出。

分开的事件所具有的同时性是模糊的;由此可以断定,我们不

能毫不含糊地提及"在一个特定时间两个物体间的那种距离"。假
如这两个物体是在作相对的运动,那么对于它们来说,一个"特定
的时间"是不同的,并且对于其它的参照体来说也是不同的。因
而,这样的一个概念无法进入对物理定律的正确陈述中。仅凭这
个理由,我们就能下结论说,牛顿的引力定律的形式不可能是完全
正确的。幸运的是,爱因斯坦做了必要的纠正。

　　我们将会观察到,作为洛伦兹变换的一种结果,一个物体在相 53
对于一个参照体作运动时的质量,不同于它相对于该参照体处于
静止状态时的质量。一个物体的质量与一个特定的力施于其上所
制造的加速度成反比,而且两个作均速相对运动的参照体对于另
一个(即第三个)物体的加速度将会给出不同的结果。作为斐兹杰
惹收缩的一种效果,这是显而易见的。在狭义相对论做出解释之
前,人们就已从实验上知道了质量是随快速运动而增加的。对于
像放射性物体发出的 β-粒子(电子)所获得的那样的速度,这一点
是非常显著的,因为那些速度可以快到光速的 99％。像斐兹杰惹
收缩一样,在狭义相对论做出解释之前,质量上的这种改变似乎是
奇怪和反常的。

　　还有一点是重要的;它表明,似乎不言自明的东西可以多么容
易是错误的:这涉及到速度的合成问题。假设有三个在同一方向
上作匀速运动的物体:第二个相对于第一个的速度是 v,第三个相
对于第二个的速度是 ω。那么,第三个相对于第一个的速度是多
少? 人们会以为它一定是 $v+\omega$,但事实上是:

$$\frac{v+\omega}{1+\frac{v\omega}{c^2}}。$$

可以看到,它小于 c;假如 $v=c$ 或者 $\omega=c$,那么它就是 c,要不然,它就小于 c。这就阐明了在物质运动方面光速是怎样扮演一种无穷大的角色的。

狭义相对论为自身设置了这样的任务,即使得物理定律相对于任何两个作相对匀速直线运动的坐标系来说都是一样的。有两组方程需要考虑:牛顿动力学方程组以及麦克斯韦方程组。后者没有被洛伦兹变换改变,但前者需要做某些改写。然而,这些都已由实验结果所表明。因而,对已有的这个问题的解决是完全的;但是,从第一组方程中,可以显而易见地看出,真正的问题是更一般的。没有什么理由把我们自身限定在两个作匀速直线运动的坐标系中;对于任何两个坐标系而言,不管它们相对运动的性质如何,这个问题都应该得到解决。而该问题已由广义相对论解决了。

第六章 广义相对论

除了用时-空代替时间和空间这一问题以外，与狭义相对论相比，广义相对论拥有一种更宽广的视野及一种更强的哲学趣味。广义相对论要求放弃分开的事件之间的所有直接关系，即时-空所依赖的、主要限于非常微小的区域且仅仅通过积分而得以扩展（在它们能够扩展的地方）的那些关系。所有旧几何学的装置——直线、圆、椭圆等等——都消失了。经过某些修改，属于拓扑学的东西依然留存；而且有一种新的短程线几何学，它产生于高斯在黎曼就职论文的基础上所做的曲面研究。只要我们不是在考虑物理学中像电子、质子及量子之类的那些引入了可分性的领域，几何学与物理学就不再有区分。甚至这种例外可能也不会长期存在。还有一些迄今为止尚处于广义相对论视野之外的物理学领域，但却没有在某种程度上与其不相关的领域。它对哲学的重要性甚至可能超过它对物理学的重要性。当然，不同学派的哲学家已经利用它来支持其各自的招数。人们声称，圣·托马斯、康德及黑格尔已经预见了它。但我认为，任何提出这些建议的哲学家都没有下功夫来理解这个理论。就我而言，我没有自称完全知道其哲学后果最终会被表明是什么样子的；但我确信，这些后果将是影响深远的，并且完全不同于它们对不懂数学的哲学家所表现出来的样子。

在本章中,我希望仅仅将爱因斯坦的理论当作一种逻辑体系来考虑,而忽视其哲学的涵义。这个体系首先假定了一个拥有确定顺序的四维流形。该假定所采取的形式多少有点是技术性的:所假定的是,当我们拥有一组可被称作普通坐标(比如被自然地使用在牛顿天文学中的那些坐标)的东西时,就存在某些合法的坐标转换及另外一些不合法的坐标转换。合法的转换将无穷小的距离转换成无穷小的距离。这等于说,转换必须是连续的。也许,所假定的东西可以陈述如下:假定有一组点 $P_1, P_2, P_3, \cdots$,它们的坐标趋向于一个极限即一个点 P 的坐标,那么在任何新的合法的坐标系中,这些点 $P_1, P_2, P_3, \cdots$ 一定拥有趋向一个极限的坐标,而且该极限就是新的坐标系中点 P 的坐标。这意味着,这些坐标系中的某些顺序关系代表了时-空中的这些点的属性,并且已经被预先假定在坐标值的指派中。关于所涉及的东西的精确陈述只能通过极限被做出;但是,正确的意义是通过邻近的点一定拥有相近的坐标这一说法而得以传达的。在以后的一章中,我们将讨论一个具有相对论性质的坐标系在顺序上的预先假定所具有的精确本性。眼下,我只想强调,在广义相对论中,时-空流形拥有一种并非任意的顺序,并且该顺序将在任何一个合法的坐标系中被复制。重要的是要认识到,这种顺序纯粹是顺序,它不包含任何度量的成份。它也不可从该理论后来所引入的点的度量关系中推导出——也就是说,不可从"间隔"中推导出。

当然,时-空的点既无时间上的持续,也无空间上的广延。通常假定,几个事件可以占据同一个点;这包含在关于世界线的交点的概念中。我认为,也可以假定,一个事件可以穿越一个有限的时-空跨度;但在这点上,据我所知,该理论是沉默的。在以后的一章中,我将处理作为事件体系——体系中的每个事件都有一个有限的广延——的点的构造问题;怀特海博士已对这个主题做了特别的处理,但我将提出一种多少有点不同于他的方法。只要把自身限定于相对论,我们就没有必要考虑事件是否有一个有限的广延,尽管我认为有必要假定两个事件可以占据同一个时-空点。然而,甚至在这一点上,权威的解释也有一定程度的模糊性,而此种模糊性大部分是由该理论所主要涉及的大尺度现象导致的。有时,似乎整个地球被算作一个点;当然,在相对论作者的实践中,一个物理实验室被算作一个点。偶尔地,爱丁顿教授会认为一个9×10^{10}平方公里的面积是一个二阶无穷小。这样的观点在关于相对论的讨论中是适当的;因此,关于两个事件占据同一个点或两条世界线相交这样的说法意味着什么,不必弄得很精确。现在,我将假定这在一种严格的意义上是可能的;我的理由将在后面的一章中给出。

人们认为,每一个时-空点都有四个被指派给它的实数,而且反过来,任何四个实数——至少在一定的限度内——都是一个点的坐标。这等于假定,点的数目是2^{N_0},而N_0则是有限整数的数目;这也就是说,点的数目是康托尔连续统的数目。每一个由2^{N_0}个项构成的类(class),都是在四维连续统中——或就此而论,在一个n-维连续统中——对这个类进行排列的各种多项关系的域。但是,我们所需要的比这稍多一点。在所有排列四维连续统上的时-空点的方式中,只有一种方式具有物理的意义,其它的方式只是相对于数理逻辑而存在的。这意味着,在点中间,一定有一些可以从经验基础中引导出的关系,它们产生了一个四维连续统。这些是我在上上段中所提及的顺序关系。因此,我们假定,这些顺序关系产生了一个连续统,并且坐标的指派方式使得邻近的点拥有相近的坐标。更确切地说,一组点的极限的坐标就是这组点的坐标的极限。这不是一条自然法则,而是关于坐标指派方式的一种对策。它留下了很大的但并非完全的自由空间。它允许用另一个坐标系来代替任何一个坐标系,而在用以代替的坐标系中,那些新的坐标是原有坐标的许多连续函数;但是,它排除了非连续函数。

我们现在假定,任何两个相邻的点都拥有一种度量上的关系;这个关系被称为它们的"间隔",而该"间隔"的平方是它们的坐标差的二次函数。这是经由高斯和黎曼而来的对毕达哥拉斯定理的一种推广。简短地回顾一下其发展历程将是值得的。

根据毕达哥拉斯定理,假如一个平面上的两点拥有坐标(x_1, y_1),(x_2, y_2),并且 S 是它们分开的距离,那么:

$$s^2 = (x_2 - x_1)^2 + (y_2 - y_1)^2。$$

59 通过一种直接的明显的扩展,假如空间中的两个点拥有坐标(x_1, y_1, z_1),(x_2, y_2, z_2),那么它们分开的距离是 s,在这里:

$$s^2 = (x_2 - x_1)^2 + (y_2 - y_1)^2 + (z_2 - z_1)^2。$$

假如分开的距离是微小的,那么我们在书写时用 dx, dy, dz 来代替 $x_2 - x_1, y_2 - y_1, z_2 - z_1$,并用 ds 代替 S;因而,我们有:

$$ds^2 = dx^2 + dy^2 + dz^2。$$

高斯考虑了与曲面有关的一个问题,它是自然而然地从上述内容中产生的。在一个曲面上,一个点的位置可以用两个坐标加以固定,而无需参照曲面外的任何事物。因而在地球上,位置是通过经度和纬度加以固定的。假如 u 和 v 就是将位置固定在一个曲面上

的两个坐标,那么,一般地,关于邻近的两点之间的距离,我们将不会有:

$$ds^2 = du^2 + dv^2 ;$$

通常,无论我们怎么定义 u 和 v,我们也不可能获得这种类型的公式。关于圆柱或圆锥,并且一般地,关于所谓的"可展"曲面,我们能够获得这种类型的一个公式;但是(比如说)关于球体,我们无法获得此种公式。通常的公式采取这样的形态:

$$ds^2 = Edu^2 + 2Fdudv + Gdv^2 ,$$

这里的 E, F, G 一般说来是 u 和 v 的函数,而非常项。高斯表示,存在某些关于 E, F, G 的函数——不管如何定义坐标 u 和 v,这些函数都拥有相同的值。这些函数表达了曲面的属性;从理论上讲,无需提及外部空间,我们通过在曲面上进行测量,就能发现这些属性。

　　黎曼将这种方法推广到了空间。他设想,毕达哥拉斯定理可能是不精确的,并且关于两点间距离的正确公式可以通过增加另一个变项而从高斯公式中产生。他表示,这个假定可以被当作非欧几何的基础。然而,直到爱因斯坦的引力理论对其加以利用,非欧几何的整个主题才与物理学产生了明显的关联;爱因斯坦的引力理论就是黎曼的想法与用时-空"间隔"代替时间与空间中的距离这种做法相结合的结果,而此种结合已由狭义相对论实施了。

　　正如我们所看到的,在狭义相对论中,两个时-空点——其中之一是原点——之间的间隔是 s;在这里,若间隔是类空间的,则有:

$$s^2 = x^2 + y^2 + z^2 - c^2 t^2 ,$$

而若间隔是类时间的,则有:

$$s^2 = c^2 t^2 - x^2 - y^2 - z^2 。$$

在实践中,始终采用的是后一种形式。对于两个特定的时-空点之间的间隔,狭义相对论所允许的任何坐标系都会给出相同的值。但是,在坐标的选择上,我们允许拥有比以前大多得的自由空间;而且我们正在假定,狭义相对论仅仅是一种近似的东西——除了在引力场缺乏的情况下,它并非在严格的意义上是真的。我们还假定,对于微小的距离,有一个关于坐标差的二次函数;这个函数具有一种物理的意义,并且无论以何种方式被指派坐标,它都具有相同的且服从于已被解释过的连续性条件的值。也就是说,假如 x_1, x_2, x_3, x_4 是一个点的坐标,并且 $x_1 + dx_1, x_2 + dx_2, x_3 + dx_3,$ $x_4 + dx_4$ 是邻近的一个点的坐标,那么我们设想有一个二次函数:

$$\sum g_{\mu\nu} dx_\mu dx_\nu \quad (\mu, \nu = 1, 2, 3, 4) ;$$

无论以何种方式被指派坐标,它都具有相同的值。于是,我们把 ds 定义为两个邻近的点之间的"间隔"。这些 $g_{\mu\nu}$ 将是坐标(通常不是常数)的函数,并且为了方便,我们取 $g_{\mu\nu} = g_{\nu\mu}$。正像高斯能从他的公式中演绎出曲面几何学一样,我们因此也能从我们的公式中演绎出时-空几何学。但是,就像我们把时间包括进来了一样,我们的几何学也不仅仅是几何学,而是物理学;换句话说,它把历史与地理结合起来了。

　　在离物质很远的地方,狭义相对论还将是真的,而且空间因此也将是欧几里得的,因为假如我们设 $ds = 0$,狭义相对论就将给出关于距离的欧几里得公式。引力物质的邻域是由所涉及区域的非欧几里得特征所显示的。然而,这需要进行一些初步的解释,尤其需要对张量方法做出解释;我们下一章的主题就是解释张量法。

广义相对论中的一切事物都依赖于上述关于 ds^2 的公式的存在。这个公式自身具有经验归纳的性质,而且没有人为它提出任何先天的证明。它是毕达哥拉斯定理的推广,而人们以前是能够证明这个定理的。但是,这种证明曾取决于欧几里得公理,而我们并无理由认为那些公理是完全真实的。不仅如此,为他的基本概念——比如"直"线——指派一种意义也是困难的。旧几何学假定了一个静止的空间;而它之所以能做到这一点,是因为人们设想空间和时间是可以分离的。自然地,人们认为,运动是沿着空间中的路线进行的,并且在运动前后,空间都在那里:有轨电车沿着预先存在的轨线运动。然而,这种运动观已不再能站得住脚了。一个运动着的点是时-空中的一系列位置,而后面的一个运动着的点不能再走"同一条"路线,因为它的时间坐标是不同的;这意味着,在另一个同样合法的坐标系中,它的空间坐标也将是不同的。我们认为一辆有轨电车每天都在走同样的路线,因为我们认为地球是固定的。但从太阳的角度看,这辆有轨电车绝不会重复先前的路线;这就像赫拉克利特所说的,"我们不能两次踏进同一条河里"。因而显然,我们将不得不使用根据时-空而非空间来定义的且具有某种特殊性质的运动,来代替欧几里得静止的直线。所需要的运动是一条"短程线",以后我们将更多地谈论这种"短程线"。

在相对论中,分开的时-空点只拥有能通过积分而从邻近的点的关系中所得到的关系。因为两点间的距离总是有限的,所以我们所称的在邻近的点之间的关系实际上根本不是点与点之间的关系;像速度一样,它是一种极限。只有微积分语言才能准确地表达所意味的东西。形象地讲,人们可以说,"间隔"概念所涉及的是在每个点上趋于发生的事情——尽管我们不能说这个事情将会实际发生,因为在到达任何指定的点之前,都可能发生某种事情并导致其偏离。当然,这是在速度方面所出现的情况。在特定的瞬间,一个物体将以特定的速度沿特定的方向运动;由这个事实,我们丝毫推断不出该物体在另一个指定的瞬间——无论多么接近第一个瞬间——将会出现在什么地方。为了从物体的速度中推论出它的运行路线,我们必须知道它在一段有限的时间中的速度。类似地,关于间隔的公式描绘了每一个单独的时-空点的特性。为了获得一个点与另一个点之间的间隔(无论这两个点多么接近),我们必须具体指明一条路线,并沿着那条路线进行积分运算。然而,我们将会看到,有一些路线可以被称为"自然的",它们是短程线。唯有通过它们,间隔概念才能有益地扩展到彼此相距一段有限距离的那些点的关系上。

第七章　张量法

张量法包含着对一个问题的回答,这个问题因我们的坐标的
任意性特征而显得迫切。我们怎么能知道用坐标表达的一个公式
是表达了某种描述物理现象的东西,而不只是表达了我们碰巧使
用的具体的坐标系呢? 一个有可能在这方面出错的显著的例子,
是由同时性提供的。假设我们有两个事件,它们在我们所使用的
坐标系中的坐标是(x,y,z,t)和(x',y',z',t),——也就是说,它们
的时间坐标是一样的。在狭义相对论出现之前,每个人都断言这
代表着关于两个事件的一个物理的事实,即它们是同时发生的。
现在我们知道,所涉及的这个事实也包含着对该坐标系的提
及——也就是说,它不仅是两个事件间的一种关系,而且也是它们
与参照体之间的一种关系。但是,这将说狭义相对论的语言。在
广义相对论中,我们的坐标没有任何重要的物理意义,而且拥有同
一个坐标的一对事件,无需拥有不为其它成对事件所拥有的任何
内在的物理性质。实际上,坐标的指派一定遵循某种原则,而这个
原则一定具有某种物理的意义。但是,我们可以(比如说)用曾经
制造出来的最差的时钟来测量时间——假如它只是走错了而又并
未真正停下来;而且,我们可以使用某只虫子作为我们的长度单
位,而无视运动导致其去遭受的"斐兹杰惹收缩"。既然那样,假如
我们说在两个都发生于某一瞬间的事件之间存在着单位距离,那

64　么我们将要在这两个事件、一只性能糟糕的时钟及某个虫子之间进行一种复杂的对比——也就是说，我们将做出一个依赖于我们的坐标系的陈述。我们想要发现一个充分的——假如不是必要的——条件，并且如果该条件得到了满足，它将保证我们依据坐标所做的一个陈述拥有一种独立于坐标的意义。这种差别或多或少类似于日常语言中语言学陈述与关于（通常就是这样）语词所指之物的陈述之间的差别。假如我说"力量是一种可愿望的特质"，我的陈述就可以在不改变意义的情况下翻译成法语或德语；但是，假如我说"力量是一个包含七个辅音和一个元音的词"[①]，那么若将我的陈述翻译成法语或德语，则这个陈述是错误的。现在，物理学中的坐标类似于语词；两者的差别在于，把"语言学"陈述从其它陈述中区分出来要困难得多。这就是张量法试图要做的事情。

　　用非技术语言阐述张量法似乎是不可能的。我恐怕，不能指望那些认为微积分没有学习价值的哲学家理解它。也许，用以解释它的某种简单方法可以及时被人发现，但迄今为止尚未有人发现过这样的方法。[②]

　　假如我们拥有一个向量，它的分量是 A^1, A^2, A^3, A^4（这里的 $1, 2, 3, 4$ 起到指标［suffix］的作用，而非一些指示幂的指数），那么在某些情况下，若我们碰巧转换到任意一组其它的坐标 $x'_1, x'_2,$ x'_3, x'_4 上，且它们是原有坐标 x_1, x_2, x_3, x_4 的连续函数，则我们

---

　　① 英文中的"strength"（力量）是由七个辅音字母和一个元音字母组成的。——译者注

　　② 关于以下所述，参阅爱丁顿（Eddington）的《相对论的数学理论》（*Mathematical Theory of Relativity*），第二章，剑桥大学出版社，1924 年。

将拥有 A'^1, A'^2, A'^3, A'^4 作为新坐标中该向量的分量,且在这里:

$$A'^1 = \frac{\partial x_1'}{\partial x_1} A^1 + \frac{\partial x_1'}{\partial x_2} A^2 + \frac{\partial x_1'}{\partial x_3} A^3 + \frac{\partial x_1'}{\partial x_3} A^1,$$

而关于 A'^2, A'^3, A'^4,也有类似的公式。当发生这种情况时,所说 65 的向量被称为逆变向量。最简单的例子是(dx_1, dx_2, dx_3, dx_4)。除了在这种情况下,"逆变的"性质是由指标的上部来代表的。

我们还可以有一个向量,它的分量为 A_1, A_2, A_3, A_4。它通过下述定律被转换:

$$A'_1 = \frac{\partial x_1}{\partial x'_1} A_1 + \frac{\partial x_2}{\partial x'_1} A_2 + \frac{\partial x_3}{\partial x'_1} A_3 + \frac{\partial x_4}{\partial x'_1} A_4$$

以及类似的关于 A'_2, A'_3, A'_4 的公式。这样的向量被称为协变向量。最简单的例子是拥有下列分量的向量:

$$\frac{\partial \varphi}{\partial x_1}, \frac{\partial \varphi}{\partial x_2}, \frac{\partial \varphi}{\partial x_3}, \frac{\partial \varphi}{\partial x_4},$$

这里的 φ 是在每个点上都拥有一个固定值且独立于坐标系的某个函数。

显然,假如我们拥有两个逆变向量 A 和 B,它们的分量在某一个坐标系中是相等的,那么它们的分量在任何坐标系中都是相等的;同样的说法也适用于两个协变向量 A 和 B。这个说法可以马上从上述转换规则中推论出来。因而,当两个逆变向量或两个协变向量的某种相等性出现时,这种相等性是一个独立于坐标系的事实。事实上,它是最简单的张量方程。

通常的"张量"定义,是对逆变向量和协变向量的定义所做的一种抽象。我们可以拥有一个具有下列十六个分量的量,并以之代替仅有四个分量的向量:

$$A_{11}, A_{12}, A_{13}, A_{14}, A_{21}, A_{22}, A_{23}, A_{24},$$

$$A_{31}, A_{32}, A_{33}, A_{34}, A_{41}, A_{42}, A_{43}, A_{44};$$

这样的一个量可以用"$A_{\mu\nu}$"来表示，并且在人们的理解中，μ 和 ν 每者都可以取从 1 到 4 的所有值。类似地，我们可以拥有一个具有 A_{111}, A_{112} 等六十四个分量的量；这样的一个量可以用"$A_{\mu\nu\sigma}$"来表示，并且这里的 μ, ν 及 σ 每者都可以取从 1 到 4 的所有值。这样的一些量，如果遵守某些转换定律，并且这些定律与关于逆变向量和协变向量的转换定律相类似，那么就被称为"张量"。因而，一个具有十六个分量的逆变张量（写作 $A^{\mu\nu}$）满足下面这个规则：

$$A'^{11} = (\frac{\partial x'_1}{\partial x_1})^2 A^{11} + (\frac{\partial x'_1}{\partial x_2})^2 A^{22} + \cdots + \frac{\partial x'_1}{\partial x_1}\frac{\partial x'_1}{\partial x_2} A^{12} + \cdots$$

以及类似的关于其它分量的方程——例如：

$$A'^{12} = \frac{\partial x'_1}{\partial x_1}\frac{\partial x'_2}{\partial x_1} A^{11} + \cdots + \frac{\partial x'_1}{\partial x_1}\frac{\partial x'_2}{\partial x_2} A^{12} + \cdots 。$$

这些方程被包括在下式中：

$$A'^{\mu\nu} = \sum_{\alpha,\beta} \frac{\partial x'_\mu}{\partial x_\alpha}\frac{\partial x'_\nu}{\partial x_\beta} ,$$

这里的 α, β 将取从 1 到 4 的所有值。类似地，一个具有十六个分量的协变张量——写作 $A_{\mu\nu}$——是根据下述规则被转换的张量：

$$A'_{\mu\nu} = \sum_{\alpha,\beta} \frac{\partial x_\alpha}{\partial x'_\mu}\frac{\partial x_\beta}{\partial x'_\nu} A_{\alpha\beta} ;$$

而且一个混合张量——写作 A^ν_μ——是一个根据下述规则被转换的张量：

$$A'^\nu_\mu = \sum_{\alpha,\beta} \frac{\partial x_\alpha}{\partial x'_\mu}\frac{\partial x'_\nu}{\partial x_\beta} A^\beta_\alpha 。$$

可以毫无困难地把这些定义扩展到任意数目的指标上。显而易见,就像在逆变向量与协变向量的情况下一样,假如同一类型的两个张量在一个坐标系中是相等的,那么它们在任何坐标系中都是相等的,以至于张量方程表达了某些独立于坐标之选择的条件。由于这个原因,有必要把所有一般的物理定律都表达为张量方程;假如不能做到这一点,所涉及的定律一定是错误的,并且必须进行修正,以使其能作为一个张量方程被表达出来。引力定律是这方面最值得注意的一个例子;但相对而言,也许能量守恒几乎没有受得人们的注意。[1]

张量法或许是物理学历史发展的一个结果;似乎可以自然地设想,相比于张量法所提供的方法而言,有可能确立一种不太间接的表达物理定律的方法。在物理学中,坐标最初欲被用来表达所涉及的事件与原点之间的物理关系。其中的三个坐标是长度;人们以为,这些长度能通过使用刚性杆进行测量而确定下来。第四个坐标是时间,我们能使用计时仪将其测量出来。然而,存在一些困难,并且物理学的进步使这些困难迅速变得引人注目。只要地球被看作是不动的,使用相对于地球而固定的参考轴线及保留在地球表面的时钟似乎就够了。因为通过选择最有刚性的物体及最精确的时钟而揭示出来的物理定律体系,能被用来估计这些仪器与严格的不变性(constancy)之间的背离,而且所得到的结果在总体上是一贯的,所以我们就有可能忽视这样一个事实,即没有哪个物体是完全刚性的,且没有哪个时钟是完全准确的。但在包括潮

---

　① 参见爱丁顿,上文所引用的书,第134页。

汐问题在内的天文学问题中,地球不可能被视作是固定的。对牛顿力学来说,参考轴线必须没有加速度;但是由引力定律可以得出,所有的实体参考轴线都必定有某种加速度。因此,参考轴线变成了绝对空间中的理想结构;用实际的杆子所测得的实际结果,只能近似于我们使用没有加速度的参考轴线时所得到的结果。这个困难并不是最严重的;最麻烦的事情与绝对加速度有关。随后,人们从实验上发现了导致狭义相对论的事实:长度和质量随速度而变化,以及不管使用什么样的物体来定义坐标,光在真空中的速度都是不变的。这组困难被狭义相对论解决了;该理论表明,在一组作匀速直线运动的物体中,使用任何一个作为参照体,我们都会得到等值的结果。然而,这仅仅做到了伽利略和牛顿认为他们已做到的事。它从速度方面把电磁现象纳入到了相对论的范围内;但是,明显有必要把相对论扩展到加速度,并且当做到这一点时,坐标就不再拥有它们从前所拥有的那种清晰的物理意义。确实,甚至在广义相对论中,我们能实际使用的任何坐标系中的一个坐标,都将始终拥有某种物理的意义;但这种意义是没有价值且复杂的,而不像以前那样是重要且简单的。

可以自然地问:由于坐标变成了仅仅是被系统性地指定的约定名称,我们难道不能完全省去它们吗? 也许,这迟早会成为可能;但目前尚缺乏必要的数学知识。例如,我们希望能够求微分,可是除非一个函数的自变量和值是数值,否则我们就不能求它的微分。这不是由微分定义中看似比较困难的那些部分所导致的。我们可以为非数函数定义一个特定自变量函数的极限(如果存在的话),也可以定义更常出现的四个极限,即通过向上或向下逼近而得到的最大值和最小值。我们也能定义一个"连续的"非数函数。(参阅《数学原理》(*Principia Mathematica*),第 230 - 234 节。)迄今尚未定义的东西,除了数以外,就是分数。现在,$\frac{dy}{dx}$ 是一个分数的极限;因而,尽管我们能够抽象出关于极限的概念,但我们目前不能对 $\frac{dy}{dx}$ 进行抽象,因为我们不能抽象出关于分数的概念。人们似乎先验地明白,因为坐标的微分法在物理学上是有用的——甚至当坐标的数量值是约定的时——,所以,一定存在某个过程,而对于该过程,微分法是一种特殊的数的形式,并且这种形式能应用到任何一个我们在那里拥有连续函数——甚至当它们是非数函数时——的地方。定义这样的一个过程是数理逻辑的问题;这个问题很可能是可以解决的,但至今尚未解决。假如它真的被解决了,就有可能避免那种复杂的、迂回的过程,即先指派坐标,然后再把它们几乎所有的属性都看作是不相干的;而实施这样的过程就是我们在使用张量法时所做的事情。

确实存在一些数,它们在新几何学中是重要的:它们是给出间隔之大小的数。但是,正如我们已经看到的那样,相隔有限距离的两个点并不拥有一个明确的间隔;而且任何两个点都隔着一段有限的距离。包含在间隔概念中的数并非有限的距离,而是从十六个系数中产生的数;这些系数就是前一章中的包含在关于 ds^2 的公式中的 $G_{\mu\nu}$。这些系数自身依赖于坐标系,但 ds^2 并不依赖于它。直到我们考虑了短程线,我们才能对这个主题加以展开。我们必须由短程线得到那些在新几何学中具有物理意义的数,而此种意义与人们设想坐标在旧几何学中所具有的意义是相同的。这些数将是沿着某些短程线所取的 ds 的积分。但是,与旧的度量几何学中的长度不一样,它们在几何学上是不充分的。为了避免不相干的复杂性,我们可以通过考虑狭义相对论来举例说明这种不充分性。

关于间隔未能成功地构造一种几何学的最明显的例子,来自对光线的思考。作为同一条光线之一部分的两个事件之间的间隔是零。现在假设一条光线从事件 A 出发,并到达事件 B;在它到达 B 的那一刻,另一条光线从 B 出发,并到达 C。那么,A 和 B 之间的间隔是零,B 和 C 之间的间隔也是零,但是 A 和 C 之间的间隔可以拥有某种类时间的大小。欧几里得证明,一个三角形的两边加起来大于第三边;由于这个命题的完全自明的,他受到了批评。但在相对论几何学中,这个命题是错误的。在我们的三角形 ABC 中,AB 和 BC 是零,而 AC 可以拥有某种有限大小的间隔。

再者,作为一条光线之一部分的事件拥有一种确定的时间顺序,尽管它们当中任何两者的间隔都是零。这是以下述方式体现出来的。假设一条光线从太阳出发到达月球,然后由那里被反射到地球上:相比于一条在同一时间离开太阳直达地球的光线,它到达地球的时间要晚一些。因此,当我们说光线达到月球的时间要晚于它离开太阳的时间时,这种说法是有一种确定的意义的——也就是说,我们能够说光线是从太阳出发到达月球的,而不是从月球出发到达太阳的。我们可以概括地说:假如 A 和 B 是一条光线的一部分,并且由 A 到达 B 的一些光线——它们有别于前一条光线——包含着彼此间具有类时间间隔的两个事件 C 和 C′,那么,不管这些新的光线可能是什么，C 和 C' 的时间顺序都是一样的——也就是说，我们将始终拥有这一事实，即 C 在 C' 之前，或者，C' 在 C 之前。这就阐明了当我们试图只依据间隔来建立几何学时所出现的那些困难。我们也必须考虑时-空间流形的纯顺序性质。在光线离开太阳与其到达地球之间，这些性质提供了一种宽广的分离，尽管这些事件间的"间隔"是零。

　　现在回到张量法及其可能的最终的简化问题上来，我们似乎很可能拥有一个关于一种一般倾向的例子；这种倾向就在于过分强调数，它早自毕达哥拉斯时代以来就存在于数学中，尽管在后来的欧几里得所阐明的希腊几何学中暂时地变得不太引人注目了。当然，欧几里得的比例理论并没有省略数，因为它使用了"等倍数"；但无论如何，它只需要整数，而不需要无理数。由于算术是容易的，几何学中的一些希腊方法自笛卡尔以来一直处于一种不显眼的地位，并且坐标到头来似乎成为不可或缺的。在许多问题上，尤其是在数学归纳、极限及连续性等问题上，数在从前似乎是必要的；但数理逻辑表明，在这些问题中，数是逻辑上不相干的。当不再使用数时，我们就需要一种新的技术；但在逻辑的纯粹性中，我们将有一种补偿性的收获。新的技术似乎是深奥的，因为人们不熟悉它。我们应该有可能把一种类似的纯化（purification）方法应用到物理学上。张量方法首先指派坐标，然后表明如何获得一些确实不依赖于它们的结果，尽管这些结果是用坐标来表达的。一定存在一种可能的不太间接的技术；在这种技术中，我们仅仅使用逻辑上必要的工具，并且我们拥有一种语言，这种语言仅仅表达现在由张量语言所表达的事实，而不表达依赖于坐标之选择的事实。

71

我不是说,这样的一种方法,如果被发现了,在实践中将会是更可取的;但我确实是说,它为那些本质的关系提供了一种较好的表达方式,并将极大地促进哲学家们去完成自己的任务。与此同时,张量法在技术上是令人满意的,而且能够满足数学的需要。

第八章 短程线

短程线的重要性经由一条法则而体现。这条法则是指,在广 义相对论中,一个不受约束的粒子是在一条短程线上运动的。但是,让我们首先考虑什么是短程线。

阿尔卑斯山脉中一位爱冒险的步行者,可能希望经由最短的路线,即始终紧贴地面的最短路线,从一个山谷中的某一地方走到另一个山谷中的某一地方。他不能通过看着一张大比例尺地图并在这两个地点之间画一条直线来确定这条最短的路线,因为假如这条路线相比另一条路线包含一条坡度更大的普通坡路,它可能在距离和时间两个方面都长于逐渐向一条通道的前端倾斜然后又向下的另一条路线。这位旅行者寻求的就是一条"短程线"——也就是能在地球表面上被画出来的两点之间的最短路线。在没有山丘的情况下,比如在海上,最短的路线经由一个大圆。在复杂的表面上,短程线可能变成非常复杂的曲线。它的定义并不完全是"两点间最短的路线"。它的定义是:从短程线上任意一点到任意另一点的距离一定是"不变的",也就是说,所有与其稍有不同的路线要么都比它长,要么都比它短。这意味着,对应于路径方面的微小差异,长度的一阶变化是零。实际上,在普通的曲面几何中,短程线距离是一个最小值,而在相对论中,它是一个最大值。这里的差别

并不像非数学的读者所看到的那样巨大,因为与通常被当作空间
中的距离的东西相比,相对论中所涉及的短程线距离更类似于通
常被当作时间之流失的东西。

　　让我们试着使这个问题变得稍微具体一点。在其每年的公转
中,地球从时-空中的一处运行到另一处。在相隔六个月之久的两
个时刻格林威治天文台所处的两个位置之间,存在着某种间隔。
从太阳上的一个观察者的角度来看,这个间隔以前被分为两个部
分,即六个月和大约 186,000,000 英里。但是,从身处格林威治的
观察者的角度来看,只有一个间隔即时间,因为所涉及的地点是处
于两个时刻的同一个地点。假定有一个毫无约束地从时-空中的
一点旅行到另一点的时钟,这两点之间的间隔就是那个时钟在两
者间将其作为时间而记录下来的东西。我说,假如一个时钟被迫
沿着另外某条稍微不同的路线旅行,以至于在相隔六个月之久的
两个时刻出现在格林威治天文台,但并未同时出现在地球上,那么
为这个时钟所记录并被其旅行所采用的时间将会少于六个月。像
几何学中的距离一样,两个分开的点之间的间隔并不是某种能独
立于所选路线而被定义的东西。这种间隔一定是沿着一条指定的
路线通过积分而获得的,而且相比于任何稍有不同的其它路线,一
条短程线就是使间隔更大的路线。假如一个人现身于两个特定的
事件,并且他把介乎其间的时间用于快速的旅行,那么相比于他让
自己被动地漂流,在这种情况下,两个事件之间的时间似乎会更
短;这是一种极其无聊的定律。如果一条路线使得两个特定事件
之间的时间似乎成为最长的,那么所有物体,当被弃之不顾时,都
会选择这条在每个时刻都最令人心烦的路线。然而,现在已处理
了这些不相干的东西,并该回到严肃的问题上来了。

　　由于微小的间隔 ds 是独立于坐标的，一条短程线也是独立于 74
它们的。我们能轻易获得一条短程线所必须满足的微分方程，而
且不管我们使用什么样的坐标系，这些方程都必须为相同的线所
满足。短程线从一个给定的点向四面八方延伸；其中一些是自由
运动的粒子的路径，而其它一些则不是。一个粒子的路径是一条
短程线这条定律，实际上并未告诉我们多少真实的情况，因为我们
唯有通过观察物体的运动，才能发现什么样的路径是短程线。假
定地球的轨道是一条短程线，那么针对太阳引力场中关于 ds 的公
式的性质，我们能够做出一些推论。由于我们并不能先验地了解
出现在关于 ds 的公式中的系数 $g_{\mu\nu}$，它们的值将从观察结果中演
绎出来。我们所能说的是，用这种方式去确定 $g_{\mu\nu}$ 并使得一个物体
的路径在一个引力场中是一条短程线，既是可能的，也与所观察到
的事实不相冲突。事实上，相比于我们从牛顿定律中所获得的，我
们通过这种方式获得了对事实的一种更精确的陈述，但是两者间
可观察的差别是极少的，而且是细微的。

　　尽管新旧引力定律并没有导致非常不同的结果，而且因为旧
的定律与被观察到的事实极其一致，事实上也就不可能出现不同
的结果，然而，所涉及的思想上的差别却是非常大的。在新理论
中，一个行星是自由运动的；而在旧理论中，它受制于一种指向太
阳的有心力。在旧理论中，行星是在椭圆上运行的；在新理论中，
它是在最有可能接近直线的轨道，即一条短程线上运行的。在旧
理论中，太阳像是一个从首都发出政令的霸道政府；在新理论中，
太阳系像是克鲁泡特金①梦想中的社会，其中的每个人在每个时

―――――――――――――

　　① 克鲁泡特金(1842—1921)，俄国无政府主义者。——译者注

刻都在做他更喜欢做的事,而且结果是有条不紊的。奇怪的是,

75 在观察所及的范围内,这两个理论之间的差异是极其微小的。

对于普通人来说,在地球沿着椭圆轨道运行和地球沿着某种直线(不管这种直线可能有多么奇怪)运行这两个陈述之间,似乎不可能作出调和。然而,这两个陈述之间的几乎全部差异都是一个惯例问题。甚至在现在,我们也有可能坚持欧几里得空间;这要求用一种不同的方式来陈述爱因斯坦的引力定律,但并不要求放弃已被证明为真的任何东西。怀特海博士认为这个方案对爱因斯坦的理论来说是更可取的。可被称为新的正统学说的东西,反倒是由爱丁顿教授阐述的。考虑一下两者之间的争论要点,将是值得的。

爱丁顿教授说(上文所引用的书,第37页):

"假设一个观察者已经选择了一个确定的空间坐标及时间计算体系(x_1,x_2,x_3,x_4),并且关于这些东西的几何学是通过下述公式给出的:

$$ds^2 = g_{11}dx_1^2 + g_{22}dx_2^2 + \cdots + 2g_{12}dx_1dx_2 \quad \cdots\cdots \quad (16.1)。$$

我们让他错误地认为几何学是:

$$ds_0^2 = -dx_1^2 - dx_2^2 - dx_3^2 + dx_4^2 \quad \cdots\cdots \quad (16.2),$$

这是他在纯数学中非常熟悉的几何学。我们使用dx_0来辨认他所得到的错误的间隔值。由于间隔能通过实验方法来加以对比,他应该很快会发现他的dx_0不能与观察所得的结果相一致,并因此会认识到他的错误。但是,心灵不会如此乐意地摆脱一种执着的信念。更有可能的是,我们的观察者会继续坚持他的意见,并将观察结果上的这种差异归因于当前出现的并左右着其想象实验中

的假想对象之行为的某种因素。可以说，他是要引入一种超自然的作用，并能因为自己的错误所带来的结果而去责备它。让我们来考察一下，他会把什么样的名字应用到这种作用上。

"在所考虑的四种想象实验的假想对象中，运动着的粒子对于几何方面的细微变化通常是最敏感的，并且正是通过这种实验，观察者会首先发现一些差异。我们的观察者为它制定的路径是：

$$\int ds_0 \text{ 是不变的，}$$

——也就是在坐标 (x_1, x_2, x_3, x_4) 上的一条直线。当然，粒子没有留心这一点，并在下面这条不同的轨线上运动：

$$\int ds \text{ 是不变的。}$$

尽管没有受到明显的干扰，它还是背离了'一条直线上的匀速运动'。根据牛顿的力的定义，对于任何导致它背离一条直线上的匀速运动的作用，所给予的名字都是力。因此，因观察者的错误而产生的这种作用被描述为'力场'。

"就像在先前的例子中那样，力场并不总是因为疏忽才被提出的。有时，它是由数学家故意提出的，比如当他引入离心力时就会这样做。从我们的词汇中驱逐出'力场'这个短语，几乎没有什么有利之处，并且会有很多不利的地方。因此，我们将调整我们的观察者已经采用的步骤。我们把 (16.2) 叫作关于坐标系 (x_1, x_2, x_3, x_4) 的抽象几何学，它可以由观察者任意选择。自然的几何学是 (16.1)。

"力场代表着在关于一个坐标系的自然的几何学和被任意归于它的抽象几何学之间的差异。

"力场因而从心灵的看法中产生。假如我们不让坐标系成为某种不同于其实际所是的东西,那么就不存在力场。"

人们并不完全清楚的是,为什么要认为把力与普通几何学连在一起使用的人犯了一个"错误",而说自由粒子在短程线上运行并且为了证明自己正确而拥有一种古怪几何学的人,却被认为是在说出实质上更精确的某种东西。真的,就像在更古老的力学中那样,我们一定不要把"力"构想为一种实际的作用;它只是描述物体如何运动的方法的一部分。但是,一旦认识到这一点,我们是否要提及力只是一个便利的问题。让我们退一步承认,从逻辑美学的观点来看,广义相对论的方法是更好的;然而,我看不出我们为什么应该把它看作是更"真实的"。此刻,我不是在思考这个事实,即相比于牛顿的引力定律,爱因斯坦的引力定律对现象给出了一种稍微更精确的描述;因为,这实际上与正在争论中的具体问题并不相关。

让我们现在来考虑怀特海博士的观点。在这个问题上,他的观点与爱丁顿教授的观点是相反的。在其《相对论原理》①的序中,他说:

"作为对我们的一般知识及特殊的自然知识之性质的思考结果,……我推断,我们的经验需要并展示了一种统一性的基础,并且就自然界而言,这种基础将自身展示为时间及空间关系的统一性。这个结论完全消除了这些关系的因果多样性,而这种性质是爱因斯坦后期理论的实质所在。正是这种统一性,而非我用以帮

---

① 剑桥,1922 年,第 v 页。

助对自然事实进行最简单的阐释的欧几里得几何学,才是我的观点的实质。我非常愿意相信,每一个永久的空间要么都是椭圆的,要么都是双曲线的,假如一些观察结果通过这样的一个假设得到了更简单的解释。坚持物理学与几何学之间的古老的区分,是我的理论的固有特点。物理学是关于自然的偶然关系的科学,而几何学表达了它的统一的关联性。"

在讨论时-空结构时,他又说(同上,第 29 页):

"结构是统一的,因为对于知识而言,必须有一个统一的关联性系统,并且自然因素的偶然关系能够通过它而得以表达。要不然,在我们知道所有事物之前,我们就什么也不能知道。" 78

第 64 页说:

"虽然在某种意义上时间和空间的性质并不是推论出来的,但是,任何被觉察到的范围内的事件与所有其它事件之间的本质的关联性,要求所有事件之间的这种关联性应该与获自限定范围内的已探明的公开事实相一致;因为,我们只能通过知道这些关系是什么,而知道遥远的事件在时间及空间方面是与当下被感知到的事件相联系的。换言之,这些关系必须拥有一种系统的统一性,以便当我们把自然扩展到服从于个人知觉之直接检验的孤立事例以外时,我们也可以对它有所了解……这个学说导致人们反对爱因斯坦对其公式所做的解释;按照那种解释,他的公式表达了依赖于偶然从属物的时-空弯曲之因果多样性。"

因此,爱丁顿似乎认为有必要接受爱因斯坦的可变空间,而怀特海却认为有必要抛弃它。就我而言,我看不出为什么我们应该同意这两种观点:物质似乎是解释公式的一种便利手段。不过,怀特海博士的论据值得我们仔细加以考察。

　　上面几段论述的主要力量是认识论的:所包含的问题是康德式的,即知识是如何可能的。我不想在其通常的形式上处理这个问题。但是,若不深入研究知识论,就存在一种可被称为常识的答案的东西。爱因斯坦使我们能预言在天文现象方面实际所能预言的东西,并且那似乎就是所应要求于他的一切。怀特海博士反对爱因斯坦体系中的时-空的"因果的"多样性。在某种意义上,这个从属物是合理的,因为任何区域中的时-空的性质都依赖于只能从经验上加以确定的环境——即附近物质的分布情况。但是,在另外一种意义上,从属物是不合理的,因为爱因斯坦的引力定律提供了一条规则,而根据这条规则,时-空受到了物质邻域的影响。说我们不能借助于这条规则提前知道尚未被考察过的一个区域的几何格局,似乎是一种不充分的反对意见,因为除非我们知道物质的分布情况,我们也不能知道什么样的天文现象将会发生。像其他人一样,爱因斯坦假定了物质的永恒性;这是我们将从别的方面加以考虑的一个主题,但与当前的问题没有具体的关联。天体运动的方式依赖于在其附近的物质的分布情况;用怀特海的措辞说,这种分布是"因果的"。甚至通过假定欧几里得几何学,我们也不能进行天文预言,除非我们假定我们知道关于所涉及区域内物质分布的重要事实。对于物理知识的可能性来说,我们是否把这些事实的结果纳入我们的几何学,似乎并无任何实质性的差别。在所有理论物理学中,都存在着事实与计算的某种混合;只要这种结合能提供观察所证实的结果,我看不出我们能有任何事先的反对意见。怀特海的观点似乎依靠这样一个假定,即科学推论的原则在某种意义上应该是"合理的"。或许,我们全都在一种或另一种形式上做出了这个假定。但就我而言,我更喜欢从各种成功中推断"合理性",而非提前建立一个关于什么东西能被视为可信之物的标准。

因此,我看不出有什么理由来拒绝像爱因斯坦几何学那样的可变几何学。但是,我同样看不出有什么理由来假定事实需要它。在我看来,这个问题只是一个逻辑简单性与综合性的问题。从这种观点来看,我更喜欢物体在其中运行于短程线上的可变空间,而非与力场联系在一起的欧几里得空间。但是,我不能认为这个问题是涉及事实的。

因此,结论似乎是,当我们就像现在这样认为物理学是一个演绎系统时,我们最好采用爱因斯坦的解释:自由粒子在短程线上运动,并且引力定律所涉及的是短程线在物质邻域内的形成方式。这个观点本质上是简单的,尽管它导致了复杂的数学问题。它与事实相一致,并把引力定律放在物理定律中一个可识别的位置,而不再像以前那样,使其成为一条与其它东西没有关联的独立的定律。因此,我打算继续把爱因斯坦的观点当作解释物理学原理的最好方式接受下来,而同时我不会认为任何其它的方法都是逻辑上不可能的。

有一个在理论上极其重要的问题;在通常的关于相对论的解释中,这个问题并不是非常清楚的。我们如何知道两个事件是否将被看作发生在同一片物质上? 人们设想,一个电子或质子在时间中保持着自己的同一性;但是,我们的基本连续性是事件的连续性。人们必须因此设想一个物质单元就是一系列事件,或一系列事件组。我们不清楚的是，在决定两个事件是否属于这样一个系列时，我们的理论标准是什么。我想，我们可以假定，两个重合的事件，即两个都出现在某个时-空点上的事件，一定属于一个物质单元。（这不是假定属于一个物质单元的事件就不再属于另一个。）我们也可以假定，如果两个事件拥有一个类空间的间隔，或者说拥有零间隔而又并未重合，那么它们不属于一个物质单元。但是，当两个事件拥有一个类时间的间隔时，那就不存在任何明显的标准。如果一条短程线上的任意两点都拥有一种类时间的分离，那么任何两个这样的事件都能通过一条短程线联系起来；因此，在力学定律所涉及的范围内，它们或许都属于同一个物质单元。然而，有时候我们认为它们属于，而有时候又认为它们不属于。告诉我们在一特定的情况下如何来对这个问题进行决断，明显是物理学事务的一部分。对此，我们能说些什么呢？①

　　决断必须依赖于中间的过程，即依赖于某个系列的中间事件（或事件组）的存在，而这些事件（或事件组）依据某个法则而彼此相随。假如存在事实上为成串事件所遵守的法则，那么这样的法则能被用来确定我们用一个物质单元所意指的东西。我们知道存在着这样的一些法则，但是它们在这方面的重要性没有得到强调，因为几乎没有人认识到存在一个因用事件来代替小片的物质并以之作为基本的物理学材料而产生的问题。对于常识而言，在什么东西可被称为质的连续性这个问题上，存在一个多少有点模糊的法则。假如你持续地朝着一个特定的方向看，你所看到的东西通

---

① 在第十四章中，我将根据一种多少有点不同的观点，对这个问题再次加以思考。

常是逐渐变化的；存在一些例外，比如爆炸现象，但这样的例外是罕见的。（我不是在谈理论的渐进性，而是在谈未经训练的知觉能轻易发现的那种渐进性。）假如你发现（比如说）一片清晰可辨的红色，并且当你看它时，其形态和色彩没有发生很大的改变，那么你会——尤其是在只要你愿意你就能触及它时——断定那儿有一个物质对象。常识以这种方式极大地获得了其对象的不变性。通过把物质还原为分子，人们可以获得更多的不变性；通过把分子还原为原子，又会多获得一些不变性；通过把原子还原为质子和电子，所获得的不变性还要更多。但是，若不是因为物理学家的桌子及椅子、实验室及书本在总体上都是由不同时刻的相同电子和质子所组成的，物理学家们就不会对电子和质子感到满意。质的连续性仍然是全部物理学进程的基础。假如有一天晚上你对一位天文学家说：你怎么知道天空中的那片白色是月亮呢？那么他将会盯着你，并认为你疯了。他不会回答说：因为月亮的路线和位相已经由天文学理论计算出来了，并且那就是当前时刻在此纬度和经度上月亮所该占据的位置及所该拥有的形态。他会说：嗨，难道你看不出它是月亮？对此，正确的回答将是：是的，我能看出来，但我认为你不能，因为你应该超越这样一种粗糙的标准。

而且，物理学中有一些不属于物质方面的同一性。波具有某种同一性；假如不是这样，我们的视知觉就不会拥有它们事实上所拥有的同物理对象之间的那种密切关联。假定我们同时看到了几盏灯：我们能够区分它们，因为每盏灯都发射出自己的光波，而且这些光波将会保持它们的个性，直到它们到达眼睛。我们不把波看作物理对象的一个主要原因，似乎在于它不是不可毁灭的。但这不是我们唯一的理由,因为假如这样的话,我们可以把波的能量看作是一个物理对象。我们不把能量看作一个"事物",因为它与常识对象的质的连续性没有关系:它可以作为光、热及声等东西而出现。但是,既然能量与质量原来是同一种东西,那么拒绝将能量看作一种"事物"就会使我们倾向于认为拥有质量的东西无需是一种"事物"。因此,我们似乎被迫回到爱丁顿所主张的观点:存在某些不变量,并且(带有某种不精确性)我们的感官和常识把它们作为值得拥有名字的东西挑了出来。因而,关于单独一片物质的正确的理论上的定义,将依赖于从我们关于间隔的公式中所产生的数学不变量;然而,这个题目需要在新的一章中来讨论。

第九章　不变量及其物理的解释

有一种同爱丁顿教授有特别联系的观点,我们有必要现在就来考虑它,因为它是在将物理学确立为一种自足的演绎系统的企图中自然产生的。根据这种观点,所有理论物理学实际上都是一个巨大的重言式或者说约定;迄今为止,唯一的例外是包含量子理论的那一部分。这并不是爱丁顿教授在这个问题上的全部观点;当不再仅仅作为一个技术物理学家写作时,他曾这样表示过。[①]但是,这是我们可以称之为其"职业的"观点的东西。[②]

让我们从动量及能量(或质量)守恒开始。这里,我们从一个纯数学的命题出发。为了解释这个命题,我们需要做某些预备性的工作。我们记得,我们曾经有:

$$ds^2 = \sum g_{\mu\nu} d_\mu dx_\nu \text{。}$$

我们设:

$$g = \begin{vmatrix} g_{11} & g_{12} & g_{13} & g_{14} \\ g_{21} & g_{22} & g_{23} & g_{24} \\ g_{31} & g_{32} & g_{33} & g_{34} \\ g_{41} & g_{42} & g_{43} & g_{44} \end{vmatrix};$$

---

① 参阅《科学、宗教与实在》(*Science, Religion, and Reality*)(尼德哈姆[Needham]编,1925年)中他的论文。

② 比较《相对论的数学理论》(*Mathematical Theory of Relativity*),第52、54及66小节。

并且我们将除以 g 之后的这个行列式中的 $g_{\mu\nu}$ 的子式记作 $g^{\mu\nu}$。我们还有：

$$g_{\mu}^{\nu} = \sum_{\sigma} g_{\mu\sigma} g^{\mu\sigma} ;$$

假如 $\mu \neq \nu$，运算结果是 0，假如 $\mu = \nu$，运算结果是 1。

下一步是关于"三指数符号"的定义，它们是：

$$[\mu\nu, \sigma] = \frac{1}{2} (\frac{\partial g_{\mu\sigma}}{\partial x_{\nu}} + \frac{\partial g_{\nu\sigma}}{\partial x_{\mu}} - \frac{\partial g_{\mu\nu}}{\partial x_{\sigma}}) ,$$

$$\{\mu\nu, \sigma\} = \frac{1}{2} \sum_{\lambda} g^{\sigma\lambda} (\frac{\partial g_{\mu\lambda}}{\partial x_{\nu}} + \frac{\partial g_{\nu\lambda}}{\partial x_{\mu}} - \frac{\partial g_{\mu\nu}}{\partial x_{\lambda}}) ;$$

我们现在能够定义爱因斯坦用于他的引力定律的张量。该张量是 $G_{\mu\nu}$，并且：

$$G_{\mu\nu} = \{\mu\sigma, \alpha\}\{\alpha\nu, \sigma\} - \{\mu\nu, \sigma\}\{\alpha\sigma, \sigma\} + \frac{\partial}{\partial x_{\nu}}\{\mu\sigma, \sigma\} - \frac{1}{2}\{\mu\upsilon, \sigma\} ;$$

如果就 σ 的所有值及从 1 到 4 的 α 的值对该式的右式进行运算，就获得了 $G_{\mu\nu}$ 的具体的值。爱因斯坦把真空中的 $G_{\mu\nu} = 0$ 当作引力定律。现在，我们不关心引力定律，而关心某些恒等运算。我们令：

$$G = \sum g^{\mu\nu} G_{\mu\nu} (\mu, \nu = 1, 2, 3, 4) 。$$

另外，在任何张量中都有一条增加或降低指标的规则；对这个规则的一种解释是：

$$A_{\alpha}^{\mu} = \sum_{\nu} g^{\mu\nu} A_{\alpha\nu} (\nu = 1, 2, 3, 4) ,$$

因此——

$$G_{\mu}^{\nu} = g^{\nu 1} G_{\mu 1} + g^{\nu 2} G_{\mu 2} + g^{\nu 3} G_{\mu 3} + g^{\nu 4} G_{\mu 4} 。$$

通过对关于向量的"散度"的概念进行抽象，我们将获得一种关于任何张量的散度的一般定义。以一个 A_μ^ν 形式的张量为例来说明：它的"散度"有四个分量：

$$(A_\mu^1)_1 + (A_\mu^2)_2 + (A_\mu^3)_3 + (A_\mu^4)_4 \ (\mu = 1, 2, 3, 4),$$

其中：

$$(A_\mu^1)_1 = \frac{\partial}{\partial x_1} A_\mu^1 + \sum_\alpha \{\alpha 1, 1\} A_\mu^\alpha - \sum_\alpha \{\mu 1, \alpha\} A_\alpha^1,$$

而且对于 $(A_\mu^2)_2$ 等，也有类似的式子。给出这些定义，是为了陈述下面这个命题[①]：

$$G_\mu^\nu - \frac{1}{2} g_\mu^\nu G \text{ 的散度恒等于零；}$$

这个命题被爱丁顿称为"基本力学定理"。

为了看出是如何使用这个命题的，我们需要引入"物质能量张量"，并将其定义为： 86

$$T^{\mu\nu} = \varrho_0 \frac{\partial x_\mu}{\partial s} \frac{\partial x_\nu}{\partial s};$$

这里的 p_0 是所涉及物质的"适当密度"，即相对于同物质一起运动的轴的密度。由此，通过通常的降低指标的规则，我们获得一个张量 T_μ^ν。质量和动量守恒原理包含在 T_μ^ν 的散度变为零这个陈述中。这表明 T_μ^ν 与 $G_\mu^\nu - \frac{1}{2} g_\mu^\nu G$ 是关联的。除了一个数字因数外，$G_\mu^\nu - \frac{1}{2} g_\mu^\nu G$ 的散度是一同消失的；为了方便，这个因数被记为 -8π。因而，爱丁顿写道：

$$G_\mu^\nu - \frac{1}{2} g_\mu^\nu G = -8\pi T_\mu^\nu \quad \cdots\cdots\cdots\cdots (54.3),$$

[①]　爱丁顿，上文所引用的书，第 115 页。

这是关于连续物质的引力定律。

为了能理解爱丁顿的解释中出现在上述论述之后的那些观察结果,我们在前面偏离主题并进入数学领域是有必要的。他说(前文所引的书,第119页):

"现在要诉求于一种关联性原则。我们的演绎理论从间隔开始……,张量 $g_{\mu\nu}$ 是从间隔中直接获得的。通过纯数学,我们获得其它的张量……这些就构成了我们建造世界的材料,而且演绎理论的目标是由此构造一个像已知物理世界那样起作用的世界。假如我们成功了,质量、动量及应力等等一定是演绎理论中某些分析的量的通俗名称;而且那就是(54.3)中所达到的命名分析张量的阶段。假如这个理论提供了一个张量 $G_{\mu}^{\nu} - \frac{1}{2} g_{\mu}^{\nu} G$,并且该张量起作用的方式完全和人们观察到的概括了物质之质量、动量及应力的张量起作用的方式相同,那么就难以发现如何能够对它提出任何别的要求。"

87　　　　在爱丁顿的书中,有关于同一种方法的大量的其它的例子,但我们可以把上例作为典型,因为它在数学上是最简单的。除了它在技术上的体现之外,这种方法的性质是值得我们思考的。这是更有必要的,因为不容易弄清通过上述方法所确立的理论物理学之逻辑的及经验的成份。

从根本上看,这种方法与当数学被应用于物理世界时人们所始终追求的方法是一样的。其目标是,在任何能通过观察加以检验的地方,获得给出正确结果的数学定律。定律的数量越少且性质越一般、越无所不包,科学的爱好就越得到了满足。牛顿的引力定律要胜过开普勒的定律，这既因为它是一个而非三个定律，也因为它提供了数量更多的正确演绎。但在每个阶段，物理学的主题都变得更抽象了，并且它与我们所观察的东西的联系都变得更遥远了。爱丁顿的理想在于只从一个基本定律即关于 ds 的公式开始；这个基本定律，就像外尔所总结的那样，既给出了电磁方程，也给出了引力。从这个基本定律出发，通过纯数学，我们推论出以某些方式起作用的量的存在。对观察进行基本的理论化说明，导致我们认为，存在一些以这些方式起作用并与我们所观察到的东西有联系的量。我们因此把被观察到的量认作被推论出来的量。这本质上等于当我们把所见之物与光波联系起来时所做的事情。我们因而可以从归纳的及演绎的两种观点来看待物理学。从演绎的观点看，我们是从关于间隔的公式（及某些其它的假定）出发的，并且我们通过数学推论出一个具有某些数学特征的世界。从归纳的观点看，我们能获得同样的数学特征；但是，如果我们假定一切事物在发生时都与简单的一般的定律相一致，并通过这个假定来补充观察，那么这些特征现在就可以被设想是属于作为整体的物理世界的。

　　我们因而可以说，基本物理学世界是半抽象的，而演绎的相对论的世界则是完全抽象的。从数学中推论出实际物理现象是一种虚幻的假相；实际发生的事情是，现象为数学由以出发的一般原理提供了归纳的证实。每一个被观察到的事实都保留了其全部的自明价值；但是，它现在不仅证实了某个特殊定律，而且证实了演绎系统由之出发的一般定律。然而，一个事实紧随另一个已知事实或许多其它事实这一点并无逻辑的必然性，因为我们的基本原理并无逻辑的必然性。

必须承认，当我们以这种非常抽象的方式构想物理学时，解释的问题多少是有些困难的。例如，ds 是什么？我们从一种在一定程度上可根据观察而得到理解的观点出发。如果所涉及的是一个类时间的间隔，那么它就是流逝在两个事件之间的时间，而这个时间是由一个未受约束并出现在这两个事件中的时钟所测定的。在地球表面上，时钟所测得的时间，能通过适当的预防性措施从一个细心的观察者的视知觉中推论出来。如果所涉及的是一个类空间的间隔，那么 ds 就是通过测量而估算出来的两个事件之间的距离，而这种测量是在出现于两个事件中的一个物体上进行的，并且对于那个物体来说，这两个事件是同时发生的。测量长度的基本操作在这里被设想是可能的。但是，当我们从这种最初的观点过渡到广义相对论所需的抽象观点时，间隔就只能通过使用相当精致的物理学进行推断而被实际地估算出来，而这种推断则是从能借助于时钟和英制尺而被实际观察到的东西中做出的。对于逻辑的理论来说，间隔是基本的；但从经验证实的角度来看，它是经验材料的一种复杂函数，并且是凭借半抽象形式的物理学而推论出来的。因此，演绎大厦的统一性和简单性，一定不能让我们看不到经验物理学的复杂性，或者说其各部分的逻辑独立性。

特别地，当质量或动量守恒作为一种特性出现时，这只在演绎系统中才是真实的；在其经验的意义上，这些定律绝不是逻辑的必然物。也许容易有一个世界，它们在其中是错误的；并且这个世界或许能像广义相对论那样，被描述为具有统一性和数学特征的东西。但若如此，基本的定律就会是不同的。

我们正在考虑的这种观点中新鲜而有趣的东西,是经验的与推论的物理学之间的关系的性质。但是,不存在真正的对经验观察之需求的减少。我从未指出上述某种东西是对爱丁顿教授的一种批评;事实上,我想着他会把它看作一串自明之理。我只想提防一种可能的误解,它来自于那些对数学并未表现出人们所熟悉的那种蔑视之意的人。

然而,在前面的论述中,我们忽视了爱因斯坦理论中的一个重要方面。除全部广义相对论都能从几个简单的假定中推论出来这个事实外,兴趣还与推论方式及某些考虑因素联系在一起,因为它们使数学公式之实质意义少于或至少不同于人们自然地为之设想的意义。一段题为"对爱因斯坦引力定律的解释"的文字提供了一个恰当的例子。[①] 所涉及的定律并不是 $G_{\mu\nu}=0$;在涉及星际距离 90 的地方,人们并不认为 $G_{\mu\nu}=0$ 是完全准确的。它是下面这条经过改写的定律:

$$G_\mu^\nu = \lambda g_{\mu\nu};$$

这里的 λ 必须是很小的,以至于在太阳系以内,新的定律在观察范围内提供与 $G_{\mu\nu}=0$ 同样的结果。新的定律被表明等同于这个假定,即在真空中,各个方向上的曲率半径在每个地方都是 $\sqrt{\lambda/3}$。但是,这被解释成一条关于我们的测量杆的定律——也就是说,它们必须调节自身,以适应于任何地方及任何方向上的曲率半径。它的意义被解释成:

"一种指定的物质结构的长度,同它所在地方及所处方向上的世界曲率半径之间，拥有一个固定的比例。"并且，下面的评注被补充了进来：

"这个定律似乎不再提及一个空的连续体的构造。它是关于物质结构的定律，并且是要表明，为了调整自己以便与世界的周围条件之间保持平衡，一个指定的分子集合必须拥有什么样的维度。"

特别是，电子必须进行这些调整，而且有人在其它地方提出，电子的对称性以及它与其它电子的等价性并不是实质性的事实，而是测量方法所导致的结果（第 153—154 页）。人们不能抱怨作者没有做一切事情，但在这个问题上，绝大多数读者都希望对测量理论做某种讨论。长度测量的基本意义获自于想象中的刚体的叠加。正如怀特海博士所指出，一个刚体主要是一个看似刚硬的东西；它就像与一片布绑腿形成对照的一条刚棒一样。当我说一个物体"看似"刚硬时，我的意思是，它看起来和摸起来似乎不会改变其形态与大小。在其能被信赖的范围内，这包含它与人体之间的某种不变的关系：假如眼睛和手以与"刚"体相同的速度在增长，那么它看起来和摸起来似乎不会发生变化。但是，假如我们当下环境中的其它对象并不同时增长，那么我们应该推断我们和我们的测量发生了增长。然而，设想所有物体在某些地方都比它们在另外某些地方大——至少当我们设想变化是依固定的比例而发生的时——是没有任何意义的。假如我们不补充这个附带条件，这个假设将有一种恰当的意义；事实上，我们确实相信，除了因太小而无法看到或摸到的物体之外，所有物体在位于赤道时都比位于北极时大。当我们说位于赤道处的一个对象的长度是一米时，我们并不是指它的长度就是标准米在从巴黎移动到赤道时将会具有的长度。但是,假如我们不可能把具有不同温度的物体都带到同一个地段,并在它们的温度变得相同之前去测量它们,那么物体随温度而膨胀的现象是难以发现的;假如所有物体在自身的温度上升时都以相同的方式在膨胀,那么这个现象也是难以发现的。这些初步的考虑因素,与许多其它因素一起,使得刚性成为一种理想;实际的物体接近而不能达到这个理想。因此,单纯的叠加不再给出长度的测量结果:它仍然给出所涉及的两个物体的比较,但并非其中任何一个与标准长度单位的比较。为了获得后者,我们必须通过大量的物理理论,来对测量活动的直接结果进行调整。假如我们获得的测量结果是相互一致的,那就是我们所能要求的一切;但是,物理理论的某种变化可能提供另外一些也相互一致的测量结果。

在我们部分地引用来介绍这种讨论的那段文字中,爱丁顿教授小心地说,他关心通过直接比较而进行的测量。他说: 92

"曲率半径是一个固定的长度这一陈述,在其全部的意义被领会之前,需要加以更多的考虑。长度不是绝对的,并且结果只能意味着相对于长度的物质标准是固定的;这个标准被用在所有的测量,尤其是证实 $G_{\mu\nu} = \lambda g^{\mu\nu}$ 的那些测量中。为了进行直接的比较,物质单元必须被转移到这个地方,并在我们将要测量的长度的方向上被指明。确实,我们时常使用间接的方法,以避免实际的转移或定向;但是,这些间接方法的正当性,在于它们提供了与直接比较相同的结果,并且它们的有效性依赖于基本自然定律的真理性。我们在这儿是在讨论这些定律中最基本的那些,而且在这个阶段承认间接比较方法的有效性将使我们陷于恶性循环。"

我承认这段文字让我感到困惑。若从浅显的意义上来理解，它意味着，标准米来自巴黎，并且是在未因为温度等因素而进行修正的情况下被使用的，因为一旦我们做出这样的修正，我们就是在假定大量的物理学知识，并因此似乎使自己容易陷入人们告诉我们要去避免的恶性循环。然而，这显然不是爱丁顿教授的意思，因为他马上接着提到电子进行了这些相关的调整。现在，从理论上说，电子可以是一种完美的空间单位；但是，在不假定任何先前的物理知识的前提下，我们当然不能直接把它的尺寸拿来与较大物体的尺寸进行比较。爱丁顿教授似乎是在假定一个理想的观察者；就如我们能直接看见一根米杆一样，该观察者也能同样直接地看见电子，或确切点说，他看见电子的方式以比我们看见米杆的方式要直接得多。简言之，他的"直接测量"是跟他的数学符号体系一样抽象、一样理论化的活动。承认了这一点，我们就可以把电子当作我们的空间单位，并自问我们的理想观察者如何能够利用它。为了测量一个特定的长度，他不可能拿来许多电子，并使它们首尾相接连成一排；这是因为，要使两个电子相接触，必须有无穷的力。为了测量普通的长度，他必须拿来（比如说）处于特定温度和压力下的氢，而且这氢被围在一个其半径就是将被测量的长度的气球中。然后，他就能计算气球中电子的数目，并把其立方根当作上述长度的一种测量结果。但是，为了弄清温度和压力，他将不得不进行一些其他的测量；而且，他将不得不假定他的气球是球形的。总的说来，这种方法似乎并不是很切实际的。

难以精确说明在像物理学这样的高级科学中测量意味着什么；我虽没有一个完备的关于物理测量的理论可以提供，但阐明这种困难有多大似乎是可以期待的。我们拥有某些假设，比如"与同一个长度相等的那些长度也彼此相等"；但是，当实际的测量被以足够精确的方式做出时，我们并未发现它们证实了这些假设。因此，我们发明物理定律来挽救这些假设。伴随着每条新的定律的发现，要想准确地说出当（比如说）通过米给出氢光谱中某条谱线的波长时我们确实要表达什么，那就变得更加困难了。（考虑到下述事实，这一点是相当奇怪的：这些波长被给予了比应用于标准米自身的测量活动所能保证的东西更有意义的数字，并且相比于其它的长度，标准米自身的长度只在非常一般的近似的程度上被知道。）在物理学理论中，测量应该依赖于关于 ds 的公式的积分。但在物理学实践中，那个公式中的 $g_{\mu\nu}$ 只能通过测量而确定下来。因而，我们似乎有正当理由去说的唯一事情是：根据某些已知的规则来修正实际测量的结果，并使被修正的长度满足像欧几里得第一公理这样的假设，是有可能的；当做到这一点时，我们就会凭借物理学理论发现所有电子都有同样的大小。但是，从经验上考虑，这根本不是一个简单的事实；而且，当被看作演绎理论中的一个陈述时，它很可能拥有一种恰当的意义，但这种意义需要做很多的阐释。在做到这一点之前，所有把数用作理论物理学中物理量的测量结果的做法都将产生一些问题，因为我们不知道在理论物理学中什么东西将代替在实验室及日常生活中所进行的测量活动。

　　关于长度测量的理论引起了一些问题。这些问题自然地将我们带到外尔关于电磁学的相对论性理论，我们现在就必须简要地考虑一下这个理论。

第十章　外尔的理论

　　从几何学的观点看,本章要考虑的理论是对爱因斯坦的坐标的任意性所做的一种自然推广;从物理学的观点看,它把电磁学融入了演绎系统,而这是爱因斯坦的理论所未做的事。这个理论是由赫尔曼·外尔提出的,我们将会在其《时间、空间与物质》(1922年)中发现它。

　　在第九章的末尾所考虑的测量方面的困惑,自然地暗示着外尔由之出发的观点。因为他说:"描绘运动的相对性的同一种确定性,是与关于量值之相对性的原理联系在一起的"(上文所引用的书,第283页)。测量是长度的比较,而且外尔提出,当对不同地点的长度进行比较时,结果可能依赖于从一个地点延伸到另一地点时所追寻的路线。他认为,在同一地点的一些长度(即拥有同一个终端的长度),假如数值不大的话,是可以直接比较的;而且他也假定了与迁移同时发生的变化的连续性。这不是他的全部假定,也不是陈述它们的最一般的方式;但是,在我们能够充分陈述它们以前,有必要做出某些解释。

　　如果还原到其最简单的术语,外尔使用的概念可以表达如下。当给定一个点上的向量时,我们用另一个点上的向量与其相等这个陈述来意指什么? 我们的定义中一定有某种约定的成份;因此,作为第一步，让我们在每个地点都建立一个长度单位，并看看值得把什么样的限定条件加到我们最初的任意性上。

首先，有一个几乎是被含蓄地做出的假定。它说的是，我们能把一个地点的某个事物与另一个地点的某个事物看作"同一个"向量。我们也许把这种同一性仅仅当作分析的：两者在其各自的地点是同一个关于坐标的函数。我认为，这并不是它所意味的全部，因为一个向量被假定拥有某种物理的意义。但是，假如还意味着别的东西，那么我们不清楚如何去定义它。我们因此将假定，给定一个本身是向量的关于坐标的函数，我们将把同一个关于坐标的其它数值的函数当作另一个地点的"同一个"向量。

我们下一步必须定义"平行位移"。这可以用各种方式加以定义。也许，最生动的描述是说，它是沿着一条短程线的位移（爱丁顿，上文所引用的书，第 71 页）。另一个定义是，它是让"协变导数"变为零的位移；一个向量 A_μ 关于 ν 的协变导数被定义为 $A_{\mu\nu}$，并且：

$$A_{\mu\nu} = \frac{\partial A_\mu}{\partial x_\nu} \sum_\alpha \{\mu\nu, \alpha\} A_\alpha \ (\alpha = 1, 2, 3, 4) \ 。$$

关于 $\{\mu\nu, \alpha\}$ 的定义，参见第九章的开头部分。在张量计算中，因为多种目的，协变微分法取代了普通微分法，因为一个张量的协变导数是一个张量，而普通导数通常不是一个张量。我们假定在不同地点的长度单位是以某种方式选择出来的，以至于当一种微小的位移通过平行位移被移到一个附近地点时，其长度的测量结果的变化也是微小的，并且与其长度成比例。简言之，我们假定，对于坐标 (dx_1, dx_2, dx_3, dx_4) 的变化，长度对于初始长度的增长比率是：

$$\kappa_1 dx_1 + \kappa_2 dx_2 + \kappa_3 dx_3 + \kappa_4 dx_4,$$

以至于$(\kappa_1, \kappa_2, \kappa_3, \kappa_4)$形成一个向量$\kappa_\mu$。

97   现在,如果用一个可以等同于上述向量κ_μ的向量来表达麦克斯韦方程,那么这是可能的。因此,认为电磁现象是通过当我们进行点到点的移动时被当作长度单位的东西的变化而得到解释的,也是可能的。我不会尝试去解释这个理论,因为为了领会一篇描述的意义,无论如何有必要去对其加以通读。

在这里,甚至也许不同于在相对论中的其它方面,把约定的成份从拥有物理意义的成份中清理出来是困难的。乍看起来,我们似乎是在尝试着通过仅仅是在单位选择问题上的一种约定,来解释实际物理现象的。但是,这当然并不是我们想要的东西。单位在不同地点被给予的方式,被爱丁顿称为"度量系统":这仅在部分程度上是任意的,并且部分地代表着世界的物理状态。这与下述事实有关:向量不纯粹是分析表达式,而且也与物理事实相一致。然而,我们似乎尚未用人们所期待的逻辑纯粹性来表达这个理论;这主要是因为我们还没有先对下述问题进行清晰的描述:通过"测量"而被理解的东西是什么——或者,从理论的立场看,大致相同的东西是什么;当我们谈到"移动"——不管是通过平行位移还是通过任何别的方式——一个向量时,我们的意思是什么。为了"移动"某个事物,我们必须能够认识不同地点之间的事物的某种同一性。也许,在该理论的合格的阐释者的头脑中,所有这一切都是相当清楚的;但假如这样,他们就未能在不失清晰性的前提下,成功地向不了解背景的读者传达自己的思想。当爱丁顿说"在P处进行一次位移,并通过平行位移的方式把它迁移到一个无限近的点

P'"(第 200 页)时,我发现自己弄不明白这种位移在整个迁移过程中准确说来是如何保持自身同一性的,而且由附属公式所暗示的唯一答案,就在于同一性是根据坐标而来的代数表达式的同一性。98然而,这显然是不充分的。

在阐释外尔的理论之后,爱丁顿教授着手对它进行概括,而且他的一些附带的解释与我们当前的困难有关。因而,他说道(第217 页):

"在外尔的理论中,度量系统部分地是物理的,部分地是约定的;在不同方向但在同一个点上的长度应该是通过实验(光学的)方法来比较的,但不同的点上的长度应该不可通过物理方法(时钟及杆的迁移)来比较,并且每一个点上的长度单位都是通过约定而制定出来的。我认为,这种混成的长度定义是不可取的,而且长度应该被看作一种纯粹约定的或纯粹物理的概念。"

他接着讨论一种广义的理论;在这种理论中,既为了在一个点上进行比较,也为了在不同的点之间进行比较,长度首先是纯粹约定的。这种广义的理论,似乎不包含一直在困扰着我们的那类困难。例如,下面这段文字极清晰地陈述了这个问题(第 226 页):

"点事件之间的位移关系及位移之间的'等值'关系形成一种观念的一部分,这两种关系只是为了便于数学操作才被分离开来的。A 和 B 之间的位移关系等于如此这般的一个量这一点并没有传达任何绝对的意义;但是,如果说 A 和 B 之间的位移关系等值于 C 和 D 之间的位移关系,那么这就是(或至少可以是)一个绝对的断言。因此,四个点是我们能做出一个关于绝对结构关系的断言所需的一组最小数目。结构的最终成份因而是四点成份。通过采纳仿射几何学的条件,我已经把关于一个四点成份的可能的断言限定在这四个点形成或未形成一个平行四边形这个陈述上。对仿射几何学的辩护因而依赖于下面这个并非不合理的观点:四点成份被认识到是通过一个单一的特性而相互区分开来的,而所说的这个特性是指它们属于或不属于通常被命名为平行四边形的一种特殊类型。于是,把平行四边形的性质分析为 AB 等值于 CD 及 AC 等值于 BD 这样的一对等值关系,只是对位移等值的意义进行了定义。"

　　这里,在度量问题上,我们拥有了一种逻辑上令人满意的理论基础。我们可以设想:某些四点组事实上拥有一些重要的性质,而这些性质是"平行四边形的",并且实际的物理测量只是用来发现哪些四点组拥有此种性质的一种近似的方法。我们将会发现,某些定律近似地为尚可使用的测量手段所满足,并且随着我们把精细性引入测量过程,这种满足越来越精确。例如,考虑一下欧几里得第一公理:与同一事物相等的事物彼此相等。大概,欧几里得把这看作一个逻辑上必然的命题,并且那些从事于实际测量的人也是这样认为的。假如两个都等于一米的长度被发现并非彼此相等,那么普通人会设想一定是某个地方出现了错误。为了尽可能精确地证实欧几里得第一公理,我们因此连续地重新定义实际的测量活动。但是,有了上面所引用的关于长度之相等的定义,第一公理成了一个具有实质内容的命题,也就是说:假如 $ABCD$ 是一个平行四边形,并且 $DCEF$ 也是一个平行四边形,那么 $ABEF$ 是一个平行四边形。假如这个命题是真的,那么从理论上说我们有可能做到这一点,即以某种方式来定义测量,以使与一米相等的两个长度始终彼此相等。一般说来，所谓的"准确"是这样的一种企图，即获得一种可与某个理想标准相一致的结果；这里的标准被设想为是逻辑的，但事实上是物理的。当我们说一种长度被"错误地"测量时，我们的意思是什么呢？无论我们从对一种特定长度的测量中获得了什么样的结果，那个结果都代表了世界中的一个事实。但是，在我们所谓的"错误的"测量中，已被弄清的事实是复杂的，并且其一般性的程度并不高。假如观察者只是误读了一个标度，那么已被弄清的事实将涉及他的心理学。假如他未进行一种物理的修正，例如针对其测量结果中的温度而做出修正，那么事实就仅仅涉及在特定场合用特定装备所完成的测量。在相对论中，我们拥有另外一组可被称为"不精确的测量"的东西——例如，对从放射性物体中发射出来的 α 粒子和 β 粒子的质量所做的测量，必须在获得一般的意义之前被修正，因为它们具有相对于观察者的运动。正是始终对融入一般定律的简单关系的寻找，支配着前后相继的精确研究。但是，这类关系的存在（在它们确实存在的地方）是一个经验事实，以至于初看起来似乎具有逻辑必然性的东西事实上是偶然的。另一方面，在一个必须与经验科学相一致的演绎系统中，前提的数量可以通过逻辑技巧减少到令人吃惊的地步。在这方面，相对论是一个非常显著的例子。这个理论是两种相异元素的结合：一方面是新的实验材料，另一方面是新的逻辑方法。两者一同出现必须被看作一种令人高兴的巧合；假如这样的理论创造能力碰巧没有出现，我们或许还要长时间地满足于像斐兹杰惹收缩这样的补丁式假设。实际上，实验与理论的结合取得了人类创造能力的一个超级胜利。

100

第十一章　微分定律原理

　　　在整个相对论中,存在着一个原理的越来越严格的应用问题;这个原理因为伽利略而开始在物理学中为人所关注,尽管伽利略并不拥有这一原理所需要的数学技术。我所指的这个原理,可称为"微分定律"原理。这意味着,任何可以存在于两个分开的事件之间的联系都是依据某种定律进行积分运算的结果,而所说的这种定律给出了在连接两个事件的某条路线之每个点上的变化速率。人们可以给出一个简单的来自"追赶曲线"的微分定律的例子:一个人正沿着一条直路行走,并且他的狗在路边的一块地上;这个人向狗吹口哨,然后狗向他跑去。我们假定,在每个时刻,狗都准确地跑向其主人在那一时刻所在的地方。要发现这条狗所走过的曲线是积分中的一个问题;若被给予某些进一步的材料,这个问题就是明确的。除了行星的加速度(而非速度)在每个时刻都指向太阳这一点以外,牛顿的引力定律提供了一种非常类似的定律。长期以来,人们在物理学中老生常谈的是,其因果律具有这种微分的特性:它们应该主要陈述每一时刻的倾向,而非一段有限时间之后的结果。一句话,其因果律采取了微分方程的形式,并且这些方程通常是二阶的。

　　　这种关于因果律的观点是量子理论所没有的,野蛮人及未受教育的人的观念中也没有,而且包括柏格森和 J.S.穆勒在内的哲学家的著作中也缺少这样的观点。在量子理论中,我们拥有一系列分离的可能的突然变化,并且在某种统计学的意义上,我们知道每种可能性在其中得以实现的事例所占的比例。但我们不知道什么东西决定一个特定场合的一种特定变化的发生;而且,这种变化不能用微分方程加以表达:它是从一个或一组整数所表达的状态到另一个或另一组整数所表达的状态的变化。这种变化可能是物理学上的终极变化,并至少标示了物理学中一个由新的定律所支配的部分。但是,我们不可能发现科学正返回斐济人和哲学家所相信的那种粗糙的因果性,而"闪电引起雷鸣"就是那种因果性的代表。新定律绝不可能是这样的定律,即假定在某一时间有 A,在另一时间一定有 B;这是因为,某种事物可以介入其间,并阻止 B。我们不会从量子现象中获得这样的定律,因为在量子现象的情形中,我们不知道 A 将不会在所说的全部时间中持续。当前所要采取的自然的观点是,量子现象与物质同周围媒介之间的能量交换有关,而在所有不涉及此类交换的过程中都发现了连续的变化。然而,当前任何观点都有一些困难,而且这不是一个门外汉在大胆地发表看法。似乎并非不可置信的是,如海森堡所提出的,在量子现象与关于真空中的光的传播定律之间取得融洽之前,我们的时-空观必须做根本的修改。然而,当前我希望把自己限定在相对论的立场上。

尽管物理学自从微积分发明以来就已使用微分方程进行工作了,但人们仍然设想几何学能够始于应用于有限空间上的定律。假如我们接受爱因斯坦的观点,几何学与物理学之间就不再可能有任何界线;在某种程度上,每一个几何学命题都将是因果的。首

103　先以狭义相对论为例。相对于轴 (x,y,z,t)，我们能通过保持 t 不
变而得到几何学命题；但相对于其它的轴，这些命题将涉及发生于
不同时间的事件。确实，在任何坐标系中，这些事件都将有一种类
空间的间隔，并且彼此间没有直接的因果关系；但是，它们将拥有
来自一个共同根源的间接因果关系。让我们举个例子，比如说：三
角形的内角和等于两个直角。我们的三角形可以由杆或光线组
成。在任何一种情况下，当我们测量它时，它都必须保持某种不变
性。杆和光线两者都是复杂的物理结构，并且关于其行为的物理
定律要求把它们看作理想直线的近似物。不过，在狭义相对论的
范围内，所有这一切都是允许的，并且对于当 t 保持不变时任何一
个伽利略体系内的坐标 x , y , z 之间的关系，我们仍然可以坚持几
何学与物理学之间的某种区分——前者是一组人们信以为精确的
定律，并被近似地证实。

　　但在广义相对论中，几何学和物理学的结合是更基本的。我
们不能准确地把 ds^2 还原到这样的形式：

$$dx_4{}^2 - dx_1{}^2 - dx_2{}^2 - dx_3{}^2,$$

而且我们因此不能准确地识别出一个代表时间的坐标。我们因此
也不能通过令 x_4 等于常数而获得一种无时间的几何学。我们的
公理与此一起发生了一种变化。我们不再像在欧几里得几何学、
罗巴切夫斯基和鲍耶几何学及射影几何学中那样，拥有一些处理
长度有限的直线的公理。我们现在只拥有关于无穷小的几何学作
为初始装置，涉及大尺度的结果必须通过积分法从这种几何学中
获得。从这种观点看，外尔对爱因斯坦的扩展似乎是自然的。我
们在上一章中看到，若引用爱丁顿的说法，距离 AB 和 CD 是相等

的这个陈述断言了 A,B,C,D 四个点之间的一种关系。假如构成 104
我们初始装置的所有关系都限定于无穷小，那么这种关系也必须
如此；假如这样，那么 A,B,C,D 一定全都紧靠一起，并且外尔的
几何学就产生了。

然而，在这点上，纯粹的数学家可能会感到有一种困难，而此
种困难并未给物理家带来很大的麻烦。物理学家认为他的无穷小
是实际的微小的量，并且可以在其它问题（例如天文学问题）上被
计算成很大的量。因此，对他来说，使用无穷小做出的陈述是相当
令人满意的。但是，对于纯粹的数学家来说不存在无穷小，而且似
乎在其中出现无穷小的所有陈述都必须可表达为碰巧成为有限量
的东西的极限。举一个具体的例子：假如我们能够把一种意义给
予这样的陈述，即一个无穷小的四边形可以是一个精确的平行四
边形，那么对于一个微小的有限的四边形，我们一定能说它是一个
近似的平行四边形。这个例子完全类似于基础运动学中的速度：
我们能够把一种意义给予速度，这只是因为我们能够测量有限的
距离与时间，并因此形成关于其份额的极限的概念。就外尔理论
来说，我们并不完全清楚如何去满足这种要求。然而我认为，没有

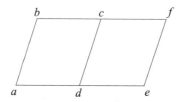

丝毫理由设想它不能得到满足。设" $R(a,b,c,d)$ "意味着" $a,b,$
c,d 构成一个平行四边形"。人们设想我们也拥有 $R(abcd)$ ，

$R(badc)$,等等,但并不拥有 $R(acbd)$,等等。同样,假如我们拥有 $R(abcd)$ 及 $R(cdef)$,我们将拥有 $R(abfe)$。但是,假如我们认为 "$S(a,b,c,d)$"意味着"a,b,c,d 构成一个近似的平行四边形",那么我们不能(假如存在某种详细说明近似程度的方式)由 $S(abcd)$ 和 $S(cdef)$ 推论出 $S(abfe)$。现在,如果我们就像外尔那样假定一个特定的点上的长度是可以比较的,那么我们或许能够给出必要的定义。我们不得不把 S 而非 R 当作我们的基本关系,因为任何两点之间的距离都是有限的,并且人们认为任何有限的四边形都不可能是精确的平行四边形。或者,我们也许不得不再往前走一步,并把一种关于八个点的关系当作基本的,比如:

$$(abcd)T(efgh);$$

这意味着"$abcd$ 比 $efgh$ 更接近一个平行四边形"。于是我们将说,给定任意四个点 a,b,e,f,就有可能发现,相比于 e 和 f,点 c,d 分别更接近于 b 和 a,以至于:

$$(abcd)T(abfe)。$$

另外,我们能说,假如 a,b,e,f 充分紧挨着,并且:

$$(abcd')T(abcd),$$

那么,通过在一种纯粹顺序的意义上缩减 $abcd$ 的大小,我们就能使得 dd' 和 dc 的比率接近于作为极限的零。(像我们早先看到的那样,点之间的顺序关系被预设在相对论中。)

　　上述过程极有可能被简化。然而,这本身是不重要的;其唯一的目的在于表明,所需要的导数可以被正确地定义,并且假如无穷小的积分是可以应用的,那么无论数学论述如何将自己限定于无穷小,相隔有限距离的点之间的关系都必须被预先设定。

最后这个结果具有某种哲学的重要性；从极限理论来看，这个结果的一般性是显而易见的。无论在哪里，只要数学在一个连续媒介中利用可以不确切地被描述为"紧挨下一个"（next-to-next）的关系进行工作，就一定存在一些其它关系，而这些关系在彼此相隔有限距离的点之间成立，并有紧挨下一个关系作为其极限。因而，当我们说定律必须通过微分方程来表达时，我们就是在说，所出现的有限关系不可能纳入精确的定律之中，而只是其作为距离的极限变小了。我们不是说这些极限是物理的实在物；相反，物理的实在物仍然是有限的关系。而且，假如我们的理论是充分的，那就必须发现某种方式来定义有限关系，以使得向极限的移动成为可能。

它省却了我们可称为关于基本原理的"综合"关系的东西，这一点被认为是广义相对论，特别是外尔的理论形式（或爱丁顿提出的更一般的理论形式）的一个优点。因而，在指出自己只关心结构而不关心实体之后，爱丁顿继续说道（第224页）：

"但是，结构能在某种程度上被描述，而且当被还原到终极项时，它似乎就使自己变成了关系的合成物。另外，这些关系不可能完全缺乏可比较性；这是由于，假如世界上没有什么东西可以同任何其它事物相比较，那么其所有部分因为都是不相似的，所以又是相似的，并且甚至不可能有关于结构的基本原理。

"平行位移公理是这种可比较性的表达，而且所假定的这种可比较性好像几乎是可想象的最少的东西。只有那些极其靠近的即被勾连在关系结构中的关系，才被认为是可比较的；等值概念只应用于一种类型的关系上。这种可比较的关系被称为位移。通过形象地描述这种关系，我们获得了关于空间中的定位的观念；对我们而言,形象地描述这种特殊关系是自然而然的事情,而这样说的理由就不再属于物理学的范围了。

"因而,我们的平行位移公理是可被称为'近似关系的可比较性'这一原理的几何外衣。"

显然,在上一段文字中,爱丁顿是在想象彼此相隔微小的有限距离而非无限小的距离的位移。他不是在思考所有包含在一种用极限代替无穷小的步骤中的那些装置。人们可以认为,他是在设想比如下述的事情:如果把一英尺长的尺子从特定的一页纸的一部分转移到另一部分需要一秒钟的时间,那么它在这一秒内不会变化很大。但是,当我们说它不会变化"很大"时,我们暗示着与该尺子不同的某种量的比较标准;而且这又导致了我们正在考虑的问题。

我不由自主地认为,爱丁顿的观点有助于自身的发展及经受数理逻辑的深入分析。这尤其涉及到测量之可能性的条件,而这将是我在下一章要加以明确考虑的主题。但是,我目前所关心的是"近似关系的可比较性"。首先,"可比较性"意味着什么? 稍加思考就可以看出,所需要的是一种对称的、传递的关系,而在所说的这些关系中,每种关系都同其它一些关系——而非所有关系——拥有此种关系。(人们假定,在爱丁顿的一般几何学这一特殊情形中,当间隔 ab 同 cd 之间拥有这样的一种关系时,间隔 ad 同间隔 bc 之间也拥有这样的一种关系。但他承认[第 226 页],这不是必要的。)现在,为什么我们应该设想上述这样的传递的对称的关系更有可能存在于微小的间隔而非较大的间隔之间呢? 也就是说,假如 b' 是在 a 和 b 之间,并且 c' 是在 d 和 c 之间,那么,所说的这种关系将更有可能存在于 ab' 和 dc' 之间而非 ab 和 dc 之间吗？我看不出为什么我们应该这样认为。而且我还认为，有了对无穷小的正确解释，除非我们放弃连续性，否则因果关系一定总是来自于"紧挨下一个"的整个信念都是站不住脚的。因果律可以全都是微分方程，但认为它们一定如此的根据是经验的，而非先天的。它们不可能从超距作用之不可能性中导出，除非距离本身也是因果性的产物；当然，它们很可能是那样的，但这丝毫不代表急于取消超距作用的那些人的观点。因此，完全可能有一个包含在外尔所补充过的广义相对论中的物理学分支，且其中的一切事物都是通过微分方程而展开的，尽管也有另外一个用量子理论来处理的部分，且其中的全部装置都是不合用的。绝对没有先天的理由可以解释为什么一切事物都是通过微分方程而运行的，因为尽管那样，因果关系事实上也不是从紧挨下一个中出现的：在一个连续体中，没有"下一个"。事实上，正因为"紧挨下一个"好像是自然而然的，我们才喜欢微分方程步骤；但这两者在逻辑上是不相容的，而且我们只是出于逻辑的混乱，才因为第一个而偏爱上第二个。

108

第十二章　测量

　　在先前的讨论中,我们一再突然地碰到测量问题。该是单独考虑这个问题的时候了:既考虑它是如何被定义的,也考虑它在什么条件下是可能的。

　　首先,我们用测量意味着什么? 显然,我们不是指某种将数指派给一个对象集合的方法;一定有一些重要的属性与被指派的数联系在一起。我们不说不列颠博物馆里的图书是由它们的书架号来"测量"的。给定任意一个其基数少于或等于 $2^{\aleph_0}$ 的集合,我们能够指派一些或全部实数作为该集合中若干元素的"书架号"。给定任意一个拥有 $2^{\aleph_0}$ 个项的集合,它能被排列在任何已知的具有有限维数的欧几里得或非欧几里得空间中,并且当被如此排列时,它将经得起全部度量几何学的检验。但是,在集合的两个项之间的"距离",当以这种方式加以定义时,一般说来将是颇无价值的,因为它将只拥有以同义反复的方式获自其定义的属性,而不拥有使该定义变得有价值的另外一些经验属性。只要情况是这样的,在纯数学所允许我们给出的各种不相容的距离系统中,就没有理由偏爱其中一个而非另一个。

　　我们来举例说明。在射影几何学中,我们从一组丝毫未涉量而且甚至并不明显涉及顺序的公理开始。但我们发现,它确实产生了一种顺序,而且通过这种顺序,坐标可以被指派给点。这

些坐标具有一种明确的射影意义：它们代表着被规定用来从某些 110
给定的初始点出发到达所说的那个点的四边形构造系列。（我省
略了与极限有关的一些复杂问题；这些问题是在《数学原理》的"射
影几何学"一章中加以讨论的。）既然这样，似乎就可以怀疑我们是
否拥有测量法。我们已用一种保留点的顺序关系的方式来指派坐
标；并且结果表明，两个点之间的通常距离是关于其射影坐标的一
个简单函数，尽管依空间是欧几里得的、双曲线的还是椭圆的，该
函数是多少有些差别的。正是因为有了这种差别，当我们采用射
影坐标时，我们将不说我们已经"测量"了距离。例如，这些坐标将
不会——哪怕是近似地——告诉我们从一个地点走到另一个地点
需要多长时间，而且这就是测量活动应该告诉我们的那类事物。

那么，当我们说在相对论中，间隔之间有一种度量关系时，我
们究竟意味着什么？让我们在爱丁顿离开的地方着手处理这个问
题。他提出，所需的一切是两个点对（point-pair）之间的"可比较
性"，或如他所说的，两个"位移"之间的可比较性。（我们可以暂且
不管这个问题，即这是否仅仅存在于非常靠近的点对之间。）这种
语言似乎有几分模糊，让我们试着赋予其精确性。

假如两个点对之间有时——但并非总是——有一种对称的传
递的关系 S，那么，我们能把所有与(xy)拥有关系 S 的点对所构
成的类定义为"x 和 y 之间的距离"。如果我们现在写下 $xy=zw$，
以代替$(xy)S(zw)$，那么我们将有：

假如 $xy=zw$，那么 $zw=xy$；

假如 $xy=zw$，并且 $zw=uv$，那么 $xy=uv$。

从这两点可以推断，S 的域中的每对对象 x,y 都有这样的性质： 111

$$xy = xy 。$$

这似乎就是爱丁顿的话中所严格蕴涵的东西,但它当然不是我们所需要的全部。即使我们补充了下一点,它也不会变得充分:

假如 $xy = zw$,那么 $xz = yw$。

在距离和顺序关系之间一定有一种联系,一定有某些增加距离的方式,而且就像在 $ds^2 = \sum g_{\mu\nu} dx_\mu dx_\nu$ 中一样,一定有一些从一定数量的数据中推论新的距离的方式。假如所有这些条件都得到了满足,那么我们就能继续问距离是否拥有某些其它的重要物理属性。

假如我们认为 $xy = zw$ 意味着 xy 和 zw 在某个观察者的视野中有明显的同样多的维度,那么这类不会表现出来的关系就被阐明了;比如,太阳和月亮的直径将大约拥有这种近似的、传递的,但物理上不重要的关系。一种关于距离的定义将尽可能多地拥有初等几何中的距离所拥有的那些属性;让我们看看,为了获得这样一个定义,必要的东西是什么。

如果我们把自己限定于三个维度,我们能立即定义一个平面:它将由所有与两个给定的点之间拥有相等距离的点所构成。这个平面中与两个给定的点之间拥有相同等距离的那些点位于一条直线上;我们可以把这理解为一条直线的定义。因而,给定了两个点 P,Q,我们就能确定 PQ 的中点 M;正是 PQ 上的这个点,与 P 和 Q 是等距离的。我们将需要一个公理;该公理的大意是:这个点始终存在,并始终是独一无二的。因而,我们能够拥有一些距离,并使它们增加一倍;我们当然将会把 PM 定义为 PQ 的一半。从这点往前,把数量指派给我们的距离就不会带来什么困难。因此,唯一必要的事情是仔细检验我们已经说过的话。

在通常的欧几里得几何中，一个平面上正好有一个点与该平 112 面上三个特定的点是等距离的；它是外切圆的圆心。在三维中，有一个点与四个特定的点是等距离的；在四维中，有一个点与五个特定的点是等距离的。最后这点在狭义相对论中也是成立的；甚至在广义相对论中，只要所涉及的距离是微小的，它亦成立。如果我们取一个接近原点的点 $(d_1x_1, d_1x_2, d_1x_3, d_1x_4)$，那么，若 $\sum g_{\mu\nu}dx_\mu d_1x_\nu = d_1s^2$（$g_{\mu\nu}$ 在原点处拥有它们的值），则另外一个点 (dx_1, dx_2, dx_3, dx_4) 与该点及原点是等距离的；这里的等式 $\sum g_{\mu\nu}dx_\mu d_1x_\nu = d_1s^2$ 是在 dx_μ 处的一个线性方程。四个这样的方程给出 (dx_1, dx_2, dx_3, dx_4) 的唯一一组值。因而，恰好有一个点与紧靠一起的五个特定的点是等距离的。此外，我们可以把一个线性方程理解为关于靠近原点的一个平面之一部分的方程，它给出了靠近原点且与原点和附近的一个点等距离的一些点的位置。事实上，正如我们所应期待的那样，对于微小的距离而言，给定了关于 ds^2 的公式，一切事物都将像在初等几何中那样展开。

但是，仅仅假定点对之间有这样的一种关系 S，还不能产生这些结果，因为它并不蕴涵由关于 ds^2 的公式所给出的距离之间的相互关系。不过，在理论上，它确实足以作为测量的基础，因为正像我们看到的那样，它使我们能对距离进行减半及加倍，并因而能把数指派给它们。这表明，甚至在其最一般和最抽象的形式上，相对论几何学也假定了大量的超出单纯测量之可能性的东西；测量之可能性自身几乎是没有价值的。它自身并不导致一种几何学；

仅当在不同的测量结果之间存在某种相互关联时,才会产生这样的结果。

我们可以问,当相对论几何学被推广到极限时,其公式中是否还保留有某种真正的数量成份。我们从一个有序的四维流形开始,并指派坐标;被指派的坐标服从于唯一的限制性条件,即它们的顺序关系将重新产生该给定流形的顺序关系。然后,我们接着寻找在满足上述条件的所有坐标系中都同样成立的公式(张量方程)。似乎可能的是,这样的公式确实仅仅表达顺序关系,且坐标的唯一优点在于它们为所规定的这种流形中的项提供了名称。(它们并不为所有的项提供名称;名称的数目是 N_0,而且因此只是实数中逐渐趋于零的那一部分才能被命名,即通过一个使用整数的具有有限复杂性的公式来表达。)这样的可能性需要加以研究。

我们可以同样充分地在二维中讨论这个问题。在高斯的曲面理论中,一个球面及一个椭面——比如说——是可以区分的,而区分的依据则在于这样的事实,即当用两个坐标来表达时,对两个曲面都成立的那些关于 ds^2 的公式之间有一种不可还原的差别。这说明,曲率的测量结果在关于球面的情形中是不变的,但在关于椭面的情形中并非如此。然而,从一种纯粹顺序的角度看,比如从拓扑学的角度看,两个图形是不可区分的。是什么东西恰好被补充进来,并由此造成了这种差别?这与广义相对论中所出现的问题在本质上是一样的。

部分说来,在这个例子中,答案是简单的。所补充的东西是不同方向上的距离的可比较性。只要我们的装置是纯粹顺序性的,对于拥有顺序 ABC 的三个点,我们就能说 B 比 C 更接近于 A。

但是,对于不在一排上的三个点,我们不能说类似的话;我在这里说"一排"而不说"一条直线",因为就像后面将会表明的那样,所涉及的这个概念更具一般性。尽管这是答案的一部分,但似乎不是全部,因为我们的关系 S 使我们也能比较没有共同原点的距离。

　　似乎就是因为不涉及任何外在的东西,几何学所要求的距离就 114 从诸如"在一个给定的点对着一个给定的角"这样的关系中区分了开来。当两点间的距离等于另外两点间的距离时,我们应该拥有一个无需涉及某个或某些别的点的事实。事实上,这就是用"间隔"来代替距离的原因:像迄今所设想的那样,后者被发现依赖于坐标系的运动,而且因此不是一种内在的几何关系。距离,若要服务于其目的,必须是一个专门的关于这两个点的函数,并且必须不包含任何其它的几何学材料。这里,为了相对论的目的,"几何"包括了"运动学"。两个点在一个特定的点上所对的角成了一个关于三个点的函数——一旦这个特定的点被认为是一个变项。一定不存在一种把两点之间的距离转换为一个亦包含其它变项的函数的方式。

　　然而,我不能确定是否有必要引入这种多少有点困难的考虑。在普通几何学中,与一给定点相距一给定距离的那些点位于一个球面上;但是,假如我们把距离 PQ 定义为角 POQ,并且这里的 O 是一个固定的点,那么与 P 相距一给定距离的那些点位于一个锥面上。现在,一个球面和一个锥面在拓扑学中是可区分的。因而,通过坚持认为与一给定点之间拥有一给定距离的一些点将形成一个卵形,上述不合意的定义就能被排除了。在相对论中,对于与一给定点之间拥有零间隔的点来说,这是不适用的;确实,仅当所涉及的间隔是类空间的时,它才适用。但是,在拓扑学中,有可能详细描述与一给定点之间拥有恒定距离的三维曲面所具有的特征。
115 这些可以被补充到距离存在这个假设上来。我不能确定我们能否
用这样的方式，来克服区分球面与椭面的这种似是而非的必要性，
以使差别成为与关于距离的定义相关的东西，尽管这个问题显然
是容易解决的。

　　要在实践中使用的每一条测量原理，都必须使重要的经验定
律与测量联系起来。始终会有无数的方法可以把数与一个其基数
少于或等于 2^{N_0} 的类中的元素关联起来。某些这样的方法可能是
重要的，但绝大多数一定是不重要的。我们可以制定一些条件。
首先，所涉及的类的元素明显能拥有一种因果上重要的顺序。假
如我们以曾经看到的或将被感知到的所有颜色片为例，那么它们
首先拥有一种时-空顺序，并且这种顺序显然在因果上是重要的；
在这种顺序中，任何两个颜色块都不会占据同一个位置——也就
是说，所涉及的关系全都是非对称的。但是，它们也有作为色度及
变化着的亮度的顺序。在这种顺序中，有一些对称的传递的关系，
例如两个拥有完全相同的色度的颜色块之间就有这样的关系。物
理学声称也要把颜色的这些进一步的特征与像波长这样的时间及
空间的量关联起来。假如质的连续的改变不与相关的物理的量的
连续改变关联起来，那么这样做将是不合理的。每当我们注意到
一个诸如彩虹的颜色系列这样的质系列时，我们就假定它一定具
有因果的重要性，而且我们坚持认为，用作测量的数与它们所要测
量的质拥有同一种顺序。前者是一个假设，而后者是一种约定。
两者都被证明是极其成功的，但没有一个是先天必然的。

　　有一些顺序，比如说人与人之间按字母排列的顺序，显然不具

有因果的重要性。人,像颜色一样,拥有各种因果上重要的顺序,比如时-空顺序、身高顺序、体重顺序、收入顺序以及某某教授所测得的智力顺序,等等。但是,从未有人认为字母顺序是重要的;如果在一个坐标系中,一个人拥有依赖于其名字之字母顺序的坐标,那么没有人会期待把一种生物统计学的演算建立在这样的坐标系上。一般说来,最简单的关系似乎就是最重要的。这里,我在使用一种纯粹逻辑的方法来检验简单性:如果以特定关系在其中出现的命题为例,那么将存在一些拥有适于提及那种关系的最小数量之成份的命题;而且还有,一种关系可以是由若干其它关系复合而成的分子关系,即析取、合取、否定或所有这些的混合。分子关系总是拥有某一确定数目的原子关系;一种关系,若不是分子的,就被称作原子的;于是,在它出现于其中的最简单命题中,它会拥有一些数目确定的项。一种原子关系,因为它的项很少,所以是相对简单的;一种分子关系,因为它的原子很少,所以也是相对简单的。有许多经验的理由认为,随着所涉及的关系变得更简单,一门科学的定律就会变得更重要且更有解释力。一个人与其名字的关系是极为复杂的,而我们可以假设间隔所依赖的关系是相当简单的;而且,只要我们认为颜色并不是物理学所解释的那样,而是在知觉中被给予的,上文所提及的颜色的质的顺序也是简单的。这些简单的关系应当尽可能成为测量系统的基础。

　　在外延量与内涵量之间存在一种传统的区分;如果将其当作真的,那么它或多或少会误导人。这种理论认为,外延量是由部分组成的,而内涵量则不然。仅有的真正的外延量是数及类。在涉及有限类的地方,它们的项的数目可以被理解为关于它们的测量

117 结果,并且它们拥有一些对应于所有更小数目的部分。但在几何学中,我们从不关心拥有部分的量。在通常的几何学中,一个体积无论是大是小,其中的点的数目总是 $2^{\aleph_0}$;因而,这种大小与数无关。我们已看到,间隔是一种关系,并且更小的间隔并不是它的一部分。假如 AB 和 BC 是一条直线上的相等的间隔,我们就说间隔 AC 是它们每者的两倍,并且我们认为它是 AB 与 BC 之"和"。但是,我们只是通过约定——尽管这种约定几乎是不可抗拒的——才将一个数值指派为 AC 的测量结果,而所说的这个数值相当于被指派为 AB 或 BC 之测量结果的数值的两倍;而且,说 AC 是 AB 与 BC 之"和",就等于在说某种非常模糊的东西,因为"和"这个词拥有多种意义。当 AB 和 BC 被看作向量时,我们可以说 AC 是它们的和——即便当它们不在一条直线上时。还有,给定了适当的定义,我们可以说 A 和 C 之间的点是 A 和 B 之间的点与 B 和 C 之间的点的和(在逻辑的意义上);仅当 ABC 是一条直线时,这一点才成立。但真正说来,A 和 C 之间的距离,若被视为一种关系,则在任何公认的意义上都不是 AB、BC 这些距离的和。因而,所有几何的量都是"内涵的"。这表明,内涵与外延的区分是没有意义的。

就间隔而言,把它的形式特征与相似性特征进行比较是值得的。我们看到,在爱丁顿止步于其中的广义几何中,我们需要四个邻近的点之间的一种关系,并且该关系要表达这样一个事实,即它们形成了一个平行四边形。但是,由于人们设想这仅仅对于作为数学想象之虚构物的无穷小四边形才是可能的,并且完全不容易看出如何才能代之以一种使用极限的步骤,我们遇到了某些困难。

于是,我们有了这样的想法:我们不再说"$abcd$ 是一个平行四边形",而必须说"$abcd$ 比 $efgh$ 更接近于一个平行四边形"。也许，我们能够稍微对此做些简化。假设我们说:"$abcd'$ 比 $abcd$ 更接近于一个平行四边形";并且我们也许还能进一步将其简化为这样的形式,即"cd' 比 cd 更像 ba"。在这里,我们设想,在任意两个点之间都有一种关系,我们将不把该关系称为距离,而称为(比如说)"分离",并且像色度一样,这种关系或多或少能够类似于同一类型中的另一种关系。在一个欧几里得空间中,两个被有限分开的有限分离在相关方面是完全相似的;我们然后拥有一个有限的平行四边形。但是,在我们所考虑的广义几何中,我们将说,任何两个分离都不是完全相像的,尽管它们可以从不确定的近似变成完全的相像。我们来看看这将把我们带到多远。

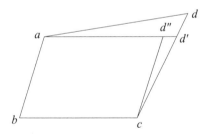

在相似性的情形中,我们有一种能拥有若干程度的关系,并且可以被称之为"半传递性的"——也就是说,如果 A 非常相似于 B,并且 B 非常相似于 C,那么 A 一定颇相似于 C。[①] 这恰好是外尔几何中所需要的那类东西。考虑四个点 a,b,c,d,并假定 ab 颇

---

　　① "非常"和"颇"在汉语中用作副词时,其含义似难以区分;它们在原书中分别是 very 和 rather,英文用法中后者的强调程度明显弱于前者。——译者注

相似于 cd。以构成一条从 c 到 d 的连续路线的一系列点为例，并且这条路线上没有环线。我们能够通过后面将要解释的纯粹顺序的方法做到这一点。假定在这些点中间有一些像 d' 这样的点，它们使 cd' 比 cd 更像 ab。我们可以假定这些点有一个极限或者说最后的项，并且我们将其称为 d'。于是，我们能以相似的方式沿着 ad' 行进到一个点 d''，而且，相比于 ad' 上的任何其它点，所说的 d'' 给出了更像 ab 的 cd''。既然这样，我们几乎就已尽可能充分地——如果不是完全地——利用了作为出发点的三个点 a, b, c。

119　通过一些适当的假设，我们能够保证，上述这样的构造，若在不改变点 a, b, c 的情况下被反复实施，最后将终结于一个确定的点 d_0，并且该点使得 cd_0 比来自 c 点的任何其它距离更像 ab。我们可以把这个图形 $abcd_0$ 称为一个"准平行四边形"。现在，令 $x_1, x_2, \cdots x_n, \cdots$ 是

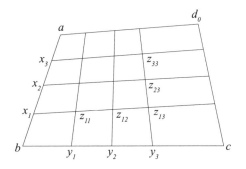

从 b 到 a 的路线上的一系列点。那么，继续在某条路线上的 b 和 c 之间选取点 $y_1, y_2, \cdots$，并构成准平行四边形，而且这些四边形在 b 处有一个角，在 x_m 处有一个角，在 y_n 处有一个角，其第四个角被称为 z_{mn}。假如像外尔所假定的那样，拥有一个共同终端的无穷

小的距离是可比较的,那么就必须认为这意味着两个微小的有限距离是能有某种类似的;这种类似可称为"半相等",并且随着距离变得更小,它就变得更近乎完全的类似。我们可以像以前一样假定:给定一个点 x_1 及一条确定的从 b 到 c 的路线,那么在这条路线上将有一个确定的点 y_1,并且相比于所说的这条路线上的任何其它距离 by,by_1 更近乎等于 bx_1。于是我们将说,bx_1 和 by_1 是"半相等的"。我们也把 x_1x_2,x_2x_3 ⋯ 看成是半相等的,把 $y_1y_2,$ y_2y_3 ⋯ 看成是半相等的。以这种方式,我们能构造一个以 ba 及 bc 为轴的坐标网。而且,我们现在能够经由 b 构造实际上是直线的东西:对于为 bx_1 与 by_1 之间的半相等所决定的不同初始点 $x_1,$ y_1,选取所有作为准平行四边形 bx_mzy_n 中的 b 的对角的点 z。我们可以认为这些点构成了其方程为 $x/m = y/n$ 的准直线。(无理数可以用通常的方法来处理。)这条准直线将沿某一方向从 b 出发;而且,出于微分的目的,它可以被视为一条真正的直线。继续深入下去是没有意义的,因为我们显然有了必要的材料。

在某种意义上,相似性的程度可以通过半传递性来测量。假设在 $bx_1,y_1z_{11},y_2z_{12},$ ⋯ 中,每者都与下一个是半相等的,那么 bx_1 与 y_nz_{1n} 也许是或也许不是半相等的。人们可以假定它们是半相等的,假如 bx_1 和 by_1 是很微小的,并且 n 不是很大。同样,或说得确切些,更何况,我们不能推断 bx_m 与 by_m 是半相等的。在这样的一种推断保持为真的前提下,m 的值越大,bx_1 和 by_1 之间或者说 bx_1 和 y_1z_{11} 之间就越类似。我们将假定,通过连续地使 bx_1 和 by_1 变小,该推断由之得到承认的步骤的数量可以无限地增加。

假如以上论述在某种程度上是有效的,那么从理论上讲,若时-空是连续的,则与时间及空间有关的测量依赖于点对的关系之间的质的相似性,这种相似性能够有不同的程度。我并不是说分析不能再深入下去,而只是说,在某种解释过程中,这是一个有效的阶段;而这里所说的解释,旨在弄清间隔的量的性质意味着什么,并弄清它们的测量结果意味着什么,这种测量结果是作为用数值来表示的单位的倍数而出现的。

第十三章　物质与空间

常识开始于这样的观念：在我们能够获得触觉的地方存在着 物质，而其它地方并不存在。于是，它对风、呼吸及云等等产生困
惑，并由此产生了"精神"概念——我是从词源学上说的。在"气"
取代"精神"之后，还有一个阶段，即以太阶段。假定物理过程是连
续的，那么当光从太阳传播到地球上时，就一定有一些事情在它们
之间发生。假定了这种老式的"实体"形而上学，在地球和太阳之
间所发生的事情就一定是发生"在"一种实体之中，或者说，是"相
对于"一种实体而发生的，而这种实体被称为以太。直到最近，所
有的物理学家都还在坚持这样的假定。

　　除了形而上学的解释外，我们可谓知道（我多少有点地随意地
在使用这个词）的东西是，在没有肉眼可见的物质的地方有一些过
程在发生，并且这些过程至少近似地依麦克斯韦方程组而展开。
似乎没有必要用实体来解释这些过程；实际上，我将证明，与可见
物质相联系的过程也应该被解释为不包含实体的东西。然而，在
有物质存在的区域与其它区域之间，一定还有可用物理词项加以
表达的区别。事实上，我们知道这种差别。引力定律就有所不同，
而且当我们深入到电子或质子的表面时，电磁定律就遭受了一种
不连续性。然而，这些差异并不是形而上学意义上的。我认为，对

于哲学家来说，"物质"和"空的空间"的差别，只是支配着系列事件的因果律的差别；它不可表达为实体的出现或不出现之间的差别，或者，一类实体与另一类实体之间的差别。

当确定了一种过程据以发生的方程时，物理学，就其本身而论，应该满足于一种仅仅足以知道何种实验证据将证实或反驳这些方程的解释。物理学家没有必要去深思他所处理的那些过程的具体性质，尽管关于这个问题的假设（包括正确的和错误的）有时可能有助于他们做进一步的有效归纳。目前，我们把自己限定于物理学的立场。是否能知道或富有成果地推测其它的东西，将是我们以后要讨论的问题。因此，我们要考虑物理公式上的差别，这种差别被描述为物质之出现与不出现的差别；而且我们也要简单地考虑关于物质与空的空间之间的能量交换的困难。我以无差别的方式说"空的空间"或者"以太"；它们的差别似乎只是语词上的。

接近这个主题的一种方式，是经由质量与能量之间的联系。[①] 在基础力学中，这两者是有明确区分的；但现在，它们已合并起来了。物理学中有两种质量，一种可称为"不变"质量，另一种可称为"相对"质量。后者是当所涉及的物体可以相对于观察者而运动时通过测量所获得的质量，前者是当该物体相对于观察者而处于静止状态时所获得的质量。如果我们把不变质量称 m，把相对质量称为 M，那么，当把光速当作 1 时，若 v 是物体相对于观察者的速度，则我们有：

$$M = \frac{m}{\sqrt{1-v^2}}。$$

① 参见爱丁顿，前文所引用的书，第 10、11、12 节。

因而，M 随着 v 的增加而增加；假如 v 是光速，并且 m 是有限的， [123]
那么 M 就成了无限的。事实上，光的不变质量是零，而且其相对
质量是有限的。无论在什么地方，只要能量与物质联系在一起，就
存在一个有限的不变质量 m；但是，当能量位于"空的空间"中时，m
是零。这可以被视为关于物质与空的空间之间的差异的定义。

我们将会看到，假如 v 是微小的，以至于 v^4 及更高的幂能被
忽略，上述方程就近似地变为：

$$M = m + \frac{1}{2} m v^2 。$$

现在，$\frac{1}{2} m v^2$ 是动能。因而，M 随运动之变化而产生的变化与动
能的变化是一样的。但是，能量并非在其绝对数量上而是仅仅相
对于其变化的程度才是固定的。因此，M 可以等于能量。而且这
进一步表明，通常的关于能量的定义只是一种近似的东西，并且当
v 是微小的时它才成立。关于能量的精确公式是：

$$\frac{m}{\sqrt{1-v^2}}$$

——也就是说，它精确地等于 M。

能量守恒就是 M 守恒，而非 m 守恒；m 也近似地守恒，但并
非完全守恒。例如，当四个质子与两个电子结合起来形成一个氦
核时，m 就会有所损耗。"不变"这个术语指涉的是坐标的变化，而
非指跨越时间的不变性。

在调和支配光的传播的定律与支配光与原子之间的能量交换
的定律这个问题上存在一些困难；我们有必要说一说这些困难。
在这个问题上，当前物理学的立场是令人困惑的；金斯博士在其

《可分性与量子》一书(剑桥,1926 年)中以及 C. D. 埃利斯博士在
《自然》杂志(1926 年 6 月 26 日,第 895—897 页)上,都以适当的
方式对此立场进行了总结。光的波动说充分解释了所有只涉及光
124　的现象,例如干涉与衍射现象;但它未能解释像光电效应这样的量
子现象(参见第四章)。另一方面,解释量子现象的理论,似乎不能
解释恰好由波动说所完美解释的事物。

　　光量子理论的一些困难由金斯博士(上文所引用的书,第 29、
30 页)阐述如下:

　　"然而,假如辐射被比作用步枪发射子弹,那么我们既知道这
些子弹的数量,也知道其大小。例如,我们知道在一立方厘米的明
亮阳光中有多少能量,并且假如这个能量是单个量子的能量的总
和,那么我们就知道每个量子的能量(因为我们知道光的频率),并
且这样就能计算每立方厘米的量子的数目。我们发现,这个数目
大约是一千万。通过类似的计算,我们发现,来自第六等星的光线
每立方米大约只包括一个量子,而来自第十六等星的光线每一万
立方米才大约只包括一个量子。因而,假如光像子弹一样是在不
可见的量子中传播的,那么来自第十六等星的量子只能以比较罕
见的间隔到达地球上的望远镜,并且两个或更多的量子同时出现
在望远镜内将是极为罕见的。一个双倍孔径的望远镜应该用四倍
的频率来捕捉量子,不过,其它方面的差别就没有了。如洛伦兹于
1906 年所指出的那样,这和我们的日常经验完全不一致。当星光
通过望远镜并在照相底版上留下一个影像时,这个影像将不会限
于一个分子或一簇密集的分子;但是,若单个量子像靶子上的子弹
那样留下自己的印迹,它就会是那样。一种复杂而全面的衍射图

样是固定的;这种图样的密度依赖于量子的数目,但它的图案依赖于物镜的直径和形态。而且,这种图案与'试错法'图案没有任何类似之处,后者是我们在子弹所撞击的靶子上观察到的。似乎不可能把这种情况与下面这个假设调和起来:量子像子弹一样直接从星的一个原子传播到照相底版的一个分子上。" 125

另一方面,埃利斯博士将波动说的困难阐明如下:

"举一个明确的例子,假设 X-射线入射到某种材质的盘子里,然后我们发现电子以极大的速度被从这个盘子中发射出来。电子的数目依赖于 X-射线的强度,并且随着盘子远离 X-射线的光源而以通常的方式在减少。然而,每个电子的速度或能量并不变化,而仅仅依赖于 X-射线的频率。我们发现,不管电子所由来的材料是否接近 X-射线灯泡,或者说,不管此种材料是否被移到某个距离之外,电子都拥有同样的能量。

"这是一个与通常的关于辐射的波动理论完全不相容的结果,因为随着与光源的距离越来越远,向各个方向传播出去的辐射变得越来越弱,并且波阵面的电场力依距离的平方反比而减弱。这种实验结果,即光电子总是从辐射中获得同样数量的能量,只有通过赋予它一种或者从大体积上或者长时间地收集能量的力量,才能得到解释。这两个假定都是行不通的,而且我们只能下结论说,被辐射的能量一定是一小包一小包地被聚集起来了。

"这是光量子理论的基础。频率为 ν 的光被认为是由全都相同且量值为 $h\nu$ 的一些微小的能量包或者说能量子组成的,这里的 h 是普朗克常数。这些量子在空间中传播,而且在与一个原子产生适当的碰撞之前,它们互不影响并保持其自己的个性。"

在阐述了这种理论在干涉及衍射方面所遇到的困难之后，埃利斯博士接着讨论 G. N. 刘易斯教授在《自然》杂志（1926 年 2 月 13 日，第 236 页）上所提出的非常有趣的建议。在总结了这个建议之后，埃利斯博士说：“一个显著的事实是，尽管所有这些理论都旨在解释光的传播，并且一种理论认为它是以波的形式发生的，另一种理论认为它是以微粒的形式发生的，然而光从未在空的空间中被观察到。在传播过程中观察到光是完全不可能的。始终能被发现的仅有的事件是光的发射与吸收。在有某个原子吸收这种辐射之前，我们一定意识不到它的存在。换句话说，在解释光的传播时所遇到的困难，可能是因为我们力争去解释我们对其没有实验证据的某种东西。也许更正确的做法在于，以相当直接的方式解释实验事实，并说一个原子能以一种类似于两个相撞的原子之间的能量转移的方式把能量转移到另一个原子上——尽管它们可能是相互远离的。”

刘易斯教授在其理论中建议，我们应该认真地对待这一事实，即一条光线的两个部分之间的间隔是零，从而在某种意义上我们可以认为其出发点和达到点是有接触的。在埃利斯博士所引述的一段文字中，他说道：

“我将做出相反的假定：一个原子只向另一个原子发射光，而且在这个我宁愿称为传输而非发射的过程中，失去能量的原子和获得能量的原子是同等的和对称的。”

在后来一封致《自然》杂志（1926 年 12 月 18 日）的信中，刘易斯教授提出，光是通过一种新的微粒运送的。他称此种微粒为“光子”。他设想，当光辐射时，所发生的是光子的传播；但在其它时候,光子是原子内部的一个结构性元素。他说,光子"不是光,但在每一个辐射过程中,它都起着必要的作用。"他把下列属性归于光子:"(1)在任何一个孤立的系统中,光子的总数是不变的。(2)所有辐射能都是通过光子运送的;来自无线电台的辐射与来自 X-射线管的辐射之间的唯一差别在于,前者发射数目极大的光子,而且每个光子都携带极少的能量。(3)所有光子本质上都是一样的……。(4)一个孤立的光子的能量,在除以普朗克常数后,就是该光子的频率……。(5)所有光子都具有一种相似的特性,即拥有作用量量纲或者说角动量量纲的特性,并且这种特性对于相对论变换是不变的。(6)下述条件通常并不被满足:由某个系统发射的一个光子所具有的频率等于存在于那个系统内的某种物理频率。但是,这个条件越接近于被满足,频率就越低。"刘易斯教授承诺在将来的某个时候按照他的假设来处理这些困难。

刘易斯教授的观点暗示着,在一个原子发射光与另一个原子对那种光的吸收之间没有发生任何事情;相比于被暗示的这种观点,他自己的观点或许不太极端。无论这种观点是不是刘易斯教授的,它都值得我们思考,因为尽管它是全新的,但满可以被证明是正确的。假如这样,"空的空间"实际上就被消除了。假如依据这种理论对物理学进行重写,那将需要付出大量的劳动;但是,在我们必然缺乏关于传输途中的光的证据这一点上,他所说的话是有力的思考。因为人们不可能彻底抛弃常识的偏见,科学通常要去发现一些假设;从理论的角度看,这些假设并不必然是复杂的。为什么我们应该假定终究有某种事情发生在光的发射及其被吸收之间呢?人们或许倾向于把重量与光以某种速度传播这一事实联系在一起。但是，相对论已使这种论点不再像它从前那样可信。与光速有关的一切事物都能在一种"匹克威克"的意义[①]上被解释；而且无论如何，我们的偏见都必须受到冲击。当然，明确地采用这样的一个假设是草率的；而且我将继续假定，光确实是穿过一种中间的区域而传播的。但是，若记住这种可能性以及我们关于世界的想象图画所发生的这些巨大变化，那将是明智的；所说的这些变化与我们现存的物理知识是一致的。

以这种方式展开刘易斯教授的暗示而呈现出来的图画，是某种类似这样的东西：世界包含着拥有各种能量的物质小片（电子和质子）。有时候，能量从一片物质转移到另一片物质上。这个过程，如蓟花冠毛在空中飘荡一样，通常被认为是漫不经心的；但是，就能量拥有一个明确的目的地而言，我们发现它更像邮包。现在，我们指出并没有邮递员，因为假如有的话，他就会像圣诞老人一样有魔力；另一种选择只能是设想能量即刻地从一片物质传递到另一片物质上。确实，从时钟上看，在能量从其来源地出发与其到达目的地之间有一种时间的流逝。但是，在相对论的意义上并不存在间隔，而且时间的流逝也将根据所使用的坐标系，即根据时钟的运动方式而发生变化。我不知道，我们正在考虑的这种观点将如何解释从到达一个反射器然后又从该反射器返回这样的一个来回过程所花的时间；这种时间并不是纯粹约定的。我也不知道，假如光不能被辐射到真空中，能量守恒将会发生什么情况。然而，后面

---

①　匹克威克是狄更斯小说《匹克威克外传》中的主人公。此处"在'匹克威克'的意义上"比喻"在一种特殊的意义上"。——译者注

这个论据是不严肃的,因为绝不撞击物质的光无论如何都是一种纯粹假想的东西。我也不能肯定,这种理论意在与我所提出的观点一样成为极端的;也许这仅仅意味着,光从不在一个没有可见目的地的路程上出发。然而,若采取这样的形式,这种理论几乎是不可信的:我们不得不假定,物质能够在一定距离之外产生一种神秘的吸引力,而这种吸引力会取消我们从爱因斯坦引力理论中所收获的东西。也许,这种理论可能从整个时-空几何学都依赖于间隔这一信念中获得了过分的貌似合理性。然而,事实上有一种不可从间隔中获得的时-空顺序;这种顺序被预设在相对论中,它不把通常被视为相互远离的一条光线的若干部分看成是相邻的。[①] 也许,回避这些困难是可能的;但是,假如这样,一种非常巨大的理论重构就将是必要的。与此同时,我们必须认为,某种较少具有彻底创新性的理论依然有可能解决与光和物体之间能量交换相关的那些困难。

爱因斯坦写了三篇论文来讨论获得量子定律的可能性;这些定律被当作修订过的相对论的结果。[②] 这些论文没有做出某种明确而又被自信地断言的结论。但是,它们足以表明,把量子定律与引力场及电磁场定律结合起来的问题并不是毫无希望的;这是由上文(第四章)提到的 L. V. 金先生的理论所强化了的一种观点。

---

① 关于这个问题,参见爱丁顿,上文所引用的书,第 98 节(第 224 - 226 页)。

② *Bietet die Feldtheorie Moglichkeiten fur die Losung des Quantenproblems? Sitzungsberichte der preussischen Akademie der Wissenschaften*,1923 年,第 359 - 364 页;*Quantentheorie des einatomigenidealen Gases.* 同上书,1924 年,第 261 - 267 页,以及 1925 年,第 3 - 14 页。

只要我们不知道这样做是没有希望的,迅速拿出一些解决这个问题的大胆方案或许是草率的;而且,迄今为止绝未得到普遍承认的是,光的波动说在其自己的领域内是不充分的;例如,因为一些需要严肃考虑的原因,金斯博士(在上述引文中)认为光量子假设是不必要的。因此,在冒险提出一种明确的意见之前,我们必须等待进一步的知识。

第十四章　物理学的抽象性

　　在着手进行认识论的讨论之前，最好从前面几章中总结出一些教益；认识论的讨论将是第二部分的事情。在这几章中，我从头到尾小心地回避了将会把我们带到物理学领域之外的思考；特别是，我没有设法解释从数学角度来说是基本的物理概念，这些概念是通过不能直接经得起通常的数学讨论之检验的存在体而得到定义的。似乎可取的是，在要么对证据进行认识论的批判，要么对从逻辑角度来说是基本的物理学装备进行形而上的解释之前，首先弄清物理学必须说什么。这就是本章的意图。

　　历史地说，物理学是从看似极为具体的问题开始的；而且在对年轻人的教育中，它仍然是以这样的方式开始的。杠杆、滑轮、落体及弹子的碰撞等等，都是我们日常生活中所熟悉的；对于具有科学头脑的年轻人来说，发现它们能经得起数学讨论的检验将是一件乐事。但是，随着其方法所适用范围的扩大及力量的增长，物理学以相同的比例将具体性从其主题中剥离了出去。甚至物理学家自己，至少在作为非职业物理学家时，也没有始终认识到这种情况所达到的程度；他可能告诉你，他能"看见"一个电子正在撞击一块屏幕；当然，这是一个复杂推论的压缩了的表达。为了表明取消物理学之抽象性的必要，怀特海博士所做的工作比任何其他作者都多。眼下,我不关心这种必要性,而只关心抽象性本身。

131　　　让我们以空间、时间、光及物质为例,来说明物理学的逐渐增加的抽象性。这四个概念全都是从常识中引申出来的。我们看到对象伸展在空间中,我们能用手指触摸到它们的形状;我们知道什么叫步行去一个邻近的城镇,或知道什么叫去一个邻近的国家旅游。在接受教育的过程中,我们会了解所有这一切所带给我们的困惑;但在此之前,它们使"空间"似乎成了某种熟悉的及易懂的东西。时间似乎同样是显而易见的:我们记得时间顺序中的过去事件;我们注意到白昼和黑夜、夏季和冬季、青春与老年;我们知道历史叙述先前时代的事件;因为可以有把握地预料我们将在未来死去,所以我们为生命上保险。还有,光对于《创世记》的作者似乎一点也不神秘,因为事实上若不如此,它又如何能向任何一个体验过昼夜差别的人呈现呢? 物质同样是显而易见的:它从前主要是我们能够触摸的某种东西,尽管当恩培多克勒把气包括进来时,通往神秘的第一步就已迈出了。然而,我们是在风的形式中意识到气的,并把它当成了某种充满于肺的东西,所以同排除火相比,我们只需做出较少的努力就可以承认它是一种元素。

　　　就像一个已变得太过尊贵而不能与其臣民对话的君主一样,物理学由于自身所取得的成就,逐渐被从对日常世界愉快的亲近中驱离了出来。相对论的时-空就在很大程度上远离我们非科学经验中的时间与空间;然而,甚至时-空也比物理学所倾向的那些概念更接近常识。爱丁顿说:"时间和空间只是近似的概念;它们最终必须让位于一种更一般的关于事件次序的概念,此种概念本质上不可通过四维坐标系来表达。一些物理学家正是希望沿着这

个方向来发现一种解决量子理论之矛盾的方法。认为建立在对大 132
尺度现象的观察之基础上的时-空定位概念能够不加修改地应用
于只包含少数量子的事件，是一种谬论。假定这是正确的解决办
法，那么寻找某种方法把量子现象引入我们的理论的后来公式中
是没有用的；这些现象从一开始就因为我们采用了一种坐标参考
系而被排除了。"[①]但是，即使就像在广义相对论中那样，时-空在
同我们通常的时间和空间概念相对应的物理顺序方面是最终的东
西，我们显然也应该远离这些概念，并达到一个形象化的想象在其
中不起作用的区域。

洛克认为，第二性质是主观的，但第一性质不是这样。直到最
近，他的观点还或多或少同物理学相一致。在我们当下的经验中，
存在着空间与时间，并且把它们与物理世界中的时间与空间等同起
来，似乎没有不可克服的障碍。至少在时间方面，实际上没有人怀
疑这种等同的正确性。在空间方面有一些怀疑，但它们来自心理学
家而非物理学家。然而，现在就像它们在当下经验中所出现的那
样，时间和空间都被相对论的作者视作与物理学所需要的时-空完
全不同的某种事物。因此，洛克的那种折衷方案被明确地放弃了。

我现在来讨论被经验到的光和物理学中的光之间的关系。这
里的分裂比在时间和空间情形中出现得还要早；事实上，洛克的理
论就已承认了这种分裂。在把物理世界与常识世界分离开来时，
夸大这种分裂的重要性是不可接受的。除了我们自己的身体的某
些部分以及我们自己的身体与其发生接触的物体以外，我们依据

---

① 　上文所引用的书，第 225 页。

133　常识所感知到的对象，是通过光、声音或气味被我们知道的。这其中的最后一种，即气味，尽管对于许多种类的动物来说是重要的，但在人类的知觉中处于相对次要的地位。与光相比，声音是不太重要的；而且无论如何，在当前的这个方面，它产生了完全同样的问题。因此，我们可以集中精力探讨作为我们关于外间世界的知识之一种源泉的光。

当我们"看见"一个对象时，我们似乎拥有关于在我们自己的身体之外的某种事物的直接知识。但物理学说，一个复杂的过程从外部对象开始了，穿越中间区域，并最终达到眼睛。在眼睛和脑之间发生了什么，是生理学家所要考虑的问题；而且当我们"看见"时最终发生了什么，是心理学家所要考虑的问题。但是，无须我们自己烦神去考虑光达到眼睛后发生了什么，物理学家所不得不说的东西就明显摧毁了常识的"看见"概念。在这个问题上，无论我们采用何种关于光的物理特性的可能的理论，都不会造成任何差别，因为所有这些理论都同样会使其成为某种完全不同于我们所见之物的东西。若被加以尽可能充分的分析，光的材料将会把自身分解成一些有色的形状。但是，一种颜色的物理相似物是一个周期性过程，并且此过程具有相对于观察者的眼睛的某种频率。推断物理世界缺乏颜色，似乎是自然而然的事情。而且，颜色与其物理的对应物之间的一致是奇特的：颜色是性质，在其持续期间这些性质是不变的；而颜色的对应物是周期性过程，这些过程位于眼睛与我们说我们"看见"的对象之间的介质中。假如对象是自己发光的，那么对象自身所发生的事情就是玻尔理论所思考的那类事情：一个电子从一个轨道向另一个轨道的突然跃迁。这非常不同于

关于(比如说)红色的感觉；并且，在眼睛看来像是一个连续的红色
表面的东西，被认为实际上是一个立体的东西，而该立体物的清晰 134
可见的颜色产生于这样一个事实，即其中的一些电子正以某种方式
跃迁。当我们说它们正在"跃迁"时，我们是在说某种过分形象化的
东西。我们的意思是说：它们拥有一种被称为"能量"的未知性质，
该性质是一定数量的小的整数的已知函数；而且这些整数中的一个
或多个突然改变了它们的值。它使得过程和眼睛之间的联系不太
像在波动说中那样间接了；这点可被称为我们在前一章中所考虑过
的像刘易斯教授所提出的那类理论的一个优点。但即使那样，玻尔
所思考的那种突然的跃迁，也非常不同于关于一片红色的知觉：初
看起来，它在结构上是完全不同的，并且其内在性质也是未知的。

　我现在来讨论最严肃的问题：现代物理学如何理解物质？受
过训练的常识认为物质是感觉的原因。一般说来，一个人私有的
感觉是由那个人的身体问题(比如头痛及牙痛)所引起的，而几个
人所共有的感觉，或者说，在适当的情况下几个人所共有的一类感
觉，要归结于经验到这些感觉的人身体以外的原因。(我现在并不
试图使这些陈述变得精确，而只是要解释常识将会做出什么样的
回答——假如要就此提问的话。)我们在不同的场合是根据其性质
上的相似来识别"同一片"物质的，尽管我们承认这是一种可以使
我们误入歧途的粗糙但尚能用的准则。然而，我们认为，假如我们
进行了仔细而连续的观察，我们能够通过其被感知到的空间关系
的连续性来区分两个相似的对象。三牌猜王后赌博①可以说明我

---

　①　这是一种纸牌赌博游戏，即在三张背朝上的牌中猜哪一张是 Q 牌。——译者注

的意思：假如我们仔细地观看表演者，那么，借助于其位置的时间

135 及空间的连续性，我们能够分辨哪一张是我们刚刚看到的牌。常

识所假定的东西，可通过不同于常识的语言，以下述说法来表达：
一片物质是通过可感性质显示出来的，而这些性质的变化是连续
的，并且它们与其它这样的连续的性质系列之间的可感空间关系
是时间的连续函数。实际上，可感性质的变化时常是缓慢的，以至
于是可以忽略的；而这极大地有助于常识完成这样的任务，即在两
个不同的场合识别"同一个"对象。

　　在常识的层次上，某些情况下存在一些困难：在一股流动着的
可感的同质液体中的一滴，在靠后的一个时刻不可能与在靠前的
一个时刻接近于它的另一滴区分开来。燃烧现象也向常识摆出了
一些困难。然而，所有这些问题都能在常识的基础上得到处理。
一个在水中漂流的小的固体对象将显示水流的路线，而烟或多或
少显示了被燃烧的对象所发生的事情。只要我们依然假定，至少
是心照不宣地假定，所涉及的对象是这类可感但相对较小的对象，
很快让人想到的详尽解释就自然地导向基础物理学与化学。它们
实际上时常在显微镜下被看到。通过想象的方式，我们继续把这
种与可感对象联系在一起的连续性归于科学的对象，即我们的电
子和质子，并因而向我们自身隐瞒我们的断言所具有的高度抽象
的性质。有些时候，我们认识到了这种抽象性；但它并没有给人留
下其应有的印象，因为一旦我们失去警惕，想象力就会卷土重来。

　　在理论物理学中，什么是电子，以及我们如何断定两个事件属
于同一个电子的经历（history）？我不是在问我们实际上是如何断
定的，而是在问我们的理论解释是什么。自从闵可夫斯基以来，人

们就谈到了"世界线"，这些世界线实际上是构成了一个物质单元之经历的事件系列；但是，人们在告诉我们两个事件由之从理论上被断定属于一条世界线的标准时，他们没有始终像大家所能期待的那样明确。对一条世界线各部分之间的同一性的检验，显然必须依赖于物理定律。这些定律说，一个物质单元将以某某方式运动；若把这个陈述颠倒过来则是，这些定律说以某某方式运动的东西将被算作一个物质单元。这实质上是爱丁顿所追求的方法。在第九章中，我们思考了张量

$$G_\mu^\nu - \frac{1}{2} g_\mu^\nu G。$$

像爱丁顿所表明的那样（第52节），这个张量具有守恒的性质；也就是说，假如在某个封闭的区域内，它的总量是变化的，那么它是通过跨越边界的通量做到的。他因这种量的守恒性质，把这种量与物质等同起来："出现在我们的理论中的量 $G_\mu^\nu - \frac{1}{2} g_\mu^\nu G$，因为具有守恒的性质，现在被等同于物质，或者说得更确切些，被等同于由质量、动量及应力的可测量性质所构成的物质之力学抽象；这些性质足以说明力学现象"（第146页）。而且我们记得，上述的量只是通过关于微小间隔的公式而得到定义的。我们将承认，被如此定义的物质已经同常识所信仰的物质颇有差异了。假如约翰逊博士知道爱因斯坦的物质定义，他也许会不太满意于自己对巴克莱的实际反驳。

对于当前的目的来说，爱丁顿定义的精确形式是不重要的；事实上，在后面的一段文字中，他自己对它稍微做了些总结。核心的意思是，它是现代物理学必然会做出的那类定义。近似地，常识所

构想的物质也是不灭的；在任何地方，只要它似乎被毁灭或创造了，我们都能找出一些方法，来进行解释从而把这种现象消除。因
137 此，作为经验事实所暗示的一种目标，我们采纳这样的观点，即物质是不可毁灭的。于是，我们转过身来，并从关于间隔的公式着手，来构造一种不可毁灭的数学的量。我们说，我们将把这个东西称为"物质"；而且我们的这种做法并无任何危害。但是，每当我们采取这类步骤时，我们就加宽了数学物理学与观察之间的鸿沟，并加重了在它们之间架设桥梁的问题。物理学家本该认真地对待这个问题，但他们没有这样做。原因部分地在于它是逐渐产生的。物理学和知觉就如同两个分立在一条小溪两边的人；而且当它们行走时，小溪在慢慢地变宽：起初，这条小溪容易跳越；但不知不觉地，跳越变得相对困难了；而到最后，从小溪的一边到达另一边需要付出极大的力气。另一个原因是，与知觉相关的两门科学，即生理学和心理学，没有物理学先进。习惯了物理学之优美及精确的人，当发现自己身陷不够科学的科学所具有的不确定的及模糊的思考时，容易感到一种理智上的厌恶。我们不能期待他承认，这些科学具有一种可为他自己的精确的数学演绎提供前提的作用。也许他是对的；但是，作为一种经验的研究，物理学初看起来是从知觉中获取其事实材料的，而且它不可能对怀疑知觉有效性的论证无动于衷，尤其当那个论证来自物理学自身时。一个被设计来证明某个命题为假的论证，并不因为拥有作为其前提之一的那个命题而成为无效的。因此，假如现代物理学使知觉不再有效地作为关于外部世界的知识的一种来源，同时又仍然依赖于知觉，那么这就成了一个有效的反对现代物理学的论据。我不是说物理学事实

上有这样的缺陷；但我确实是说，为了表明它能在这方面被免于责任，我们必须付出大量的解释性劳动；而且，正是因为物理学具有这种由数学所发展起来的抽象性，这种劳动才是必需的。

　　正是科学知识的增长在科学家身上强加了一种不可避免的专长，而此种专长与对这个问题的遮蔽有极大的关系。几乎没有人既是物理学家，又是生理学家。亥姆霍兹关于视觉的探究是把这些研究结合起来的一个引人注目的例子，但是没有许多其它的例子。生理学家和心理学家极少熟悉物理学，并容易假定一种使其问题变得比本身更容易的旧式物理学；另外，甚至当这个问题被认识到时，人们也可能不掌握解决它的适当工具，即数理逻辑。正是借助于数理逻辑，怀特海博士才能对我们的问题做出巨大的贡献。但是，尽管我极其钦慕他的工作，并把这种工作远置于人们在抽象物理学与可感世界的关系方面所写的任何其它东西之上，我认为依然有某些方面——而且并非不重要的方面——是他的方法所无法奏效的，而原因则在于缺乏对心理学和生理学的适当关注；而且，在他的构造中，似乎有一些与其说来自这个问题之实际需要倒不如说来自一种形而上学的前提。由于这些理由，我大胆认为有可能获得另外一种解决方法；这种方法在创新性方面逊于他的方法，而且从逻辑的观点看，多少是有些简单的。然而，这种方法需要我们去等待，直到我们考查了作为知识之一种来源的知觉；这种考查将是我们第二部分的话题。把第二部分的结果与我们在第一部分中一直在思考的抽象物理学调和起来的形而上学，将是第三部分的主题。

第二部分

物理学与知觉

第十五章　从基本知觉到常识

在这一部分,我们所关心的主题是物理学之真理性的证据。这里所说的真理性不是指物理学中这种或那种特殊结论的真理性,而是这门科学的一般结构的真理性。我们期待着,证据将不会提供确定性,而至多提供可能性。我们也期待着,这种可能性可以由对物理学进行一种适当的解释而提升;这里所说的"解释"是在第一章中所思考的那种意义上被理解的。我们将发现,把我们的问题分成几个部分是可取的,其中的每一部分都将拥有一种不限于物理学的重要性。首先,有必要弄清楚我们用经验科学意指什么,以及我们所期待的最高的确定性程度是什么。有必要讨论"材料"能意味着什么,并区分推论、理论与假说。然后,我们将讨论知觉的原因理论,同时也将讨论被称为"现象论"的哲学。由这些话题,我们将过渡到一般的讨论:先讨论原因,然后讨论实体。这将引导我们走向与中立一元论相一致的用以解释物理学的认识论根据,以及科学推论中结构的无上重要性。在结束的时候,我们将定义被视作为物理学提供经验材料的知觉,并对非精神世界中与知觉相似的现象进行思考。但是,首先还是考察历史的发展过程为好,我们的问题就是通过这一过程而呈现出其当前的形式的;这一发展过程既包括通向常识的前科学阶段,也包括从常识走向物理学的科学阶段。

142　　　　常识是由一组信念组成的，或至少是由一组习惯组成的；除了在一些罕见的情况下，这些信念或习惯在实践中是充分有效的。一个装有未被看见的陀螺仪的盒子，或一些带电流的铁轨，可能会让一个野蛮人感到困惑；常识没有从思想上为他准备好这类怪异的东西。但是，稍加熟悉之后，一个人就有能力使其融入到他的常识世界，而且一个技工很快就可以领会它们，假如他有机会这样做的话。这说明科学和常识之间并没有鲜明的界线：两者都包含着期待，但产生于科学的期待更准确些。在常识的形而上学没有发生根本变化的情况下实际地追求科学，这是可能的。但是，当严肃地看待理论科学时，我们发现它包含一种完全改变了的形而上学，并且它与常识的关系需要加以研究。这将构成我们下一章的主题。在这一章中，我将思考常识的起源；但是，这不是指常识在人种上的起源，而是指其在个体上的起源，因为人种上的起源是不可发现的。

　　　　就像在研究动物时那样，在研究婴儿时，对于作为心理学的一般原则的行为主义这个问题，不管我们的观点可能是什么，我们都不得不把自己限定于行为主义的方法。我们能够观察幼小婴儿的身体行为，他们不能向我们说出他们的思想。然而，在低水平的精神层次上，区分信念与行为习惯几乎是没有好处的。在心理学的意义上，信念似乎是从先前存在的习惯中显示出来的，而且它们起初只不过是在语词能被说出之前所形成的习惯之非书面的代表。因此，当我们思考会说话以前的婴儿时，把自己限定于行为主义的方法是不会造成很大损失的。

　　　　当然，显而易见且被普遍认识到的是，幼小的婴儿并不拥有关

于一个"对象"的常识概念。对于某些其它种类的动物幼仔（例如 143
小鸡）来说，这一点绝不是显而易见的。它们拥有一些作为本能而
存在的有用的行为方式，例如它们能捡起在地面上看到的一粒谷
物；而在人类的幼儿身上，这些方式只是通过经验而学会的。人类
的婴儿没有这样的天生的技能；它在几个月的时间中都不会尝试
去触摸所看到的东西。"手眼协调"是作为经验的结果而出现的。
当然，新生儿确实拥有一些天赋的能力；比如，他能把眼睛转向一
道亮光，尽管不是很快或很准确。他拥有一种与吮吸行为联系在
一起的本能反应，但并不是一种很体现智力的反应；事实上，他几
乎不超出试图吮吸碰上嘴唇的某种东西的行为。甚至在这方面，
人类的婴儿也比不上其它动物的幼仔。我们能够说某些刺激唤起
了某些反应；而且，这些反应刚好足以使婴儿在借助于母亲的照顾
下存活下来。

在这种未开化的条件下，婴儿显然没有"对象"的概念。对于
常识来说，一个"对象"就是拥有一定程度的恒久性并同几种类型
的感觉联系在一起的某种东西。要产生恒久性的观念，或更确切
些，要首先产生认出（recognition）的感觉，就将涉及某种类似记忆
这样的东西；而且要对一种感觉刺激做出最初与另一种感觉刺激
相联系的反应，也将涉及经验。在婴儿身上，形成一个对象的常识
观念的最重要因素是手眼协调；这种协调即在于发现时常有可能
抓住自己所看到的东西。视觉和触觉空间就是以这种方式相互关
联起来的，而这样的关联是婴儿智力成长中最重要的一个步骤。

在这一点上，重要的是要弄清物理学的"空间"与心理学的"空
间"之间的差别。二者之间无疑有一种联系，而弄清这种联系将是

144　我们后面的工作的一部分。但是，这种联系是非常迂回的，而且是推论式的。在一开始的时候，认识到它们之间的差别要比认识到它们之间的联系有用得多，因为很多的思想混乱都是由于设想这种联系要比实际更密切而产生的。物理学中只有一种空间，而心理学中每一个个体可以有几种空间。不错，对于每一个个体来说，通过熟练地操作，这几种空间可以还原到一种；但是，如果不引入某些无法排除的晦暗之处，就无法对它们进行进一步的还原。包含我的视觉对象的空间与包含你的视觉对象的空间没有共同点，因为我的世界中的任何视觉对象都不完全等同于你的世界中的一个视觉对象；而且把我的不同感官的空间合并到一种空间中，是大约三个月大的婴儿所实施的一项早期技巧。怀特海博士急于为知觉和物理学之间的鸿沟架设一座桥梁；在我看来，在涉及空间的地方，他似乎使得他的任务变得非常容易了。例如，他说[1]：

　　"当前关于不同类型的空间——触觉空间、视觉空间，等等——的学说完全产生于这样一种错误，即从两个形状之间的关系中推论出空间。使用这样的方法以后，因为不同类型的感官有不同类型的形状，所以不同类型的感官显然一定拥有不同类型的空间；而且，需要创造供给。然而，假如对时间和空间的现代同化将会有效，那么我们必须再往前一步，并承认不同类型的感官有不同类型的时间，即触觉时间、视觉时间，等等。如果允许这样做，那就难以理解我们知觉经验的零星碎片是如何设法把自身聚集到一起并形成一个共同世界的。例如，它要求有一种预定和谐，以保证

---

[1]　《自然知识原理》，第 193—194 页。

视觉报纸在视觉早餐的视觉时间中在视觉房间内被投递,并且也要保证触觉报纸在触觉早餐的触觉时间中在触觉房间内被投递。接受这样的奇迹,即每天在同一时间以如此令人钦佩的严谨把两份报纸投入两个房间中,对于像本书作者这样的普通人来说是相当困难的。但是,由这两种时间所引起的额外的奇迹,确实是令人难以置信的。"

　　这段文字是令人愉悦的,以至于我不愿意批评它。但我不知道我能以其它什么方式弄清我和怀特海博士的不同之处。首先有一个纯文字上的问题需要澄清。怀特海博士说,从两个形状的关系中推论出空间是一种错误。以这种方式推论出物理的空间确实是一种错误;但对于心理的空间,情况就不同了。在两个形状之间确实有一些被感知到的关系,而且这些被感知到的关系是物理学中我们的知觉材料的一部分。是否说它们构成了一种空间,是一个文字上的问题。通常,心理学家发现这样说是方便的;但是这个问题并不重要。然而,当我们清除掉这个问题时,还有一些其它问题,而这些问题对理解物理学和知觉之间的关系是至关重要的。

　　首先,以关于两种时间的问题为例。我们以后探讨知觉的原因理论时将会表明,从物理学的立场来看,我的全部知觉世界都在我的头脑中;我一同经验到的任何两个事件在物理空间中都是重叠的,并且在物理空间中它们一起占据一个小于我的头脑的体积,因为它确实不包括头发、颅骨及牙齿等。因而,根据相对论原则,确实不存在两种时间的问题,因为只是对于在物理空间中被加以空间分隔的事件才会出现这样的问题。

　　至于区分触觉空间和视觉空间的必要性问题:被同时看到的

对象之间有一些被感知到的关系,被同时触摸到的对象之间也有一些被感知到的关系,并且这些关系是我们由以构造空间观念的原料之一部分。这些关系不可能在一个视知觉对象和一个触知觉对象之间成立。但是,存在其它一些确实可以成立的关系,即相互联接的关系:当我看见我的手碰上一个视觉对象时,我就感到它碰上了一个触觉对象,而且视觉的和触觉的对象彼此间拥有某些关系,例如,当我们看到一个拐角的时候,就会有一种急转向的触觉。然而,所有这一切都是通过经验学来的;也就是说,我们通过经验学习了相互联接的法则。我们能够看到婴儿在学习这些法则。你可以把这些法则称作"预定和谐",但比起某些其它的科学法则,它们没什么两样。除非说所有自然法则都一定可以通过纯粹逻辑而得到证明(这种情况现在几乎是不可想象的),否则我们必须承认有一些我们在过去经验的基础上所期待的共存与接续现象,尽管它们的失败并不是逻辑上不可能的;而且,视感觉和触感觉的相互联接就属于这样的情况。

在这些情况下,人们有时提出,相互联接的现象只不过是同一存在体的不同显示而已。事实上,这是常识的观点;常识认为,它既能看到也能触摸到同一个对象。我对这种说话方式没有丝毫反对意见,而且我不否认,如果加以适当的解释,它可以表达一种正确的观点。不过,下面这一点仍然是真实的:所谓显示出来的存在体是通过相互联接的经验而被推论出来的,而且相互联接起来的知觉对象并非是逻辑上而只是经验上相互联系的。我们有一个视知觉对象 v,同时有一个触知觉对象 t。每一个都引起了一些适当的反应,而且由于它们频繁地出现在一起,每一个也都及时引起了与另一个相符合的反应。在儿童经思考后认识到这两者是相互联接的之前,这种实践上的归纳就出现了;事实上,除非他成了一个有学识的人,他绝不可能认识到 v 和 t 的相互联接。但是,一旦我们深思了这个问题,我们就能看到并不存在必然的相互联接。对于盲人以及手指被施以麻醉术的人,这一点是不成立的。然而,一 147 般说来,这种相互联接是充分有效的。常识在解释它时,把触觉和视觉都看作认识一个同时可触并可见的对象的方式。若使用知觉的原因理论的语言,我们会说,v 和 t 有一个共同的原因,并且这个原因通常是身体之外的。我不想否认这一点,而只想指出:当我们思考知识的根据时,我们不能说,因为我们知道共同的外部原因,所以知道这种相互联接。知识中的顺序是相反的:我们在经验中拥有相互联接的证据,并且我们从相互联接中推论①有共同的原因,以至于这个共同的原因不可能比作为其前提的相互联接更有确定性。从行为主义的观点看,当两种刺激中的任何一种引起最初与另一种相符合的反应时,婴儿就"知道"了这种相互联接。

我们在这里必须提防一种可能性较小的误解。假如 v 和 t 始终是相互联接在一起的,那么可以说,一种刺激不可能在缺少另一种刺激的情况下出现,而且因此不可能存在一些方法,以判断单独一种刺激是否会导致属于另一种刺激的反应。事实上,这个问题并不完全像我们所认为的那样简单。我们通过婴儿时期的经验所学到的东西,并非 v 和 t 总是相互联接着这一事实;在黑暗中或者闭起眼来去触摸东西是可能的,只看不碰也是可能的。我们所了

---

① 这里,我是在行为主义的意义上使用"推论"一词的。

解的东西是,相互联接能轻易地在很多情况下形成。眼睛的运动通常会产生一种与先前并未联接在一起的某种触感觉相符合的视感觉,而在某些情况下,手(或身体的其它部分)的运动会产生一种与先前并未联接在一起的某种视感觉相符合的触感觉。实践着手眼协作的儿童试图抓住他们够不着的对象;只是渐渐地,他们才或多或少正确地判断出距离。当我们抓不住对象时,在视感觉和为使对象处于我们够得着的范围内所必须的路程之间,一种新的相互联接就开始产生作用了。陌生的情况甚至会使成年人犯错误——例如,他们会错误地估计对象在水中的深度。遥远的距离永远处在常识的范围以外。唯有科学才能使我们确信,太阳比月亮离我们更远。

我们能观察到的婴儿正在学习的东西,是事实上将通过一种感官对象来强化另一种感官对象的身体行动;更特别地,他会学着去触摸他所看见的东西,也就是说,使其自己获得一个相互联接的对子 v 和 t,而不是一个单独的 v。同样,当他听到一种声音等等时,他会学着环顾四周。所有这一切都意味着,就行为而言,他拥有一个物理对象的概念,而且这个对象能同时影响几种感官。认识的元素是逻辑上可分离的,并且或多或少地会提早出现。

这些肌肉运动的习惯是产生常识信念所必需的,而常识信念则是在精神成长过程中一个比此迟得多的阶段上出现的。在其更基本的形式中,常识几乎意识不到有像感知这样的现象,而只意识到被感知到的对象;而且,甚至在最初级的反思开始时,每种感官都还会引起与其它感官相联系的反应,以至于从外在刺激物的角度看,甚至当只有一种感官被影响时,经验也会拥有涉及到其它几种感官的大量东西。例如，参见克勒《类人猿的智力》中的图画：在这里，我们看到一些黑猩猩正注视着另外一些黑猩猩，同时它们的胳臂也在做一些合意的动作；尽管唯一的刺激是视觉的，但这些动作显示出与平衡联系在一起的身体触觉的刺激作用。这就解释了这样一个事实，即常识能够非常自信地把一个被碰到而未被看到的对象等同于一个被看到而未被碰到的对象——例如，现在被成功地接住的板球以及从空中飞越过的同一个板球。理由在于，经验总是比单独的感官刺激所保证的东西更丰富：它总是包含从关于过去的相互连接的生理经验中产生的反应。假如一个成年人第一次听驴叫，而且他先前不知道有一种能发出那种声音的动物，那么他的经验就会以惊人的方式不同于一个正常的成年人在同样一些情形中所得到的经验。

常识最初并不像开化的民族那样鲜明地在人、动物及事物之间进行区分。原始宗教为此提供了丰富的证据。一个事物，像一个动物一样，拥有一种驻留于自身的力量：它可以落到你的头上，在风中翻滚，如此等等。无生命的对象只是逐渐地从人群中鲜明地分离出来的，因为根据观察，它们的行为是没有意图的。但是，动物并没有据此从人群中分离出来，而且事实上未开化的人认为它们比自己聪明得多。

在绝大多数方面，常识天生就是实在论的：它认为，我们的知觉通常向我们显示了本来面目上的对象。因为每一个个体那里都有大量的先于常识观的经验，所以，这种观点能被持有。我们认为远处的人并不小于近处的人，我们并不断定一些被斜着看的圆形对象是椭圆形的，如此等等。对常识来说，所有这一切都是知觉的

149

一部分;这一切对心理学来说是否也如此,是尚可怀疑的。但是,它们确实不是婴儿最初的知觉工具的一部分:它们是婴儿不得不去学的某种东西。其中一些是在习得早期言语之后学会的——特别是关于远处对象之大小的正确判断。但无论如何,儿童到三岁时就已获得了这种常识观;也就是说,他对感官刺激的当下反应包含大量的先前经验,并在没有任何精神过程的情况下,使他能获得一种关于他所感知到的东西的观点,而此种观点远比他在出生时可能获得的观点更客观。在这里,我用"客观"一词所意指的,并不是某种形而上学的东西,而只是某种"与他人证据相一致"的东西。如果设想成年人身上首先有一种对应于纯粹感官刺激的经验,然后有一种关于经验所代表的那种东西的推论,那么这样的设想是完全错误的。这种情况可以在某些场合发生;例如,如果我们看到一个人正在以一种明显随意的方式画一张脸,而且直到最后一刻才意识到他所要的就是一张脸,那么这种情况就发生了。但是,这样的经验完全不同于正常的知觉,而且在唯一的我们能说其存在的意义上,"推论"是生理的,或无论如何,是不可通过内省而发现的。正是因为感官刺激能在没有任何精神媒介的情况下把我们引向一个对象,且该对象实际上就是我们周围的其他人所感知到的对象,我们才能接受常识的信念,即我们实际上感知到了外在的对象。

　　原因概念是常识的装备的一部分。我认为,说常识把对象看成我们知觉的原因是不正确的。除非被加以质疑,常识是不会想到在这方面引入因果关系的。在感到吃惊时,它将寻找原因,而当一种现象似乎完全合乎自然时,它就不会那样做。对于蜃景、倒影、梦、地震及瘟疫等等，它探问原因；而对于通常的自然进程，它不做这种探问。而且，只要所涉及的事件具有巨大的情感上的影响，它所寻找的原因肯定是泛灵论的：神的愤怒，或者某种类似的东西。普遍因果关系的观念及与目的相分离的原因的观念是在理智发展过程中一个靠后的阶段产生的，并且标志着哲学和科学的早期阶段。

实体是常识自然获得的一个范畴，尽管该范畴没有形而上学家所添加进去的不可毁灭之属性——但在这一点上，不同的意见也许是可能的。人们倾向于假定，常识认为火毁灭了它所燃烧的东西；但是，中国人过去在订立一个庄严的盟约后常常把盟约烧掉，目的在于让神可以通过烟而注意到它。（有一份被留下来用于尘世。）而且，实行火葬的种族通常并不认为他们完全毁灭了身体。另一方面，存在一种反对火葬的宗教成见；这种成见认为，身体由此就完全被消灭了。我认为，一个人必须因此断定，在实体的不可毁灭性问题上，常识的态度是优柔寡断的；总体说来，物理学在提供不朽的物质单元上的成功，代表了哲学家对普通人的一次胜利。

无论是否可以毁灭，在基本的思维中，实体都具有极大的重要性；它支配着句法，而且至今为止，一直通过句法支配着哲学。在初期阶段，"实体"和"事物"之间没有区分；两者都首先在语言中然后在思维中表达了认识的情感。对于婴儿来说，认识是一种强烈的情感——尤其是当它与某种合意或不合意的事物联系在一起时。当婴儿开始使用词时，他会把同一个词应用于两个场合的知觉对象，假如第二个激起了与关于第一个的记忆相联系——或者也许只与在第一个出现时被学会的词相联系——的认识的情感。

（当我说婴儿使用"同一个"词时，我是指他发出了极其类似的声音。）把一个特定的词用作对某种刺激的反应，就如同伸手去拿瓶子一样，是一种肌肉运动的习惯。同一个词被应用于其上的两个知觉对象被认为是同一个东西——除非这两个对象能同时出现；
152　这个特征就把通名从专名中区分了出来。这整个过程的基础是认识的情感。当这种过程即对肌肉运动之习惯的学习是完全的并且对它的思考开始时，人们就认为名称的同一性揭示了实体的同一性——在一种意义上，它是就专名而言的，而在另一种意义上，它是就可应用到两个或更多同时出现的知觉对象上的名称即通名（柏拉图的理念、共相）而言的。自始至终都是语言首先出现，然后是思维步其后尘；而且，语言在很大的程度上是由生理的因果关系支配的。

人们设想，一种实体或事物在不同的时刻是相同的，尽管它的属性是可以变化的。约翰·琼斯在其整个生命过程中都是同一个人，尽管他从儿童成长为成人，并且有时高兴，有时易怒，有时醒着，有时睡着了。起初，因为他拥有同一个名字，所以被认为是同一个人。但是，像人一样，名字在不同的场合并不是完全一样的；它可以被大声地或温和地说出，快速地或缓慢地说出。然而，这些差别太轻微了，以至于无法阻止人们对它的识别——除非在某些罕见的场合，例如当这个名字由一个外国人以蹩脚的声音念出来时；名字的优点之一，在于它们的变化小于被命名的那个人的变化。

关于具有不同性质的实体之同一性的概念镶嵌于语言、常识及形而上学中。在我看来，它在实践中是有用的，而在理论上是有害的。我的意思是，假如把它理解为形而上学意义上的终极之物，它就是有害的：我认为，作为一种具有若干变化着的状态的实体而出现的东西，应该被构想为以某种重要方式联系在一起的一系列现象。我现在将不会论证这种观点。它对物理学来说是完全陌生的，直到我们用时-空代替了时间和空间，并相应地用事件之四维连续统代替了古老的关于在三维空间中运动着的持存的物质单元的概念。但是，这个古老的概念似乎仍然可以自然地应用于电子和质子，以至于可以说物理学在这个问题上此时拥有两种不同的观点。现在，我不想批评实体观念，而只想指出其起源：我认为它起源于类人猿的情感。我们反思地将这种情感称为"认识"，尽管当被应用于成年人的理智过程时，它起初并不拥有属于这个词的明确的认识特征。

归纳，像实体一样，在常识中起着很大的作用，并且拥有一种本质上属于生理学的基础。我现在不是讨论归纳之有效性问题，而是讨论发生于动物、儿童及野蛮人中间的归纳实践之原因问题。当然，归纳的有效性确实是被假定在这样的讨论中，因为如果没有它，原因就不能被发现。但是，我们不假定我们正在讨论的初级归纳是有效的；我们只假定存在某种有效的归纳形式。在整个发生心理学中，我们都假定了通常的科学步骤的有效性。如果这个假定导致我们对于发生心理学产生这样一些观点，而这些观点怀疑科学步骤之有效性，那么这就会构成一种反证论法，并且这样的论法又会摧毁发生心理学及其余一切。因此，每当某个明显无效的过程被说成是科学所必需的某一方法的心理学来源时，如果我们不接受完全的怀疑论，那么我们就必须假定存在着某种有效的过程，并且在非科学人士把这种无效过程应用于其中的绝大多数情

153

形中,这种有效过程产生了相当类似的结果。所有这一切或许只有一种实用主义的正当性,但在开始时还不能断定情况是否如此。研究天然的原始推论形式的真正功用在于,它们与当前科学推论之间的对照可以为我们暗示一些方向,而遵循这些方向,科学推论就能得到更进一步的改进。对我们理智过程之起源的研究并无丝毫的直接的逻辑重要性;但是,作为一种在假设形成过程中刺激想象的手段,这种重要性可以是相当大的。正是由于这个原因,本章的话题,对于我们的真正主题而言,就形成了一篇有用的导论。

　　历史地说,归纳的来源是 J.B.华生博士所谓的"习得的反应"的一般法则。这个法则可以简要地描述如下:假如作用于动物生命体的一个刺激 S 产生一种反应 R,并且另一种刺激 S' 产生另一种反应 R',那么,若 S 和 S' 被一起应用,则会有一种倾向,即 S 以后会单独产生 R 及 R'。例如,如果你频繁地使一个人同时暴露在某种很大的噪音及强光中,那么过一阵子之后,这种很大的噪音可以单独使他的瞳孔收缩。显然,归纳实践只是将这种法则应用于认识的反应。假如当你能够看到琼斯时,你频繁地听到"琼斯在那儿"这些词,那么即使你此刻没有看到他,这些词最终也会使你认为琼斯是在场的。这种归纳形式包含在对言语的理解中。在其相对粗糙的形式中,归纳显然既可以产生真信念,也可以产生假信念;科学方法论必须寻找一种归纳形式,而此种形式将使错误的推论远远少于正确的推论。假如能够发现这样的形式,那么人们在其职业活动中就可训练自己去杜绝那些相对初级的形式。但是,假如他拒绝信赖把过去经验的教益储藏在身体内的所谓生理归纳,那么作为凡人,他连一天也活不下去。在实践中,一种几乎在瞬间完成的且十拿九稳能获得正确结果的推论方法,比一种迟缓但始终正确的方法更可取。一个在进食之前对其所有食物都进行化学分析的人会避免中毒,但也不能充分吸取营养。 155

在理论发展的整个过程中,一些从实践立场看是非常微小的错误迫使我们反复做出很大的理智上的变化。相对论就是这方面的一个显著的例子:我们已不得不做出一种巨大的重构,以对付唯有最精细的测量才能发现的差异。科学越发展,它到时候不能消化的事实就越细微。常识充分满足了前工业化社会的绝大多数需求,但不能服务于电动机或无线电台的建造。为了这些,我们不得不向前相对论物理学立场进军。包含相对论物理学的机器尚不存在,但它们可能会在将来某一天存在。然而,这已离题了。关键的是,理论与观察之间的细微差异可以揭示理论上的重大错误。比如,我们以素朴实在论与光速为例,并从前相对论的观点来理解后者。常识和素朴实在论假定我们看见了实际的物理对象,而这个假定很难调和于这样的一种科学的观点,即我们的知觉的发生稍微迟于对象的光的发射;而且所涉及的时间间隔,像众所周知的难题一样,尽管是极小的,也没有因此被克服。因此,我们不能从常识在实践上的成功证明其具有近似的理论上的准确性,而只能证明在其相对普通的推论与一种正确理论所允许的推论之间有某种大致的符合。假如物理学不得不抛弃常识,我们也没有理由因此找物理学的岔子。

第十六章 从常识到物理学

　　正是在十七世纪,与常识的观点相对的科学的观点,首次变得重要了。它本就存在于希腊人中的某些个体身上,但它未能指出给一般的有教养的公众留下深刻印象的足够重大的成就。正是在十七世纪,科学开始取得令人惊叹的胜利,并在某些重要的方面确立了一种不同于常识的观点。怀特海博士在其《科学与现代世界》一书,尤其是在论述"天才的世纪"的那一章中,极精彩地阐述了这一变化的历史方面,以至于我若企图再次论述这一根据,那将是愚蠢的。因此,我将只选择某些重要的与随后几章相关的话题。

　　从我们的观点来看,发生在十七世纪的首要事情是知觉与物质的分离;从笛卡尔到巴克莱的所有哲学家都在思考这个问题,而且这种分离导致后者否定了物质,尽管它实际上已导致莱布尼茨否定了知觉。

　　常识认为,心灵与物质之间存在着相互作用:当一块石头击中我们时,我们的心灵会觉得痛;并且当我们决意掷一块石头时,它就会移动。物理学的发展似乎使得物质成为因果上自足的:物质的运动好像始终有物理的原因,因而意志力一定是多余的。笛卡尔相信活力守恒,但不知道动量守恒;他认为心灵能够影响生气运动的方向,但不能影响其总量。由于动量守恒的发现,他的追随者们不得不放弃了这个折中的方案。他们因此判定,心灵绝不能影响物质;他们也判定,物质绝不能影响心灵。这后一种观点并不是直接建立在科学基础之上的,而是奠基于一种形而上学;人们发明这种形而上学,是为了通过解释来消除心灵对物质的显而易见的影响。设想我的胳膊的运动并不是由我的意志力引起的,就等于在设想某种非常古怪的东西;设想关于我的胳膊的知觉并不是由我的胳膊引起的,丝毫不更加古怪。这样的观点,即存在心灵与物质两个实体且两者互不发生作用,解释了物理世界之因果的独立性,并使精神世界之独立性成为必要。因而,心灵与物质就非常普遍地被分离开来了,而且分离的程度远甚于现代物理学出现之前的情况。

康德以前的所有近代哲学都由这个问题所支配,人们为这个问题提出了多种多样的解决方案。斯宾诺莎认为只有一种实体,其仅有的已知的属性是思维和广延。像偶因论者的两个完美的时钟那样,这两种属性并行不悖,相互不发生作用。莱布尼茨认为有大量的实体,并且所有实体都是因果上相互独立的,但都依据预定和谐而并行不悖;这些实体全都是或多或少经过进化而来的心灵,而物质只是一种"感知"许多实体的混乱的方式。在莱布尼茨的哲学中,"感知"这个词具有一种特别的意义;这种意义来自平行论及"反映宇宙"这个概念。如果不试图过分遵循莱布尼茨自己的用词,我们可以将蕴涵在其体系中的观点——不管他是否完全坚持这种观点——阐述如下:每一个单子在每一个时刻都处于一种无限复杂的状态中,并且该状态能与那一时刻每一个其它单子的状态处于一一对应之中。(这是预定和谐。)不同单子的状态之间的差异类似于处于不同地点的一个特定对象的诸样相(aspect)之间的差异,并被莱布尼茨比作视角或观点的差异。这些差异能以三维顺序加以排列,以至于这些单子形成了一种随时间而变化的样式。除了这些单子间的一一对应以外,在每一个单子的状态和由所有单子所形成的样式(反映宇宙)之间也存在一种一一对应。我们将会看到,后者逻辑地包含前者:假如每一个单子都始终反映着宇宙,那么每一个单子都始终与任一个其它单子处于一种和谐之中。让我们举数学上一个类似的例子:假设第 m 个单子在某一特定时刻的诸状态由以下数目来表示:

$$m-1, m-1/2, m-1/3, \cdots,$$

那么,在这些状态与第 n 个单子的下述诸状态之间就有一种一一对应:

$$n-1, n-1/2, n-1/3, \cdots;$$

而且,在每一个单子的诸状态与下述序列之间也有一种一一对应:

$$1, 2, 3, \cdots m, \cdots n, \cdots;$$

这个序列可以被理解为单子的序列。用三个连续的坐标来代替一个分离的坐标,然后我们就得到了莱布尼茨世界的数学表象。

这个体系中显而易见的困难在于,我们提不出任何可构想的理由来设想一个单子反映着宇宙。莱布尼茨自己就是一个单子,而且根据他自己的理论,假如他是仅有的单子,那么他就会拥有一种千篇一律的生活,因为单子是"没有窗户的"。除了某些相当靠不住的来自神学及上帝之"形而上学的完美性"的论证,他因此不能提供一些反对唯我论的根据。这个缺点是由他的因果性理论所导致的,而其因果性理论则是笛卡尔否认一个实体能够作用于另一个实体的结果。物理学在确立纯物理的因果法则方面所取得的成功反过来又激励着这样的否认,因为那些法则似乎解释了一切物质运动。我之所以不顾这种极其明显的缺点而逗留于莱布尼茨的体系,是因为我认为它暗示着一种与现代物理学及心理学相容的形而上学,尽管它当然需要做出一些非常严肃的修改。

　　知觉问题仍然没有解决,尽管它是哲学家们全力关注的一个主要问题。洛克,尽管是重要的,但除了提出第一性质是客观的而第二性质是主观的这一理论以外,并没有在这个问题上做出很大的贡献。然而,他的《人类理解论》促使其他哲学家提出了一些现在依然重要的理论。巴克莱丢弃了物质世界,尽管他不需要丢弃物理学,因为正如莱布尼茨所设想的那样,物理学公式可以充分有效地应用到精神事件的集合上。影响了笛卡尔主义者的那个论证,即心灵与物质之间相互作用之假想的不可能性,似乎没有影响到巴克莱。影响了巴克莱的反倒是如下的认识论的论证:我们所亲知的每一个事物都是一个精神事件,而且没有有效的理由来推论存在完全不同的另外一类事件。我认为,当被视作一种形而上学的来源时,这种类型的论证在巴克莱那里是新鲜的。在另外一种形式上,它因康德而获得了名声。休谟把同一类型的推理推进到比巴克莱远得多的地方,因为他甘愿继续作为怀疑论者;而巴克莱则把物质问题上的怀疑论用作一种宗教的支撑,并因此不得不限制其知识批判的范围。休谟对原因概念的批评之刀砍向了科学的根基,并且需要我们无条件地做出回应。当然,人们做出了无数的回应;但是,我无法让自己相信其中的一些回应在某种程度上是有效的,而且甚至连康德的回应也是无效的。然而,就像在涉及巴克莱、休谟及康德时那样,我这时候不想讨论任何仍有超历史趣味的哲学。因此,让我们从这背离主题的论述中回到与科学有更密切联系的话题上来。

笛卡尔主义对哲学家及科学家的观点所产生的深远影响,在于它加宽了心灵与物质之间的鸿沟。物理学家满足于这样的观点,即人们能在独立于与心灵相关的考虑因素的前提下从事科学,并心满意足地让哲学家们在那里争吵,从而给人留下这样的印象,即哲学于他们无关紧要。从科学进步的观点来看,有一段时间,这种观点包含了很多真实的东西;但从长远的观点来看,科学不可能无视与自身的研究具有逻辑相关性的问题。也许可以承认,绝大多数已被视作哲学的东西,对于科学家来说并不是非常有用的;但那主要是因为哲学已不再由像笛卡尔和莱布尼茨那样的人所创造,而这些人在科学上也具有最显赫的地位。也许可以期待,这样的状态行将结束了。

由于笛卡尔主义者否认了心灵与物质的相互作用,他们的"物质",正如在最新的物理学中一样,应该是抽象的,而且是纯数学的。但是,事实上情况并非如此:这个时期的技术仍然依赖于在我们自身的经验中有直接基础的一些概念。就他们的观念由之获得的感觉经验而言,我们或许可以区分三种类型的物理学:我分别将它们称为肌肉物理学、触觉物理学及视觉物理学。当然,这三者中没有一者曾经单独存在:实际的物理学总是三者的一种混合。但是,如果想象其中的每一者都分离于另外两者,并且自问在实际的物理学中哪些元素属于第一种,哪些元素属于第二种,哪些元素又属于第三种,那么这将有助于我们的分析。一般地,我们可以说,视觉物理学越来越占据支配地位,并且在相对论中几乎完全战胜了其它两者。

肌肉物理学体现在关于"力"的观念中。牛顿显然认为力是一种真实的原因，而不只是数学方程中的一个项。这是可以理解的；我们全都知道"施加力"的经验，并意识到它与使物体运动这样的行为相联系。通过一种无意识的万物有灵论，物理学家们设想，每当一个物体使另一个物体运动时，就有某种类似的事情发生。不幸的是，对于力学来说，当我们仅仅使一个物体保持一种恒定的速度时，我们就有"施加力"的经验，而这就像在沿着一条路拖一个重物时的情形那样。这使亚里士多德误以为力应被看作速度而非加速度的原因；伽利略第一个改正了这个错误，尽管列奥纳多几近发现了这个真理。可以这样说：假如力是一种数学的虚构，那么，认为它与加速度成比例如何才能比认为它与速度成比例更"真实"呢？理由在于：假如像伽利略那样定义力，就能够发现一些把力与一个物体相对于其它物体的位置联系起来的法则；而假如像亚里士多德那样定义力，那么就做不到这一点。伽利略发现，落体具有恒定的加速度，并且所有物体（在真空中）的加速度都是一样的；这个发现是一个非常简单的例子。更一般地，我们可以说：物理定律通常是二阶微分方程，这些方程在牛顿物理学中是关于时间的，而在爱因斯坦物理学中是关于间隔的。这个概念非常不同于获自关于肌肉应用之经验的力的概念；然而，通过包含着许多中间环节的演变，一个概念导致了另一个概念。

触觉物理学使人们热衷于把世界想象成是由弹子组成的，这是一种已经存在于希腊原子论者身上的强烈爱好。我们知道什么叫撞到他人或者使他人撞到我们；我们知道当这种情况发生时运动就在没有行使意志力的情况下被传递了。对于基本的数学变换来说,弹子以最好的形式展示了相关的现象。弹子相互撞击时的运动方式根本不会令人吃惊;相反,这种方式一般说来是每个人都会期待的。假如整个世界都是由弹子组成的,那么它就是所谓的"可理解的"东西——也就是说,它绝不会让我们过分吃惊,以至于使我们认识到我们不能理解它。动量守恒在弹子的撞击中得到了典型的说明,它似乎提供了关于这整个现象的一种极其简单的观点。我们可以把动量看作"运动的量",并且可以说,在一次撞击中,一定量的运动在两个物体之间进行了交换,这正像今天当一个物体带正电而另一个物体带负电时电子就被交换了一样。相比于使用了力的观点,这种观点是更可取的,因为它似乎不要求物质具有某种哪怕在极低的程度上类似于意志力的东西;因此,它是牛顿以前的唯物论所钟爱的观点。然而,它完全从现代的关于物质结构的观念中消失了。人们相信"原子"——电子和质子——是存在的,而它们从不接触;但是,它们运动起来时似乎是在隔着一段距离施加引力和斥力。然而,人们解释说,这些是由某种穿过中间的媒介物而被传送出去的东西所导致的。触觉物理学中依然保留下来的东西,是对"超距作用"的反对。但我们现在几乎不能认为这种反对意见属于一种先天的偏见;它反倒是一种实验的结果。我们相信,当一个物体似乎在隔着一段距离影响另一个物体时,这种现象或者能通过解释而被消除,或者被归因于穿越两个物体之间的空间的连续能量转移;但是,我们之所以相信这一点,是因为正是这种观点最充分地同已知事实相符合,而非因为它似乎是唯一"可理解的"观点。这后一种意见无疑被人广泛持有,但对于证明现存的物理理论，它并不是必要的。

视觉物理学不可避免地在天文学中占据着主导地位，这是因为视觉是我们由之认识天体的唯一官能。既然只看见了运动，我们就没有意识到任何类似于力的东西。引力在很长的时间中都没有得到解释，可能刺激理论物理学家们期望在没有"力"的概念的情况下展开他们的主题，因为作为引力的"力"依然是完全模糊的。视觉物理学也有一种优势，那就是，它处理一种在范围上比力学所包含的东西更广的现象，因为它包含一切与光相关的东西。因而，物理学越来越只使用可以根据视觉材料而得到理解的那类概念。确实，质量依然来自于另外一类观念。质量观念的感觉来源显然是重力感。但是，甚至质量也逐渐被放弃了：一方面，它不像以前那样重要了；另一方面，它可以通过一个物体在一个已知力场中所经受的来自一条直线的折射，从光学材料中推论出来。（考虑一下测定 α 和 β 粒子表观质量的方法。）相比于其它两种物理学中的任何一种，视觉物理学使运动的相对性变得明显多了。一辆火车施加力，而一个火车站不施加力；因此，从这种观点看，说这辆火车"确实"在运动而这个火车站"确实"处于静止中，好像是合乎自然的，并且是正确的。但从视觉的观点看，从火车的角度显现出来的火车站，与从火车站的角度显现出来的火车，是全然关联在一起的。

在几乎完全独立于光速的视觉世界中，一种快速的运动能由一种很小的"力"产生出来；例如，旋转一面正在反射强光的镜子就能做到这一点。在夜间旋转灯塔就会发出光柱，而且我们可以看到光柱是以极快的速度传播的。一根光柱并不是一个"事物"，因为它不是可触的；然而，对于常识来说，它在旋转时保持了自身的同一性。当这根光柱分解成一系事件时，常识并不会感到震惊。一种纯视觉的物质观，使我们很容易把所有物质事物都看成像旋转的光柱那样的一系列事件。

　　当然，我并不是在暗示，作为关于物理世界的知识之来源的其它感官应该被忽视。我所说的是，物理学越来越倾向于通过一种获自视觉的想象式的图画，来解释获自其它感官的信息。也许，这种做法有一些理由；确实，有两个方面的理由向我们呈现了：一种是物理学的，一种生理学的。若预先考虑到后面的讨论结果，我们可以说，仅当存在一种从对象通达感官的因果链条，且该链条在极大程度上独立于我们在中间区域所将发现的东西时，相当准确的知觉才是可能的。情况是否如此，是物理学的问题。触觉被限定于观察者所接触到的物体，气味和声音不会扩散很远。但是，光波是在做出极微小的改变的情况下穿越真空的，并且在通过清晰的大气时也没有做很大的改变。假如我们接受第十三章中所提及的刘易斯教授的理论，我们就能说，光量子是在没有变化的情况下从星球传到人眼的。即使这个理论不是真的，单单这一事实，即它能被严肃地提出来，也证明了光从一个物体传输到另一个物体时的那种因果的"纯粹性"（假如我可以用这样的一个词）。这是作为关于外部世界的知识之一种来源的视觉在物理学上的优点。

　　另一个优点是生理学上的。一种类型的物理刺激，相比于另一种，如果需要较少的能量就能产生一种显著的感觉，并且需要较小的物理差异就能产生显著的感觉差异，那么作为信息的一种来源，它就比另一种好。在这两个方面，光都是特别卓越的。一个刚能被感知到的星球的光所具有的能量，大约是每立方米一个量子。[①] 非常微小的光波差异产生可感知的颜色差异；甚至当从诸星球到眼睛的光线之间的角度非常微小时，我们也可以看到诸星球是分离的。在这些方面，视觉明显是最好的感觉官能。因此，物理学越来越强调视觉材料就不再令人吃惊了。

在常识的层次上，视觉的最重要优点在于它会使我们意识到远处的对象。声音和气味在某种程度上做到了这一点——然而，声音对于某些种类的动物比对于我们要重要得多。但是，声音和气味两者都不能传播到很远的地方，并且它们根本不能使我们准确地确定它们的来源。假如我们接受通常的关于知觉的原因的理论——我认为我们应该接受——那么产生视知觉的生理现象之直接物理原因，并不是某种发生在我们说我们看到的对象上的事物，而是发生在眼睛表面的某种东西。假如这将为我们提供关于远距离的对象的信息，那么从原因上说它一定主要是由对象所决定的，而无关乎介于对象和眼睛之间的事物。这是我们刚才所提到的视觉在物理学上的优点。当然，它还有许多非常明显的局限。假如中间地带有雾或有着了色的玻璃，那么达到眼睛的光的颜色将不同于对象所发出的光；一种折射介质能改变光的方向；镜子会欺骗动物和幼儿。于是，又有很多难以捉摸的事情，比如多普勒效应和光行差。但是，在考虑到所有这些局限以后，作为一种获取关于远距离对象的知识的方法，视觉依然是最好的。

在一个方面，即距离方面，视觉是有缺陷的。一些心理学家主

166

---

① 金斯，在前文所引用的书中，第29页。

张,深度在某种程度上能被视觉单独感知到,而另外一些心理学家则认为它完全获自于别的材料。无论怎样,除了非常微小的那一类以外,视觉肯定不能单独判断任何距离。没有人能够单独通过视觉分辨出一百码和一百英尺。婴儿最初根本不知道哪些视觉对象是他们能抓得着的,哪些是抓不着的。视觉空间实际上有两个维度,尽管严格说来这在心理学理论中是不正确的。在实践中,当我们知道一个远处的对象——比如说一个人或一头牛——的"真实"大小时,我们就能根据它所显现的大小来判断它的距离。① 但是,我们关于距离的初始经验,获自于需要用来进行接触的身体运动的总量。我们可能只需伸出一只胳膊,我们可能必须让身体倾斜,或者我们可能不得不走上一会儿。一小时的路程是对距离的一种自然的测量——事实上,它是一种共同的约定。如果不引入运动,我们就不能获得常识的空间观念;而且,利用测量杆进行测量时,如果要被测量的距离长于测量杆,那么这种测量也包含运动。我们自己的身体内当然也存在着空间,而且这种空间在没有运动的情况下就能被知道:我们认为头痛发生在头部,并且胃痛发生在胃部。但这种空间是受到限制的,而且不提供我们的身体与仅被看到的对象之间的空间关系。为了获得关于这些关系的知识,身体的运动是不可或缺的。对于这种目的来说,假如我们周围没有这么多相对于地球而处于静止中的对象,这样的运动是绝对不可获得的。我们能够通过走到一座房屋跟前而发现与该房屋的距离,但不能通过在到达一只狐狸跟前时所需飞奔的距离而发现与该狐狸的距离。

167

---

① 为了表明多佛尔悬崖的深度,莎士比亚说:"乌鸦和红嘴鸦在半空中飞过,它们看上去还没有甲虫那么大。"

科学不能完全不要公设，但随着科学的发展，它们的数目在下降。我用公设所意指的东西并不是某种非常不同于作业假说的东西，只不过它更具一般性：它是我们在没有充分证据的情况下所假定的某种东西，而我们希望在其帮助下，能构造一种事实将会加以证实的理论。科学绝无必要假定其公设始终或必然是真的；它们若时常是真的，也就足够了。它们在被使用时应当是这样的：当它们是真的时，它们就将产生可证实的理论，但当它们不是真的时，任何将与事实一致的理论都不能被构想出来——直到我们发现一种利用不同公设进行工作的方式。

科学的最重要公设是归纳。这可以通过多种方式加以系统地阐明；但无论怎么被阐述，它都必须产生下面这样的结果：一种在许多情况下被发现为真且从未被发现为假的相互联接，至少拥有某种可指定程度的始终为真的概率。我打算假定归纳的有效性，这并非因为我了解一些对它有利的决定性根据，而是因为它在某种形式上对科学来说似乎是必要的，并且不能从任何与其自身非常不同的东西中推论出来。我不打算讨论它，因为这个问题一般说来涉及经验知识，而非特别涉及物理学，也因为这个题目过于复杂，以至于对它进行讨论是无用的——除非这种讨论很长。目前，我必须请读者参阅凯恩斯先生及其批评者的著述。[1]

---

① 《论概率》(*A Treatise on Probability*)，约翰·梅纳德·凯恩斯(John Maynard Keynes)著，麦克米兰(Macmillan)，1920年。

《归纳逻辑问题》(*Le Probleme Logique de l'Induction*)，让·尼科(Jean Nicod)著，巴黎，Alcan，1924年。

布莱斯瓦特(Braithwaite)对上述文献的评论，见《心灵》杂志(*Mind*)，1925年。

《概率的基础》(*The Foundations of Probability*)，R.H.尼斯贝特(R.H.Nisbet)著，载《心灵》杂志(*Mind*)，1926年1月。

168　　　其它的公设也曾一度被认为是必要的,但现已渐渐被发现是多余的。有一段时间,物质的不可毁灭性被看作一种公设。现在,尽管人们通常设想电子和质子是持存的,但也有人严肃地指出,一个电子和一个质子有时可能会结合起来并彼此湮没;爱丁顿把这一点作为恒星能量的一种重要的可能的来源提了出来。① 确实,在这个过程中,人们设想能量并未遭到毁灭;但是,能量守恒只不过是一种经验的归纳,并未在严格的意义上被认为是真的。

直到最近,时间及空间的连续性还是科学的一个公设;但是,量子理论对此提出了疑问,却并未带来知识的灾难。它也许是真的,但我们不能说它一定是真的。

因果律的存在也许值得被看作一种公设,或者说,假如我们假定了归纳,那么根据现存的证据,它也许可以被证明是可能的。这里,我们有一个重要的限制性条件,即一种公设无需被设想是普遍成立的。我们将假定存在一些因果律,并试图去发现它们;但是,假如我们在一个给定的区域中没有发现任何因果律,那只意味着科学尚不能征服那个区域。现在,有一些重要的这类区域。我们不知道为什么一个放射性原子在一个时刻而非在另一个时刻衰变,或者,为什么一个行星式电子在一个时刻而非在另一个时刻改变其轨道。我们不能肯定这些现象各自是为某些因果律所支配的;但假如不是这样,科学就不能分别处理它们,而且将被限于统计学意义上的平均数。我们尚不能断言这是否将会被证明为事实。

---

① 《自然》杂志(*Mind*),1926 年 5 月 1 日,增刊。

第十七章　什么是经验科学

人们普遍会同意,物理学是一门与逻辑及纯数学截然不同的 经验科学。在这一章中,我想确定这种差别是什么。

首先,我们可以看到,过去许多哲学家都否认这种区分。彻底的理性主义者相信,我们认为只能通过观察而被发现的事实实际上能从逻辑的及形而上学的原理中推论出来;彻底的经验主义者相信,纯数学的前提是通过归纳从经验中获得的。依我看,这两种观点都是错误的,而且我认为今天已罕有人坚持它们了;然而,在试图揭示其精确的性质之前,不妨检查一下我们有什么理由认为纯数学和物理学之间有一种认识论的区分。

在必然的与偶然的命题之间有一种传统的区分,而且在分析命题与综合命题之间又有另一种区分。在康德之前,人们公认,必然命题与分析命题是一样的,而且偶然命题与综合命题是一样的。但是,甚至在康德之前,这两种区分就是不同的,即使它们导致了同样的命题划分。人们认为,每一个命题都是必然的、断言的或可能的,而且这些都是最终的概念,并被包含在"模态"名义之下。我认为我们不能夸大模态的作用,它的貌似真实性似乎来自于命题与命题函项的混淆。确实,通过一种与我们用分析及综合所意指的东西相对应的方式,我们可以划分命题;我一会儿就将对此进行解释。但是,非分析命题只能是真的或假的;一个真的综合命题不可能再拥有必然性,一个假的综合命题不可能拥有可能性。恰恰相反,命题函项有三种类型:对自变量的所有值为真的命题函项,对自变量的所有值为假的命题函项,对自变量的一些值为真、对另一些值为假的命题函项。第一种可称为必然的,第二种可称为不可能的,第三种可称为可能的。而且,当命题不是因其自身而被知道为真时,这些术语可以转移到命题上来;但是,我们在其真假问题上所知道的东西,是从关于命题函项的知识中推论出来的。例如,"可能我遇到的下一个人将叫约翰·史密斯"是对下面这个事实的一个推论:命题函项"x 是一个人并且 x 叫约翰·史密斯"是可能的——也就是说,它对 x 的一些值是真的,对 x 的另一些值是假的。无论在什么地方我们说一个命题是可能的,比如在现在这个例子中,那都是因为我们的无知。如果有更多的知识,我们应该知道谁将是我遇到的下一个人;于是,他是约翰·史密斯这一点就是确定的,或者他不是约翰·史密斯这一点就是确定的。因此,这种意义上的可能性就被同化于概率,而且可以算作 0 和 1 以外的某种程度的概率。我认为,一个"断言的"命题也类似地是一个混乱的概念:它可以应用于一个我们知其为真的命题,但我们也知道这个命题是一个有时为假的命题函项的一个值,例如"约翰·史密斯是秃头"。

分析和综合之间的区分更多地相关于纯数学和物理学之间的差别。传统上,一个"分析"命题是一个其否定命题会导致自相矛盾的命题;或者说,它就是亚里士多德逻辑中的某种东西,即一个把谓词归于主词且谓词是主词之一部分的命题,例如"白马是马"。

然而,在实践中,一个分析命题就是一个其真实性能够只凭逻辑而被知道的命题。尽管我们不再能使用通过主词和谓词或者矛盾律来表达的定义，这种意义却保留了下来，而且依然是重要的。当康德论证"7＋5＝12"是综合命题时，就像他的论证所表明的那样，他是在使用主词-谓词定义。但是，当我们把一个分析命题定义为一个能单独从逻辑中推演出来的命题时，"7＋5＝12"因此就是分析命题。另一方面，一个三角形的三角之和等于两直角，是一个综合命题。因此，我们必须自问：那些能从若干逻辑前提中推演出来的命题具有什么共同的性质？

维特根斯坦在其《逻辑哲学论》中给出了这个问题的答案，我认为他的答案是正确的。构成逻辑之一部分或者说能被逻辑证明的命题都是重言式——也就是说，它们表明，一些不同的符号组是言说同一事物的不同方式，或者说，一组符号说出了另一组符号所言之物的一部分。假设我说"假如 *p* 蕴涵 *q*，那么非-*q* 蕴涵非-*p*"。维特根斯坦主张，"*p* 蕴涵 *q*"和"非-*q* 蕴涵非-*p*"只是一个命题的不同符号：使一个命题为真（或假）的事实，也就是使另一个命题为真（或假）的事实。因此，这样的命题事实上只涉及符号。无需研究外部世界，我们就能知道它们的真值，因为它们只牵涉到符号的使用。我应该补充道，所有纯数学都是由上述意义上的重言式构成的，尽管维特根斯坦在此也许会对这个补充持有异议。像穆勒这样的经验主义者说，我们之所以相信 2＋2＝4，是因为我们已经发现它在很多例子中都是真的，以至于我们能通过简单的列举而做出一种几乎没有出错机会的归纳；假如我们以上所言为真，那么穆勒等人的说法显然就是错误的。每一个没有偏见的人都一定同意，这样的一种观点凭感觉看是错误的：我们对简单数学命题的确信,好像并不类似于我们对太阳明天将会升起的确信。我不是说,相比较而言,我们觉得自己更确信一个而非另一个,尽管我们也许应当这样做;我的意思是,我们的确信似乎有一种不同的来源。

因此,我接受这种观点,即一些命题是重言式,而一些命题不是;而且我认为,这种区分构成了分析命题与综合命题之古老区分的基础。显然,一个重言式命题是通过其形式而成为重言式的,而且它可能包含的所有常项都可以在不损害其重言性的前提下转化为变项。我们可以举一个常用的例子:"假如苏格拉底是人,并且所有的人都是有死的,那么苏格拉底是有死的。"这是下面这个一般的逻辑重言式的一个值:

"对于 x, α 及 β 的所有值,假如 x 是一个 α,并且所有 α 都是 β,那么 x 是一个 β。"

在逻辑学中,谈论一般重言式的特殊例子是对时间的浪费;因此,除了纯形式的东西,常项绝不应当出现。在这种意义上,基数最终被证明是纯形式的;因此,所有纯数学的常项都是纯形式的。

一个命题除非具有某种超出最简单命题的复杂性,否则不可能是重言式的。把言说同一事物的两种方式等同起来,明显比分别用每一种方式来言说它更复杂;同样明显的是,只要知道两组符号言说同一事物——或者说,知道一组符号言说另一组符号所言之物的一部分——实际上是有用的,那一定是因为我们在某种程度上知道其中一组符号所表达的东西的真或假。因此,逻辑知识,若单独出现,是很不重要的;其重要性产生于它同非纯逻辑的命题的知识的结合。

我们将把所有非重言式命题称为"综合的"。依上述论证,最简单的命题一定是综合的;而且,假如逻辑或纯数学终究能被使用在产生非重言性知识的过程中,那么一定存在不同于逻辑及纯数学的知识来源。

本章迄今所思考的这些区分是逻辑的。就模态来说,我们确实发现了某种来自认识论概念之混合物的混乱;但是,人们想让模态成为逻辑的,而且在一种形式中,我们发现它就是逻辑的。现在,我们来讨论另一种本质上属于认识论的区分,即先天知识与经验知识之间的区分。

当无需经验事实作为前提就能被获得时,知识被说成是先天的;相反,它就被说成是经验的。为了使这种区分变得清晰,有必要说上几句。存在一种我们由之在极接近于过去事件的时间中获得关于这些事件的知识的过程;依据所涉及的事件的特征,这种过程被称作"知觉"或"内省"。① 对于这种过程的性质,无疑需要进行很多的讨论;而对于从这种过程中所获得的知识的性质,则需要进行更多的讨论。但是,我们不可能怀疑一个一般的事实,即我们确实以这种方式获得了知识。我们醒了,并发现天亮了,或者还在夜里;我们听到钟响了;我们看到了一颗流星;我们读报纸;如此等等。在所有这些情形中,我们都获得了关于事件的知识,而且我们获得这种知识的时间就是或几乎就是这些事件发生的时间。我将把这个过程称为"知觉",而且为了方便,我也将把内省包括进

174

---

① 关于是否存在像"内省"这样的过程,我不想抱有先入之见,而只想把它包括进来——假如它存在的话。

来——假如它确实不同于人们通常所谓的"知觉"。一个"经验"事实就是一个若不借助于知觉我们就不能获知的事实。但是,直到我们解释了"不能"是什么意思,这一点才会完全清楚;因为我们显然可以从经验中学习 $2+2=4$,尽管我们后来认识到经验并不是逻辑上不可或缺的。在这类情况下,我们后来发现经验并不证明命题,而只是使人想到它,并引导我们去发现真实的证据。但是,鉴于经验的与先天的之区分是认识论的而非逻辑的,一个命题显然有可能从一类转变为另一类,因为这种分类与一特殊时刻一个特殊的人的知识之组织有关。这样来看的话,这种区分或许是不重要的;但它暗示着一些相对不太主观的区分,而且我们确实想要讨论的就是这类区分。

康德哲学是从这样一个问题开始的:先天综合判断是如何可能的? 现在,我们必须首先做出一种区分。康德关心的是知识,而非单纯的信念。一个人可以拥有一种综合而又不基于经验的信念,例如他押了赌注的这匹马这一次会赢;在这一点上不存在任何哲学问题。仅当有一类始终为真的先天综合信念时,哲学问题才会产生。康德认为纯数学命题就属于这类;但在这一点上,他被他那个时代的一种通常的看法所误导;那种看法的大意是,几何学,尽管是纯数学的一个分支,但提供了关于实际空间的知识。因为有了非欧几何,特别是作为应用于相对论的非欧几何,我们现在必须鲜明地在两种几何学中做出区分:一种是可应用于实际空间的几何学,它是一种经验的研究,并构成物理学之一部分;另一种是纯数学的几何学,它不提供关于实际空间的知识。因此,康德所依赖的关于先天综合知识的这个例子就不再有效了。其它类型的例子被假定是存在的，例如伦理学知识及因果律；但就我们的目的来说，没有必要确定这些类型的例子是否确实存在。就物理学而言，我们可以假定，一切实在的知识要么依赖于（至少部分地）知觉，要么在与逻辑和纯数学相同的意义上是分析的。康德的先天综合知识，无论是否存在，似乎都没有在物理学中被发现，除非归纳原理确实算作这样的知识。

但是，就如我们已经看到的那样，归纳原理有其生理学的起源，并且这让人想到了一种迥异于康德的处理先天信念的方式。无论是否存在先天知识，在某种意义上无疑都存在先天信念。我们拥有一些被我们的理智转化为信念的本能反应；我们眨眼，而这使我们产生这样的信念，即一个碰到眼睛的对象将会伤害它。在经验到这个信念是真的以前，我们就可以拥有这个信念；假如这样，它在某种意义上就是综合的先天知识——也就是说，它是一个真的综合命题中不以经验为基础的信念。我们对归纳的信念本质上是类似的。但是，这样的信念，甚至是真的时，也几乎不应当被称为知识，因为它们并不全是真的，而且因此在应被视作是确定的以前，全都需要加以证实。这些信念在生成科学时一直是有用的，因为它们曾提供了大多为真的假设；但是，它们在现代科学中不能无需检验地被保留下来。

我将因此假定：至少在与物理学相关的每一个知识部门中，所有知识要么在与逻辑和纯数学相同的意义上是分析的，要么至少部分地获自知觉；而且，所有必然依赖于——不管在什么程度上——知觉的知识，我都将称为"经验的"。在仔细分析我们相信一条知识的根据之后，我们可能会发现，与这些根据一起出现的，还有对一个事件的及时的认识，而且该认识是与那个事件同时或在其之后很短的时间内产生的，并满足另外一些把知觉从某些类型的错误中区分出来所必需的标准；当出现这样的情况时，我将认为那一知识必然依赖于知觉。那些标准将是我们在下一章中所要讨论的。

在一门科学中，存在两种类型的经验命题：既有与特殊事实有关的命题，也有与从特殊事实中归纳出来的定律有关的命题。当太阳、月亮及行星在某些场合被我们看见时，它们所呈现出来的现象是特殊事实；但下面这样的推论则是一种经验的归纳：太阳、月亮和行星甚至在无人观察时也存在——特别是，太阳在夜里存在，行星在白天存在。赫拉克利特认为太阳每天都是新的，而且这个假设不存在逻辑的不可能性。因而，经验定律不仅依赖于一些特殊事实，而且也是通过一种缺少逻辑证明的过程从这些事实中推论出来的。凭借其前提的性质，也凭借其据之从前提中被推论出来的方法的性质，它们不同于纯数学命题。

在像物理学这样的高级科学中，纯数学所起的作用在于把各种经验概括都彼此联系起来，以便把代替它们的更一般的定律建立在更多数量的特殊事实的基础上。从开普勒定律到引力定律的过渡，就是人们常用的例子。引力三定律中的每一个都建立在某组事实的基础上，全部三组事实一起构成了引力定律的基础。此外，就像在这类情况下通常所出现的一样，人们发现有一些新的事实，例如潮汐、月球运动及摄动等；它们不属于先前三组中的任何一组，但支持新的定律。从认识论上说，在这些情况下，一个事实就是一条定律的一个前提；从逻辑上说，绝大部分的相关事实，即除了需要用来确定积分常数的那些事实以外的全部事实，都是该定律的推论。

当前，在历史学和地理学中，经验事实比在其基础上所做的一些归纳重要得多。在理论物理学中，情形是相反的：太阳和月亮存在这一事实，主要是因为其提供了引力定律及光的传播定律的证据，才令人产生兴趣的。在对物理学进行哲学分析时，我们不需要考虑特殊事实，除非它们构成了某一理论的证据。当然，思考所有特殊事实有什么共同的地方，以及它们是如何被认识的，是这种分析工作的一部分；但这些探究是一般意义上的。我们对关于地形的概念有兴趣，但并不对宇宙的实际地形感兴趣；至少，我们并不是因为其自身而对它产生兴趣的，而只是因为它提供了一般定律的证据。

鉴于以上考虑，在我们能够返回实际的物理学之前，我们有几个不同的问题需要加以思考。首先，我们必须思考被我们称为"知觉"的这一过程的性质和有效性；接下来，我们必须研究通过知觉而被认识的事实的一般特征；最后，我们必须考察从知觉事实到经验定律的推论。在处理完这些问题之后，我们将恢复与物理学的联系，并且我们现在就要向自己提问；但所提的问题不是物理学断言了什么，而是它的断言具有什么样的正当性，以及什么样的非实质性修改将会提升这种正当性。

第十八章　我们关于特殊事实的知识

　　在本章中,我希望思考一切通常会被视作关于特殊事实的知识的东西,除非它们是通过审慎的科学推论过程而获得的。我想尽可能独立于建立在其基础之上的科学法则来思考它们,尽管不会完全不牵涉常识据之从知觉进行推论的那些基本信念;特别是,我不想引进知觉的原因理论,除非我们通过研究,证明它是不可能的。可以理解,我的目的是认识论的:我之所以要考虑知觉,是因为它牵涉到经验科学的前提,而非因为它作为一种精神的过程是有趣的。考虑知觉的内在的特征当然是必要的,但我们不是因为其自身的缘故而这么做的,而是因为它可以在我们知识的特征和范围这个问题上提供一些启发。

　　当将被表达的观点从各个方面看都异乎寻常时,哲学术语就是不恰当的;由于这一点,我们从一开始就遇到了困难。"知识"和"信念"都有自己的涵义,但这些涵义不便用于我的最终意图。在正统的心理学中,两者被共同应用于某种被意识到的及明确的东西,例如已经用或已经可以用语词表达出来的东西。对我们的意图来说,把一些更原始的现象包括进来是可取的,比如可被设想为存在于动物身上的东西就属于这样的原始现象。显然,一只鸟可以看见一个正在走近它的人,并因此飞离。我想把发生在这只鸟身上的东西算在"知觉"之中,并且也想说这只鸟在看见一个人时"知道"某种事情,尽管我不敢说它知道了什么。

但在这一点上,我们有必要多加小心。我关于鸟的知识是我关于外部世界的知识之一部分,并且部分地——如果不是完全地——属于物理知识。因此,当我问我是如何知道物理世界的时,我就没有权利通过把我的知识同小鸟的知识相比较而开始回答这个问题。我必须从我自己及我自己的认识开始,并且只是为了提出假设才使用小鸟。这种小心也同样适应于我们在第十五章中所说的东西。

再者,在认识论中始终有一种危险,即把不太确定的东西置于比较确定的东西之前。相比于我关于知觉对象的知识,我关于感知过程的知识是不太确定的,也是不太基本的。当我说"我知道我刚才听到一声霹雳"时,我是在说某种并不像当我说"刚才有一声霹雳"时一样不容置疑的东西。正是这后一类事实,才是我们所需要的作为物理学中的前提的东西。假如一个人知道像"刚才有一声霹雳"这样的命题,那么,即使他不知道像"我知道刚才有一声霹雳"这样的命题,他或许也完全有资格作为一名物理学家。有时,我们认为我们所知道的某种东西原来是错误的;这一事实迫使我们思考与我们所知之物不同的认识行为。假如情况不是这样,在对物质进行分析时根本就无需考虑我们的认识行为。由于情况就是这样的,所以,除了我们的所知之物外,我们也被迫考察我们的认识行为,以期发现(假如可能的话)如何将危险降到最低;而所说的危险是指,在把经过反思我们仍信其为知识者当作知识时可能出现的错误。

在考察与我们所知之物有关的问题时,我们时常被极力要求

采纳一种人为的轻信；假如我们不这样做，我们就被指责犯了"心
理学家的谬误"。现在，在某些问题上，这种小心是完全适当的；但
在另外一些问题上，则不是这样。我的问题是：关于外部世界，我
此时此地知道了什么，并且我又是如何知道外部世界的？我关于
180 外部世界的知识显然不可能取决于（比如说）一条鱼学习识别为其
喂食的主人需要多长时间，因为这假定了我知道所有关于该鱼、该
人及喂养行为的东西。与婴儿的知觉有关的事实属于同一类东
西，我们在第十五章中思考过它们。在我能知道有婴儿之前很久，
我就必须知道关于外部世界的许多其它事物。我要从在认识论上
首先进入我此刻的现存知识范围内的东西开始；而且在这个问题
上，我显然不能假定我已经知道了所有关于动物及婴儿之经验的
东西。因此，一定不要有任何人为的轻信，而要在我发现我的知识
时对它进行一种直接的考察。

　　这种处境可以用庄子所讲的关于桥上的两个哲学家的故事来
说明。第一个人说："瞧，这些小鱼在水中游来游去，鱼的快乐就在
于此啊！"第二个人说："你不是鱼，你怎么知道那就是鱼的快乐
呢？"对此，第一个人反驳道："你不是我，你怎么知道我不知道鱼的
快乐就在于此呢？"我的处境就是第二个哲学家的处境。假如别的
哲学家知道"鱼的快乐就在于此"，那么我恭喜他们，而我则没有那
样的天资。

　　在被我当作是我的知识的东西中，当我试图把基本的东西从
被推论的成份中清理出来时，我发现，除了在某些细节上，这个任
务其实不是很困难。基本的部分似乎是某种类似如下的东西：存
在一些运动着的有色形状，存在一些声音、气味、身体的感觉以及

被我们描述为触觉经验的经验,如此等等。这些事物之间有一些
关系:所有这些事物之间的时间关系(早于及迟于)、这些事物中许
多事物之间的空间关系(上下关系、左右关系,以及由之确定身体
上的位置的那些关系)。存在一些关于其中的部分事物的回忆;这
一点似乎是不容置疑的,尽管不容易说出一种回忆是由什么构成
的,或者是如何关联于它所回忆的东西的。也存在一些期待,而我
用它们意指某种就像记忆一样直接的东西。每个人都知道那个奥
伦治会员的故事,他从断头台下跌下来,并在跌落时被谋杀了:"让
教皇见鬼去吧,现在准备撞击吧。"他经历了我所指的那种意义上
的期待。当我们唯一的目的在于获得关于物的知识的原初基础
时,就没有必要考虑与记忆和期待不同的思想。

　　在以上的描述中,我省略了许多东西;这些东西是我以前所
"知道"的,而且也明显是绝大多数其他的人所"知道"的。我省略
了"对象"。以前,我的非推论知识的装置包括桌子、椅子、书、人、
太阳、月亮及星星。我现在逐渐认为这些事物都是推论。我不是
说,我以前推断有这些东西,或者其他人现在推断有这些东西。我
完全承认我以前没有推断有这些东西。但现在,作为一种论证的
结果,我已不能把关于它们的知识作为有效知识接受下来,除非这
种知识能从仍被我视为认识上基本的知识中推论出来。

　　所说的这个论证将自然地——但并非有效地——根据知觉的
原因理论表达其自身。我所见之物——因此可以主张——因果地
依赖于到达我的眼睛的光波,而且这些光波可以通过一种在其来
源问题上让我受骗的方式被反射或折射。陈述论证的这种方式是
无效的,因为相比于我们在当前水平上有权假定的东西,它假定了

181

更多的关于物理世界的知识。但是，为了证明我们的结论，无需过多地假定知识，我们就可以轻易地使其所依赖的那些事实成为可用的。在某些我们似乎在其中拥有关于对象的当下的知识的情形中，我们发现自己惊讶于某种完全没有被预料到的东西。在留声机上听"其主人的声音"的狗，可以用作这方面的一个例子。他认为他感知到了他的主人，但事实上他只感知到了一种声音。在一些希望自己看起来比实际更大的旅馆中，有时整个一堵墙都是玻璃，因此容易设想一个人感知到了桌子旁边的就餐者，然而他们事实上只是镜中影像。视角可以造成欺骗。当我在这方面说"欺骗"时，我是指"激起没有被满足的期待"。增加例子是没有用处的。我们的要点在于，似乎是关于一个对象的知觉的东西，实际上是与对某些可感性质的期待一同出现的关于另外一些可感性质的知觉——最常见的例子就是激起了触觉期待的某种视觉事物。我们发现，偶然的受骗经验自身不能与未受骗的经验区分开来。因此，我们得出这样的结论：我们必须满足于一种通常的但并非始终不变的相互联接；而且假如我们希望构建一门精确的科学，我们就必须对经验引导我们去建立的联系保持怀疑，而这些联系把某些可感性质与它们时常但并非始终与之结合的另外一些可感性质联系到了一起。

　　上述论证基于一些能让常识接受的原则，并拥有一种物理学已经接受的结论，尽管物理学可能没有完全认识到该结论的适用范围。这个论证来自一种完全相异于科学及普通知识的领域；在这个意义上，该论证不是"哲学的"。它只依据通常的原则展开，这个原则就在于试图用某种更精确的东西来代替一种被发现偶尔会

182

导致错误的信念。因此,物理学及哲学中的"物质",假如终究是合法的,就不可能完全等同于常识关于物质对象的概念,尽管因为常识关于物质对象的信念通常并不导致错误的期待,它仍将会与这个概念拥有某种联系。

在期待及错误问题上,我们必须提防一些误解。二者主要都
不是理智方面的;我想说,它们主要都是肌肉方面的,或者为了不显得悖理,我们可以说是神经方面的。假设你开始认真地举起一个水罐,你可以用某种适应于满罐的方式来调节你的各部分肌肉,或者用某种适应于空罐的方式来调节肌肉。假如肌肉被调节至与满罐相适应,而罐子却是空的,那么你在经验到这个罐子是轻的时就将感到一种惊愕。你将会以这种说法来描述你的经验:"我原以为这个罐子装满了水。"但通常在这样的情况下,并不存在某种能被称作"原以为"的东西;存在一种作为刺激之结果的生理调节。当然,可以有"原以为",而且不管这"原以为"可能是什么,它确实能产生我们正在考虑的那种肌肉效果。但是,这些效果可以更直接地加以制造,而且通常也为人所制造。包含"原以为"的过程与不包含"原以为"的过程之间几乎没有实质性的差别,以至于把关于真和假的概念限定于理智过程似乎是一种错误。在我看来,它们更应当应用到人对处境的完全反应上;在这里,"原以为"只是一种成分。但在我们当前的水平上,引入生理学是不合适的,因为我们是在思考我们是如何了解物质的,而且因此不必假定我们已经了解了我们自己身体内的物质。然而,这种现象容易用一种我们的问题所要求的方式加以描述。在关于水罐的例子中,经验中强烈的部分是惊讶。但是,通过留意,我们能观察到许多其它成分。

我们能觉察到一些感觉,并认为这些感觉意指肌肉因重物而做出的调节;我们能看到一种视觉现象,并且把它描述为罐子因被用力猛举而向上运动的行为;在我们可以简单地称之为肌肉感的东西中,我们能观察到一种突然的变化。如果不用迂回的说法,就不可能描述所有这一切,因为我们自然使用的语词是以生理学为前提的;但是,显然有大量无需求助于任何理论就可以直接观察到的东西。在这样的过程中,因为有随之而来的惊讶情绪,前面出现的东西可以被描述为"错误"。对于已经开始的活动,在其自然展开且没有导致这种情绪的地方,我们将说不存在错误;我不喜欢把"真"归属于某种前理智的东西,但无论如何我们可以说,存在"正确性",或者可以说,随出现于这个过程开端处的感觉(或知觉)而发生的东西是"正确的"。我们可以简短地描述这一点:对一种刺激的反应可以是"正确的"或"错误的"。但是,较长的措辞有一种优点,即没有假定过多的关于因果关系的知识。

在上述分析所适用的情形中,我们拥有一种有利因素,即拥有一种完全明确的对错标准。惊讶的感觉标示着错误,而这种感觉的缺乏标示着正确。不必假定我们正常拥有一种清晰的预见,更不用说一种清晰的推论了;所能说的一切就在于,我们处于某种境况之中,以至于一类事件将让我们惊讶,而另一类事件则不会。考虑一下我们全都有过的一种经验:我们"认为"自己处在楼梯的底部,而其实下面还有一级。在这样的情况下,当我们"认为"(think)我们在底部的时候,我们根本没有思考(think),因为假如我们真的思考了,我们就不会犯这么愚笨的错误。事实上,我们(或者一个爱尔兰人)也许会说:"我原认为我在底部,是因为我当时没有思考。"

　　相当清楚,我们所有基本的理智过程都有其前理智的类似物。一般因果信念的类似物是一种本能反应或习惯。一条狗在听到就餐铃声时会走向厨房,而我们也会这样做。就这条狗来说,容易设想它只是获得了一种习惯,而没有形成归纳:"就餐铃声是就餐的一个原因,或一个结果,或那个原因的一个不可或缺的部分。"然而,我们能够形成这种归纳,而且我们因此将会假定,正是因为我们这样做了,我们才会在听到铃声时走进厨房。然而,我们事实上可能正如那条狗一样,只是养成了习惯而已。常识所做出的初级归纳首先是习惯,只是后来才成为信念。我们可以说,假如在我们的经验中,A 或者时常地或者以某种情绪上重要的方式为 B 所伴随,那么这个事实首先会产生一种习惯,并且若 A 总是为 B 所伴随,则这种习惯就会是理性的,然后这个事实会产生一种信念,即 A 总是为 B 所伴随——后者是先前存在的习惯的理性化。

　　一般命题从一开始就因此可以构成我们的思维的一部分。这样的一般命题只是习惯的语词表达。手眼协作作为一种肌肉运动的习惯被顽强地固定下来了;于是,当我们思考时,我们就断定我们能看到的东西时常也能被触摸到——事实上,它可以在我们实际所知道的一些环境中被触摸到,尽管我们也许难于精确地系统地说明这些环境。这样的一般命题是综合的,并且在某种意义上是先天的,因为尽管它们是由经验所导致的,但并不是从其它命题中推论出来的,而是习惯的理性化及语词化的结果;也就是说,在它们之前发生的事情是前理智的。它们所遇到的麻烦在于,它们绝不是始终完全正确的。常识不论做什么,都不能避免自己在偶

185

尔的场合感到吃惊。科学的目标在于使它免受这种情绪，并造成一种精神的习惯；这种习惯将紧紧与世界的习惯保持一致，以保证任何事情都不会让我们感到意外。当然，科学尚未实现其理想：第一次世界大战及东京地震让人措手不及。但是，人们希望这样的事件迟早将不再扰乱我们，因为我们将会预料到它们。然而，我不想在这个时候考虑我们关于一般命题的知识；现在我们所关心的是特殊事实。

尽管在理智性不太明显的情绪中，我们在并未停下来思考的情况下就依感觉而行动了（例如，当我们因为看到某种东西接近眼睛而眨眼时），然而，对于一种刺激，只要我们愿意，我们就能够以所谓的"知道"它的方式对它做出反应，并且我们时常无意识地这样去做。在物的分析中，没有必要确定什么是"知道"；在其与我们的物理学知识相关的范围内，仅需确定被知道的东西是什么。我在本章前面所给出的那个单子旨在排除错误的危险；这里，我是在我所解释的那种意义上使用"错误"一词的。常识容易犯错误，而且我们对此已给出了一些例子。因此，我们不能把关于一个"对象"或"事物"的常识概念作为我们所知之物的一部分。但是，在未曾导致我们出错的情况下，我们可以承认能从"事物"中分析出来的可感性质。因此，我们将把这些作为真正被知道的东西接受下来。

一个显著的事实是，所有这样的知识，只要不是推论的，都是与所知之物大约同时产生的，尽管它能以记忆的形式在一段长短不定的时间中继续存在着。这是我们以前所提到的用来分辨经验知识之经验前提的本质特征。这些前提是由一些大约在其发生时就自动地被人知道的事实所组成的，而且除非通过复杂的、多少有点可疑的来自其它这类事实的推论，我们不能较早地知道这些事实。在没有推论的情况下逐渐知道这些事实的过程被称作"知觉"，而且全部或部分地获自知觉的知识就被说成是建立在经验基础之上的。一个希腊人可以像我们一样知道乘法表，但他不能知道拿破仑的经历。

第十九章 材料、推论、假说与理论

当一个科学家谈及他的"材料"时,他其实非常充分地知道他的意思是什么。我们已经进行了某些实验,并得到了某些被观察到且被记录下来的结果。但是,当我们试图从理论上定义"材料"时,这个任务并不是极其容易的。显然,一种材料必须是通过知觉而被知道的一个事实。但是,获得一种没有推论成份的事实是非常困难的;然而,假如某种东西既包含观察也包含推论,那么称它为一种"材料"似乎就是不合适的。这构成了我们必须简单地加以思考的一个问题。

作为一次实验或观察结果而被记录下来的东西,绝不是赤裸裸的被感知到的事实,而是在一定数量的理论的帮助下得到解释的事实。例如,以爱因斯坦引力理论由之得到证实的日食观测为例。除了先前的分类整理以外,事实上在知觉中被给予的东西是一种视觉形式的点。这种点被解释为太阳附近的星星的影象;它就是一种被称为"测量"的触觉-视觉经验,并且最终就是某些视觉现象与被称为"刻度上的数字"的另外某些现象之间的一致。至少,无论这实际上是不是一种正确的描述,它都代表着所发生的这类事情。在对影象的单纯测量中有大量的理论涉入进来了。当然,在把这些影象解释为星星的影象并由此推断星光所走过的路线时,一种巨大的构造涉入其中了。正是测量影象的实践中所包含的理论成份,才最需要加以强调,因为它容易被忽略。

　　人们有时认为,甚至在较早的阶段,就存在某种具有推论性质的东西。对于具有不可区分的感官却又有不同经验的两个人,一种特定的感觉刺激在他们身上所产生的效果可以是非常不同的。最明显的例子,是印刷字体在一个能阅读与一个不能阅读的人那里所造成的结果。一个学习阅读的儿童依次意识到每个作为一种特定形状的字母,并且最终费尽艰辛地得到那个单词。一个孩提时代学过阅读的人完全意识不到这些字母,除非他对印刷样式感兴趣,或者他有兴趣找出印刷错误;通常,他直接到达单词,并到达拥有意义而非作为白纸上的黑色标记的单词。不过,假如——比如说——某人省略了"Nietzsche"①中的字母 z,他很可能立即注意到一种怪异性。在致信一位哲学家以求获得一封推荐书时,假定他不会发现这类错误将是很不安全的。但是,这种错误的发现应归功于吃惊的成份:哲学家期待一个字母 z,并且当它不在那里时,他就会产生一种惊讶,而这种惊讶类似于一个已到达楼梯底部却认为下面还有一级的人所产生的惊讶。哲学家的身体期待着一个字母 z,尽管他的心里想着别的东西。

　　一个更传统的例子,是一种视觉刺激对一个正常人和一个先天失明但我们能通过手术而使其复明的人所产生的效果之间的差别。后者并不拥有正常人的那种触觉联想,而且不能"解释"他所看到的东西。我们将把这种未被意识到的解释的成份归入知觉中,还是仅把另一种东西归入其中呢?这另一种东西,是指当不存

---

　　①　Nietzsche,是德国哲学家尼采的德文原名。——译者注

在使解释成为可能的先前经验时我们认为同一种刺激所将产生的效果。这并非一个全然不费力气的问题。一方面,解释依赖于一些频繁出现但可能并非始终出现的相互连接,因此假如它包括在

189 其中,知觉有时似乎就会包含一种错误的成份。另一方面,解释成份只有通过一种复杂的理论才能被消除,因此剩下的东西,即假设性的赤裸裸的"感觉"几乎不被叫作"材料",因为它是一种来自于实际所发生的事情的推论。在我看来,后面这个论证是决定性的。知觉必须包括那些不可还原的生理的成份,但它无需因此而包括那些属于——或可以被归属到——有意识的推论范围内的成份。当我们听到(比如说)驴在嘶叫时,我们完全意识到了来自于驴的嘶叫声的推论,或者无论如何,我们能轻易地意识到它。因此,在这种情况中,我不应该把这头驴的任何其它东西归入知觉中,而应只把这嘶叫声归入知觉中。假如你看见一头驴,尽管你可能拥有一些与触觉联系在一起的反应,但这些东西绝不混同于当你实际触摸它时所感觉到的东西。因此,我应该说,仅仅通过留意,我们就能意识到大量的通常伴随着知觉的解释,并且这部分不应该包括在知觉中。但是,只有通过精确的理论才能被发现且绝不能通过反省而使其显现的那一部分,应该包括在知觉中。也许,两者间的界限并不像人们所期待的那样鲜明;但我看不出能通过什么其它办法来对付这些自我呈现出来的相互冲突的考虑。

我们仍然不得不问,当以这种方式被定义时,知觉是否有时将会包含一种错误的成份。这里,我们必须进行区分。它可以为且时常为一些落空的期待所伴随,而且我们同意把这一点当作错误的标志。但是,这些期待可以从知觉中区分出来,尽管实际上这

可能并非总是容易的。视知觉的触觉伴随物具有期待的性质。关
于天体的知觉并没有这样的伴随物。我认为，在一切出现错误的
场合，把错误的期待从知觉中区分出来都是容易的。无论什么样
的"解释"，只要不包含期待，都无需被视为错误的。人们设想，不
可区分的刺激可以遭遇不可以区分的感官，然而却会因为两个有
感知能力者的头脑的差异而产生可以区分的知觉——感知者头脑
的差异是不同经验的结果。但是，这两人的知觉中并不因此存在
任何错误的东西。在一个人身上所发生的事件，不同于在另一人
身上所发生的事件；但是，每一个事件都实际地发生了。然而，在
我们涉及知觉的原因理论及知觉与物理刺激之间的关系之前，这
个题目不可能得到充分的讨论。

　　我现在来思考已经被提及过的推论问题。我们已经看到，有
一种纯生理形式的推论，它属于比明晰的推论更早的阶段，尽管它
甚至存留于像休谟这样的最聪明的哲学家的习惯中。在下一阶
段，存在一种从一个信念到另一个信念的过渡，但这种过渡只是一
种现象，而非是由论证所促成的变化。既然这样，这种变化通常就
是由一种生理的推论引起的。于是，就有基于某个信念的推论。
但是，即使那样，这个信念也可能是完全不合理的，或者说它可能
在逻辑上保证不了这个推论；这属于谬误推理的情形。最后，有一
种通过真实原则而来的有效推论；但是，关于这一点，我无法提供
一个不可置疑的例子。

　　在历史发展的实际中，这些类型的推论是相继出现的，但是后
来的推论并不导致前面的推论的消失；而且，后来的推论倾向于去
适应前面的推论。首先，我们拥有生理的推论：关于小鸟的例子就

191　说明了这一点。小鸟在飞行时不想撞上固体对象,而当撞上窗玻璃时,它就没有如愿。于是,就有从表达生理推论之前提的信念到表达其结论的信念的变化,而且我们丝毫没意识到这种变化是如何产生的。因此,存在对因果律的信念;这种信念是习惯之理智化的表达,并体现在生理的推论中。最后,还有对区分真假因果律之标准的寻找;这些标准是理智的,而非只是身体的习惯。最后这个阶段仅当我们拥有科学时才能达到。

　　科学推论的主要目的之一是证明我们已经持有的信念;但通常,它们是通过不同的方式被证明的。我们的前科学的一般信念几乎从不是没有例外的;在科学上,一条有例外的定律只能被容忍为一种临时的替代物。科学定律,当我们有理由认为它们是精确的时,在形式上不同于拥有例外的常识的规则:它们始终——至少在物理学中——要么是微分方程,要么是统计上的平均数。也许有人认为一种统计上的平均数并不非常有别于一条有例外的规则,但这是一种错误。理想地说,统计是关于大群体(groups)的精确法则;它们与其它法则的不同仅仅在于它们是关于群体而非个体的。统计法则是通过归纳从特殊统计资料中推论出来的,这正像其它法则是从特殊的单个的现象中推论出来的一样。然而,所有这一切都是顺带之言;关键在于,作为一种实践的推论在成为科学之前拥有一段漫长的历史。

　　科学从常识中所承袭的最重要的推论,是对未被感知到的存在体的推论。常识在其中做出这种推论的一种形式是信念形式,即相信被感知到的对象在未被感知时仍然存在。假如在一次宴会上,电灯突然熄了,没有人会怀疑他周围的人、餐桌、食物及饮料仍

然存在着,尽管在那一刻它们没有被感知到。当电灯又亮起来时, 192
这种信念似乎就得到了证实;假如汤匙比以前少了,我们不会推断
它们不再存在了,而会推断在场的某个人是小偷。这种对被感知
到的对象之恒久性的信念,经历了从生理推论到高级科学或者哲
学理论的所有阶段;对其正当性的探究是哲学上所考虑的物的分
析的核心问题。这个问题值得我们以一种完全严肃的态度去对
待;但任何人都没有——甚至巴克莱也没有——这样做,因为生理
的推论是如此不可抗拒,以至于难以对这个问题采取一种纯理智
的态度。这种推论是哲学上的"实体"概念及物理学上的"物质"概
念的来源。现在,我只是注意将要被考虑的这些推论,而不是在试
图研究它们的有效性。

　　未被感知到的存在体也是常识在相信他人亦有"心灵"时推论
出来的。我希望表明,甚至最固执的行为主义者也会做出这种推
论,尽管他将通过一种稍微不同的形式做到这一点。例如,华生博
士会承认,他自己的牙痛会导致他说"我牙疼",而在没有某种中间
环节的情况下,另外一个人的牙痛不会导致他说"你牙疼"。无论
我们的"知识"分析可能是什么样子,在涉及他人身体的地方,我们
确实在未向我们开放的一些方面知道关于我们自己身体的一些东
西。这一点并没有丝毫的神秘:它类似于这样的事实,即某些声音
在听力所及的范围内,而另外一些声音则不在此范围内。核心之
处在于,我们从他人的行为中推论出我们不能感知到的事物(例如
牙痛)的存在。无论我们说这些事物是"精神的"还是"身体的",都
不会影响这一事实,即我们做出了一些推论。在最初的时候,这些 193
推论也是纯生理的。

　　从物理学的观点来看,对他人"心灵"的推论具有双重的重要性。第一重重要性并非专门是物理意义上的,它与他人的证据相联系。在任何一个物理学问题上,通常作为实验证据而被接受下来的东西,不仅包括一个特定物理学家自己所观察到的东西,而且包括任何一种可靠的记录。我们从他人说出的和写下的东西中所了解到的一切,都包含从被感知到的某种事物(说出的或写下的词)到未被感知到的某种事物(说话者或书写者的"精神"事件)的推论。或许,我们主要只想推论另一个人的知觉对象,但它仍然是对我们没有感知到的某种事物的推论。在推论他人的知觉对象这个问题上,第二重重要性专门是物理意义上的。它涉及这样一个事实,即不同的人生活在一个共同的世界中。假如我们接受他人的证据,那么就会发现两个不同的人的知觉对象时常是非常相似的,尽管不是完全相同的;这导致了关于一种共同的外部原因的理论,即知觉的原因理论,并导致我们把被感知到的对象之性质分成隶属于外部原因的性质以及有感知能力者的身体和心灵所提供的性质。

　　从常识中形成科学并非在任何时候都经由一种全新的开端,反倒是经历了若干依次的接近。也就是说,在出现当前的常识无法解决的某种困难时,人们就在某个方面做出一种修改,而常识世界观的其余方面依然保留了下来;随后,使用这种修改,我们在其它某个地方做出另一种修改,如此等等。因此,科学是在历史中成长起来的,并在每个时刻都假定一种多少有点模糊的源自常识的理论背景。这是科学与哲学之间的一种差别:哲学企图以一种不假定任何东西的形式展开其推论,尽管此种企图并没有始终获得成功。这种形式之所以不假定任何东西，仅仅是因为迄今为止人们从未假定过什么。假如科学脱离了其根源——我们的动物性习惯，那么它能否保留其生命力是令人怀疑的。当被以相当抽象的方式陈述时，它就失去了其合理性。例如，我们难以证明归纳的正当性，然而它在科学中是不可或缺的。既然这样，我将允许自己根据实用的目的接受似乎必要的东西，并且假如就像科学的实际情况一样，所获得的结果时常可以证实为真且从不可证实为假，那么我就感到满足了。但是，每当一个原理根据诸如这样的理由而被接受时，我们就应当注意到这个事实，并认识到依然存在一个知识问题——不管这个问题是否可以解决。

科学的实际步骤是由观察、假说、实验和理论这四者交替构成的。假说和理论之间的唯一差别是主观的：研究者相信理论，同时仅认为假说看起来足够真实，以至于值得检验。一个假说应当与所有已知的相关观察相一致，并会使人想到一些实验（或观察）；如果它是真的，这些实验（或观察）将有一种结果，而如果它是假的，就将有另一种结果。这是一种理想：在实际情况下，与判决实验所意味的东西相容的其它假说将始终存在。判决只能是两个假说之间的，而不能是一个假说与所有其余假说之间的。当一个假说经受了足够多的实验检验时，它就变成了理论。支持一种理论的论证总是形式上无效的论证："p 蕴涵 q，并且 q 是真的，因此 p 是真的。"这里的 p 是理论，并且 q 是被观察到的相关事实。当 q 是先天上不太可能的时，我们就有了深刻的印象。例如[1]，观察所给出

---

[1]　索末菲，上文所引用的书，第 217 页。

195　的里德伯常数是:

$$R=1.09678 \cdot 10^{5} cm^{-1},$$

而玻尔的理论则给出:

$$R=1.09 \cdot 10^{5} cm^{-1};$$

假如玻尔的理论是正确的,它所给出的这个值就处于人们所期待的准确性范围之内。这类数字性证实总是最惹人注目的。不过,即使对于它们,我们也须谨慎地去接受;因为承认了椭圆轨道,玻尔关于圆形轨道的理论就需要加以修改,而且到头来它并不是唯一将会给出里德伯常数之正确值的理论。

当一种理论适用于许多事实但与另外某些事实稍有背离时,通过轻微的修改,这一理论通常——尽管不是始终——能被吸收进一种新的理论中,而这种新的理论包含迄今为止矛盾的事实。存在一些例外,而关于这些例外,相对论也许是最著名的:这里需要做出一种巨大的理论上的重构,以便解释那些非常细微的不一致之处。但一般说来,一个部分地获得成功的理论是通往其后继理论的一个必要步骤;而且,从一个迄今为止一直取得了成功的理论中推论出来的结果,很有可能比这个理论更正确:仅当其所有推论的结果都是真的时(至少在它们能被检验的范围内),该理论才是正确的;但是,该理论的一个可证实的结果很可能是真的,假如绝大多数可证实的结果是真的。因此,科学理论的实际价值要比其哲学价值大得多,而其哲学价值是其对终极真理之贡献。在某种程度上,我们能够在一种理论的推论结果中,分辨出哪些是最可靠的;它们将是接近于导致该理论产生的那些事实的结果。没有人会因为发现下面这一点而感到吃惊:一条联接比热与温度的经

验法则,对于一些比法则被发现为正确时低得多的温度是不成立
的。但是,假如在发现其为正确时的这些温度中间,我们在一个小
范围内发现了一些该法则无法解释的温度,那么我们应该感到非
常吃惊。因而,有一种在应用理论时将会被使用的常识:一些应用
可以很有把握地被做出,而另外一些应用将被感觉到是成问题的。

196

第二十章　知觉的原因理论^①

常识认为——尽管不是非常明显地——知觉直接向我们展现了一些外在的对象：当我们"看见太阳"时，我们所看见的就是太阳。科学采用了一种不同的观点，尽管没有始终认识到它的含义。科学认为，当我们"看见太阳"时，存在一种过程；这个过程从太阳开始，越过太阳和眼睛之间的空间，在到达眼睛时改变其特性，在视神经和大脑上再次改变其特性，最后产生我们称之为"看见太阳"的事件。因此，我们关于太阳的知识是推论性的；我们的直接知识是关于一个事件的，并且在某种意义上，这个事件就"在我们身上"。这个理论有两个部分。首先是反对这样的观点，即知觉提供关于外在对象的直接知识；其次是断言它有一些外在的原因，并且认为某种与原因有关的东西能从它推论出来。第一部分趋向怀疑论；第二部分趋向相反的方向。第一部分，如同科学中的任何事物所能期待的那样，似乎是确定的；第二部分恰恰相反，它依赖于一些公设，而这些公设几乎只有建立在实用基础上的正当性。然而，它具备一种好的科学理论的一切优点——也就是说，其可证实

①　关于这个问题，试比较布洛德博士《知觉、物理学与实在》（剑桥，1914年）一书的第四章。

的推论结果从未被发现是假的。从认识论上讲，假如知觉没有外在的原因，人们也许预料物理学将会崩溃；因此，在我们深入下去以前，这个问题必须得到考察。

　　对于被原因理论所抛弃的常识观点，我们首先必须给予其稍微更多一点的精确性。我们必须问"外在对象"意味着什么。人们会自然地回答说，它意味着"空间上外在的"。但"空间"是非常模糊的：在视觉空间中，我们看见的对象是彼此外在的，而且与关于我们自己身体之某些部分的视觉现象不同的对象，在空间上是外在于那些现象的。在获自触觉、视觉及身体运动之结合的空间中，也就是在普通的常识空间中，与关于我们自己身体之某些部分的视觉现象不同的视觉现象拥有相同的外在性。因而，虽然我们能从我们自己的知觉对象的关系中获得空间，但这种意义上的空间的外在性并不是我们想要的。我认为，如果我们说两个人可以感知到同一个对象，那么我们将更接近于我们想要的东西。在某种意义上，除非我们拒绝他人的证据，我们当然必须承认这是真的：我们都能看见太阳，除非我们是瞎子。但是，常识和原因理论以不同的方式解释这个事实：对常识而言，当两个人看见太阳时，知觉对象是同样的；而对于原因理论来说，它们仅仅是相似的，并被一种共同的起因联系了起来。

　　扼要重述反对常识观点的论证是时间的浪费。它们是数量众多的、明显的，并且得到了普遍承认。视角法则可以用作一个例子：在一个人看到一个圆的地方，另一个人看到了一个椭圆，如此等等。这些差异并不是某种"精神的"事物所导致的，因为它们以同样的方式出现在来自不同观察角度的形象上。常识因而被卷入了矛盾。这些东西对唯我论来说并不存在，但那是一种绝望的治疗法。另一种可供替代的选择是知觉的原因理论。

　　我们一定不要期待去发现一种证明，即证明知觉拥有一些外在的原因，并且这些原因可以同时在许多人身上产生知觉。我们最可期盼的东西，是接受一种科学理论的通常根据；这种根据指的是：它把许多已知事实联系到了一起，它没有明显错误的推论，并且它有时能使我们做出一些随后得到证实的预言。原因理论满足所有这些检验；然而，我们不必假定任何其它理论都不能满足它们。但是，让我们来考察一下证据。

　　首先，不可能存在逻辑证明的问题。对我来说，某个事实集合是通过知觉和回忆而被知道的；我关于物理世界所相信的其它东西，要么是非推理习惯的结果，要么是一个推论的结论。现在，在一个仅由我所感知到的或记住的事件之混合物而非由其它事物所构成的世界中，不可能存在逻辑上不可能的事情。这样的世界是不完整的、荒唐的、无规律的，但并不是自我矛盾的。① 我明白，按照许多哲学家的看法，这样的世界将会是自相矛盾的；我也明白，按照另外一些哲学家的看法，我们所感知到的东西并不是不完整的，实际上它包括整个宇宙——不完整的东西仅仅是我们感知到我们感知到的东西。第一种观点是黑格尔及其追随者的，第二种观点是柏格森的，而且（也许）是怀特海博士的。黑格尔的观点依赖于一种复杂的逻辑，我以前在一些场合反驳过这种逻辑；现在，我愿意提及我以前所写的东西。另外一种观点传统上与神秘主义联系在一起；在《神秘主义与逻辑》(*Mysticism and Logic*)一书中，

----

① 也许它实际上不是无规律的。我将在后面讨论这一点。

我给出了我不接受这种观点的理由。因此,根据我在以前的作品
中所给出的理由,我说知觉及记忆的世界是不完整的,但不是自相
矛盾的。根据逻辑的理由,我认为,任何现存物都不能蕴涵除其自
身的一部分之外的任何其它现存物,如果蕴涵是在 G.I.刘易斯教
授所谓"严格蕴涵"的意义上被理解的;这种意义与我们当前的讨
论是相关的。假如这是真的,那么可以断定,从是否自相矛盾来 200
说,从这个世界上的事物中所选的任何东西都可以不出现。给定
一个由通过各种方式相互关连起来的殊相 $x, y, z, \cdots$ 所组成的世
界,因 x 的消失而产生的世界一定是逻辑上可能的。由此可以断
定,仅由我们感知到的和记起的东西所构成的世界不可能是自相
矛盾的。因此,假如我们相信既未被感知到也未被回忆起的事物
的存在,那么这一定要么是因为我们拥有其它非推论的认识事实
的方式,要么是因为我们是以一种不具备我们在纯数学中所要求
的那种说服力的论证为根据的——我们是在结论仅仅是可能的这
种意义上说一个论证是缺乏说服力的。至于被感知到的世界的不
完整性,否认它的那些人不得不引进微弱的知觉(像莱布尼茨那
样),或未被意识到的知觉,或模糊的知觉,或某种类似的东西。现
在,我认为没有必要探究是否存在这些类型的知觉;我当然不准备
独断地否认它们。但是,我确实是说,即使它们存在,它们作为物
理学的基础也是无用的。我们没有充分意识到并因而无法用语词
表达的一些知觉,在科学上作为材料是可以忽略的;我们的前提必
须是明确地注意到了的事实。毫无疑问,模糊是普遍存在且不可
避免的;但是,我们越是克服它,精确科学就越成为可能,而且我们
基本上是通过分析和专心而非通过一种弥漫的狂喜的神秘洞察力

来克服它的。

我现在回来讨论这个问题：我们有什么理由推断我们的知觉对象和我们所记起的东西并不构成全部宇宙？我认为，我们的主要理由实际上是这样一种希望，即希望相信简单的因果法则。但是，大致还有一些其它的论证。当我们对他人说话时，他们会以某种方式做出行为；这种方式或多或少就像我们听到那些话时做出行为的方式，而不像当我们说出那些话时我们做出行为的方式。当我说他们以一种类似的方式做出行为时，我的意思是，我们关于他们身体的知觉以某种方式发生变化，而这种方式与我们关于自己身体的知觉在相关情况下的变化方式是一样的。当一个行伍出身的军官发出命令时，他看到他的士兵正在做他以前作为一个士兵听到同样声音时常做的事情；因此，设想他们听到了命令是合乎常理的。你可以看到，一块新犁过的土地上的一群寒鸦，当其中一只听到一声枪响时，全都在那一刻飞跑了；同样，设想这些寒鸦听到了枪声也是合乎常理的。再者，读书是一种与写书非常不同的经验；然而，假如我是一个唯我论者，我必须设想我创作了莎士比亚、牛顿及爱因斯坦的作品，因为它们进入了我的经验。由于发现它们比我自己的著作好得多，并且几乎没有耗费我的劳动，所以我花了这么多时间用笔而非眼睛来写作是愚蠢的。然而，所有这一切也许都更适于作形式化的阐述。

首先，有一种预备性的劳动，即让我们自己的知觉对象规律化。我提到过看见他人做我们在类似的环境下该做的事；但是，类似性仅仅作为一种解释的结果才是显而易见的。我们不能看到我们的脸（除了通过睐视可以看到鼻子以外）或我们的头或我们的背,但是,在触觉上它们与我们所能看见的东西是连续的,以至于我们容易想象,我们身体的一个不可见部分的运动看起来应该是什么样子。当我们看见另一个人在皱眉时,我们能模仿他;而且我认为,对于这一点,镜中自视的习惯并不是必不可少的。这很可能通过模仿的冲动而得到解释;也就是说,当我们看见一种身体的行为时,我们往往凭借一种生理机制而做出同样的行为。当然,这在儿童身上是最引人注目的。因而,我们首先做其他某个人已做的事情,然后认识到我们所做的事情就是他做过的事情。然而,我们无需研究这种复杂的情况。我所关心的是通过经验而来的从"表面的"形态及运动到"真实的"形态及运动的过渡。这个过程处于知觉范围内:它是一个熟悉某些一致的感觉组(groups)的过程——粗略地讲,也就是一个熟悉由与类似的触感觉相对应的视感觉所形成的感觉组的过程。所有这一切都必须在他人行为与我们自己的行为之间的类似变得显而易见之前被完成。但是,由于这处在知觉的范围内,我们可以认为它是理所当然的。它整个都属于早期的婴儿阶段。一旦这个阶段结束了,就可以毫无困难地解释我们关于他人所感知到的东西和我们关于自己所感到的东西之间的类似。

类似有两种。比较简单的那种出现在这样的场合,即出现在他人实际上在做我们正在做的事情时——比如,在落幕时鼓掌,或在火箭爆炸时说"啊"。在这些情况下,我们拥有一种强烈的刺激,刺激之后就是一种很确定的行为,并且我们关于自身行为的知觉极其类似于我们在同一时间所拥有的许多其它知觉。此外,这些全都与另外一些知觉联系在一起;而这些另外的知觉是指与我们所谓的关于我们自己身体的知觉非常相似的知觉。我们推断,所有其他的人都拥有与关于我们自身行为之刺激物的知觉类似的知觉。这种类似是非常充分的;唯一的问题是:为什么作为我们自身行为之原因的同一个事件不应该是他人行为之原因? 为什么我们应该设想必定存在着每一个观众各自的对落幕的看(seeing),而不是仅仅只有一种看,这种看导致所有这样的现象即身体显现为在鼓掌的现象? 也许可以说,这种观点是牵强的。但是,若没有第二种类似,我怀疑它是不合理的;第二种类似不能拥有一种相似的解释。

在第二种类似中,我们看见他人正在做出某种行动,而且他们做出行动的方式就是我们在应对某种类型的刺激时应该采取的行动方式,而这种刺激却是我们在那个时刻并没有经验到的。例如,假设在一群观看展示在屏幕上的选举结果的人中,你的个头相当矮。你听到爆发了一阵欢呼声,但却什么都看不到。经过极大的努力,你设法感知到了一个非常显著的结果,而这个结果是你刚才所不可能感知到的。可以自然地设想,其他人刚才之所以欢呼,是因为看到了这个结果。既然这样,他们的知觉,假如发生了,当然与你的知觉不一样,因为它们发生得较早;因此,假如刺激他们欢呼的东西是与你后来的知觉类似的一种知觉,他们就拥有一些你所不能感知到的知觉。我选择了一个颇为极端的例子,但这种类型的事情经常发生。有人说"琼斯在那儿",于是你向周围看了看,并发现了琼斯。如果设想你所听到的这些词并不是由与你环顾四周时你所拥有的东西相类似的知觉引起的,那么这似乎是奇怪的。或者你的朋友说"听",并且在他说了之后,你听到了远处的雷声。这样的经验不可抗拒地导致了下述结论:被你称为他人的知觉对象与你并不拥有的一些知觉对象联系在一起,并且后者类似于你若处在他们的位置你就会拥有的那些知觉对象。同一种原理也包含在你所听到的词表达了"思想"这样的假定中。

支持下述观点的论证是我们接受他人的证据的前提:存在与他人相联系的知觉对象,并且这些知觉对象不是我们自己的。当我们试图确立我们自己的知觉对象以外的事物之存在时,这种论证在逻辑的顺序中是首先出现的,这既是因为它有一种内在的力量,也是因为在后来的阶段上他人的证据是有用的。在常识看来,证明他人的知觉对象的论证似乎是清楚明白且令人信服的,因此难以使人觉着应以必要的超然距离来检验它。不过,这样做是重要的。正如我们已经看到的那样,这样做有三个步骤。第一步尚未把我们带到我们自己的知觉对象以外,而仅仅把这些知觉对象成组地排列起来。有些知觉对象被常识认为是我们使用不同感官并从不同角度所得到的同一个对象的知觉对象,而一对象组就是由所有这样的知觉对象构成的。当我们不再提及一个对象时,一对象组必须是由一些相互关联构成的,而且这些关联部分地存在于一个知觉对象与另一个知觉对象之间(当一个对象被握在手中时则存在于触觉与视觉之间),部分地存在于一个知觉对象与另一个知觉对象的变化之间(当我们运动时则存在于身体的运动与视知觉及触知觉的变化之间)。在假定这些相互关联在未被检验的情况下亦将有效时,我们当然是在使用归纳;要不然,整个过程就是简单的。这个过程使我们能把一个"物理对象"说成一组知觉对象,并能解释当我们说一个近处的对象与一个远处的对象"实际上"具有相同的大小及外形时我们的意思是什么。我们也能解释,

204

当我们说一个物理对象"实际上"并不随着我们远离它（即随着我们拥有那使得我们说我们正在行走的知觉对象）而发生变化时，我们的意思是什么。这是论证的第一步。

在第二步中，我们注意到被称为他人身体的物理对象相互之间及其与我们自己的身体之间的相似性。我们也注意到他们的行为与我们的行为之间的相似性。就我们自身行为而言，我们可以观察到刺激与行为（两者都是知觉对象）之间的许多相互关联。例如，我们感到饿或渴，然后我们就去吃饭或喝水；我们听到一声巨响，于是我们跳了起来；我们看见琼斯，于是我们说"喂，琼斯！"。被我们称为他人身体的知觉对象的行为类似于我们自己身体在对这种或那种刺激做出反应时的行为。有时我们经验到了这种刺激，并采取了正如他人一样的行为，这是第二步；有时我们没有经验到这种刺激，但从他人的行为中猜想他人已经经验到了它，这是第三步。假如我们自己在观察到导致我们推定刺激存在的行为以后很快就经验到了这种刺激，那么这就是一个看似特别真实的猜想。第三步是更重要的，因为在第二步中，我们也许把他人的行为归于我们所感知到的刺激，并因而不再推论未被感知的存在物；而在第三步中，这种选择并没有向我们开放。我们将会看到，在第三步中，这个论证是通常的因果-归纳类型的，并且所有经验法则都以其为基础。我们在许多情况下都感知到 A 和 B 是结合在一起的；于是，我们在并没有通过知觉而知道 A 是否出现的情况下推论 A 和 B。而且，关于他人知觉的论证与关于我们自己的知觉对象间的相互关联的法则在未来为真的论证，具有相同的形式与说服力。我们有理由相信，如果我们伸手去碰一个看起来可以够得着的对象,那么就将有一种触觉;与此完全一样,我们亦有充分理由相信他人感知到我们所没有感知到的东西。

这个论证或者在一种情况下或者在另一情况下并不是决定性的。一个魔术师可以制造一个体内带有留声机的蜡像人,并事先安排一系列小灾难,而且留声机将会就这些灾难向听众发出警告。在梦中,人们拿出证据以表明自己是活着的,而且这种证据本质上类似于我们醒着时他们所给出的证据;然而,我们在梦中所看到的人被设想为是不拥有任何外部存在的。笛卡尔的恶魔是一种逻辑的可能。由于这些原因,我们在某个特定的例子中可能是错误的。但是,我们似乎极不可能总是错误的。关于一些我们在其中观察到 B 但并不知道 A 是否存在的情形,我们可以从已观察到的 A 和 B 的相互关联中得出这样的结论:或者(1)A 总是出现,或者(2)A 通常出现,或者(3)A 有时出现。梦足以表明我们不可能断言(1)。但是,一个唯我论者能够把梦与清醒状态的生活区分开来,除非他的梦异常合理且前后连贯。我们因此可以在开始归纳之前把它们排除。即使那样,做出(1)这样的断言也是非常草率的。但是,(2)是更有可能的,而且(3)似乎是极为可能的。现在,(3)足以允许我们推论出一个具有重要哲学意义的命题,即有一些我并未感知到的存在物。因此,假如归纳是真正有效的,我们可以合理地认为这个命题是确定的;而且,假如这样,它就提升了其它一些推论这种或那种未被感知到的存在物之存在的命题的可能性。这个论证,尽管不是决定性的,但与一些基本的科学归纳一样,是充分的。

我们迄今一直在思考的,并不是一般意义上的外在世界,而是

206

他人的知觉对象。我们可以说，我们一直在试图证明他人是活着的，而非仅仅是类似梦中的人那样的幽灵。我们一直在试图证明的确切的东西是：假定在我们自己的知觉对象之间有一种已观察到的相互关联，并且其中的第二个项是人们正常所说的我们的身体行为的知觉对象，同时再假定在物理对象中有一个类似的行为的知觉对象，并且这个物理对象不是我们的身体，但类似于我们的身体，那么我们推断，这个行为将会跟随一个同已观察到的知觉对象之相互关联中的前面那个项类似的事件。在心灵与物质之区分或者说两者之性质问题上，这个推论没有假定任何东西。

凭借上述论证，我现在将假定，我们可以通过他人的证据扩大自己的经验——也就是说，当我们感觉其他人正在谈话时，我们所听到的声音事实上确实表达了某种东西，而且这种东西类似于当我们发出相似的声音时我们所表达的东西。这是上一段论述中所包含的原理的一个特殊例子。我认为，对于我们自己所未感知到的事物，在他人的知觉对象方面所获得的证据是我们所拥有的最强的证据。因此，就我们能够做到的而言，在继续思考我们关于"物质"的证据以前，确立这一点似乎是正确的；这里所说的"物质"，是指满足物理学方程的存在物。这必须成为我们下一步的任务；但是，从被设想为知觉之原因的常识的物质"事物"开始将是可取的。

既然现在承认了他人的知觉对象，我们就能在很大程度上扩大构成一个"物理对象"的知觉对象组。在唯我论的范围内，我们曾发现由之把诸知觉对象组集中起来并将这种组称为一个物理对象的方法；但是我们现在能够极大地丰富我们的知觉对象组。许多坐得彼此靠近的人都能描绘他们所看见的东西，并能比较最后画出的图像；这些图像将会有一些类似及差异。许多听一场演讲的速记员全都能记下演讲，并比较记录的结果。许多人能接连被带进一个充满了隐藏的玫瑰的房间，并被问道"你闻到了什么？"在这方面，每个人的世界似乎部分地是私有的，部分地是共同的。在共同的这一部分，我们发现不了同一性，而只有一种出现在不同的人的知觉对象之间的或多或少的相似性。正是同一性的缺乏，才使得我们拒绝常识的素朴实在论；正是相似性，才使得我们接受关于同时发生的相似知觉拥有一种共同起因的理论。

我认为，与关于他人的知觉对象的论证相比，这里的论证是不充分的。在那种情况下，我们是在推论与我们自身经验中的所知之物非常相似的某种东西；而在这种情况下，我们是在推论我们绝不能经验到的某种东西，并且关于其性质，我们只能知道该推论所保证的那样多。尽管如此，关于知觉之外部原因的常识论证仍然是有力的。

首先，在不假定没有人感知到的某种事物的情况下，我们能够确定一种我们全都生活于其中的共同时间和空间。（我们的讨论必然要限定于地球表面上的人，因为其他的人，假如存在的话，并没有成功地与我们进行过交流；因此，相对论中的复杂情况还没有出现。）在不假定时钟和六分仪的读数拥有一种通常被指派给它们的物理意义的情况下，通常的确定经度和纬度的方法是可以应用的。高度也能使用通常的办法加以测定。通过这些方法，观察者能被安排在一种三维顺序中。当然，最终得到的空间将不是一个连续体，因为它将只包含与观察者一样多的"点"。但是，一个观察者的运动可以被感觉到是连续的,以至于我们能够利用经过解释的数学的性质构造一些"理想的"观察点,并因此为了数学的目的而建立一种连续的空间。我们能因而获得在广义上被理解的视角法则;也就是说,我们能把相互关联的知觉之间的差异与感知者所处的环境上的差异相互关联起来。而且,在获自"观察点"的空间中,我们能放置物理对象。因为,设 A 和 B 是两个观察者,a 和 b 是他们所拥有的相互关联在一起的视觉对象,并且 a 和 b 因为相互关联在一起,所以被描述为一个物理对象 O 的知觉对象。假如 a 的角度大于 b 的角度,那么我们将说(作为一种定义)A 比 B 更接近于 O。我们因而能够构造许多会合于 O 点的路线。我们将构造我们的几何学,以便它们相交,并且我们将把它们的交点定义为 O 所在的位置。假如 O 碰巧是一个人体,那么我们将发现,经过如此定义之后,O 的位置等同于作为观察者的 O 在由观察点所构成的空间中的位置。①

不同感知者的时间之间的相互关联没有呈现任何困难,因为就像以前所观察到的那样,我们的感知者全都在地球上。通常的光信号方法是能加以使用的。但是,我们在这里遇到了对关于知觉的原因理论的一种论证;这个理论既与常识形成了对照,也与现象论形成了对照。(我们目前至少可以把现象论解释为这样的观点,即仅仅存在着知觉对象。)假设一个山顶上的信号枪在每天十二点发射:许多人既看见又听到这种发射,但是他们离信号枪越远,看见与听到之间的间隔就越长。这使得人们在听的问题上很

---

① 关于这个问题,请比较我的《我们关于外部世界的知识》一书。

难接受一种素朴的实在论观点,因为假如那种观点是正确的,那么在视觉和声音之间就必须有一种固定的时间间隔(可能是零)。它也使得接受一种因果的声音观成为自然而然的事情,因为声音的延迟程度依赖于距离,而非依赖于处于中间位置的感知者的数量。但迄今为止,除了在有感知者的地方,我们的空间纯粹是"理想的";因此,似乎奇怪的是,它有一种实际的影响。可以更加自然地设想,声音穿越了中间的空间,而且在这种情况下,即使在一些没有人用耳朵去听的地方,也一定发生了某种事情。这个论证可能不是很有力,但我们不能否认它有某种力量。

　　然而,更强的论证是从其它的来源中获得的。假设在一个经过整理的房间中有一个藏在帘幕后的人,还有一部照相机及一台口述录音机;再假设有两个人进入了这个房间,并说话、用餐和抽烟。假如这台录音机及这部照相机的记录与藏在帘幕后的那个人的记录是一致的,我们将不可抗拒地得出下面这样的结论:在他们所待的地方,与藏着的那个人所感知到的东西有密切关系的某种事情发生了。而且,人们还可以拥有两部照相机及两台口述录音机,并比较它们的记录。这样的一致只是质朴的常识所熟悉的那些一致中比较极端的形式,它们使得没有感知者便没有什么发生这个假定变得异常晦涩而又不可信。假如这台录音机及藏着的人对这次对话给出了同样的报告,那么人们就必须设想有某种因果的联系,因为要不然的话,这种巧合是极不可能的。但是,我们发现这种因果联系依赖于谈话时这台录音机所在的位置,而非依赖于听其记录的那个人。如果假定它的记录在被听到之前并不存在,那么这似乎是很奇怪的;而如果我们把世界限定于知觉对象,

210

我们就不得不做出这样的假定。我将不会强调像(例如)G.E.摩尔博士所曾提出的那样一种世界中的更明显的怪事;在摩尔的那个世界中,火车仅当不运行时才会有轮子,因为当它运行时旅客看不到轮子。

然而,在接受这样的一些论证之前,我们必须看看一个现象论者能够说出什么样的反对它们的话。因此,让我们接着为现象论陈述这一情形。

可以表明,我们的论证终究不像它看上去那样有力,因为所有事实都能通过"理想的"感知者而得到解释。我所想到的怀疑是某种类型的构造所暗示的,关于这种构造的一个恰当的例子是画法几何中对"理想的"点、线及面的引进。[①] 对于我们的目的来说,"理想的"点就足够了。它们由之被构造的过程如下所述。选取所有全都通过一个给定的点的直线;这些线构成一个组,并且它们除了全都拥有一个共同的点以外,还有其它一些显著的性质。这些其它的性质也属于某些由没有共同的点的线所构成的组——例如,在欧几里得几何中,它们也属于由所有与一条特定的线平行的线所构成的组。我们于是把一个拥有这些性质的线所构成的组定义为一个"理想的"点。[②] 因而,一些"理想的"点对应于实在的点,

---

① 参阅怀特海博士关于这个问题的小册子(剑桥大学出版社),也请参阅帕施(Pasch)的《新几何学讲义》(*Neuere Geomitrie*),莱比锡(Leipzig),1882 年。

② 关于一个"理想的"点的定义如下所述。设 l, m 是一个平面上的任意两条线,A 是这个平面外的任意一点。那么,平面 Al, Am 拥有一条共同的线,比如说 n。当 A 变化而 l 和 m 保持固定时,所有像 n 这样的线所构成的一个类就是由 l, m 两条线所决定的"理想的"点。

而另外一些则不对应于实在的点。用这种方式继续构造"理想的" 211
线和面,我们最终就获得一种射影几何,并且在这种几何中,任意
两个面都拥有一条共同的线,一个面上的任意两条线都有一个共
同的点。这极大地简化了关于我们的命题的陈述。

　　这与我们的问题相似的程度或许甚于人们的想象。首先,我
们拥有一些实在的知觉对象;这些对象被集合成组,并且每一个组
都通过下述特点而得到定义:常识把一个组的所有分子都称为一
个物理对象的知觉对象。就像我们看到的那样,这些实在的知觉
对象以某种方式因感知者而异,从而允许我们构造一个属于感知
者的空间,并把物理对象放在这个空间中。现在,让我们接受这种
观点,即除了我们自己及他人的知觉对象以外无物存在。那么,我
们将观察到,形成一个特定的组的知觉对象总能被排列在感知者
空间中的一个中心周围,并且在没有实际感知者的区域,通过插入
在性质上与实际知觉对象具有连续性的"理想"知觉对象,我们能
充实这个组。(由于感知者的运动,一个时刻的"理想的"空间区域
在另一时刻可能是实际的。当一个观察者从一辆正在运行的电车
上观看古埃及克娄巴特拉方尖碑时,其前后相继的位置形成了一
个明显的连续的系列。)假如许多人都听到了信号枪的发射,那么
在声音的大小及感知者的时间上都存在一些差异;我们能用连续
地从一种实际声音向另一种实际声音变化的"理想"声音,来充
实际的知觉对象。对相互关联起来的视知觉对象,我们也能做同
样的事情;而且对于味觉,也可以这样做。我们将把通过内插及外
插而得以如此扩展的一个组,称为一个"完全"组:它的分子部分地
是实在的,部分地是理想的。在感知者的空间中,每一个组都有一

个中心。假如这个中心为感知者所占据，该中心就是实在的；假如不是这样，它就是理想的。（我们的空间并未被假定是一种平整的几何空间，而且中心可以是一个有限的体积。）通常，即使中心为一个感知者所占据，它还是不包含组的分子，甚至不包含理想的分子：“眼睛看不到自身”。也就是说，一个组是空的：当我们充分接近其中心时，它就不再拥有分子。这是一种纯经验观察。

一个包含大量的实在的分子的完全组将被称为一个“实在的”组；一个组，若其分子全为理想的，将被称为“理想的”。尚须表明我们将如何定义一个理想的组。

在一种扩展了的意义上，把形成一个组的知觉对象相互关联起来的法则，可以被称为视角法则。除了这个法则外，也有关于知觉对象由之相继产生的方式的法则。这些就是通常意义上的因果律；它们被包括在通常的物理学定律中。当我们知道一个完全组中一定数量的分子时，我们就能根据视角法则来推论其它的分子；我们发现，一些分子存在，一些分子不存在，但是一切确实存在的分子都是经过测算的完全组的分子。同样地，当我们被给予足够数量的完全组时，我们就能测算其它一些时刻的其它一些完全组。我们发现，一些经过测算的完全组是实在的，一些是理想的，但是所有实在的组都包含在经过测算的那些组中间。（我是在假定一种不可能的物理学之完美性。）属于不同时间的两个组，借助于当我们开始讨论实体时所将解释的因果关系，可以通过一种导致我们认为它们是一个“事物”或“物体”之相继状态的方式而联系在一起。（通过这种方式，一个完全组的时间并不恰好就是其分子出现的时间，而是稍微早于最早的实在分子——或者，在关于一颗星的情形中，这个时间要早得多。一个完全组的时间就是物理学把人们信以为被感知到的现象置于其上的时间。)属于一个特定"事物"的整个知觉对象组系列被称为一种"历史"。因果律有时允许我们推论"事物"。当一个事物的历史至少包含一个"实在的"组，即至少包含一个知觉对象时，它就是"实在的"；要不然，它就是"理想的"。这种构造极类似于画法几何中"理想的"点、线及面的构造。我们不得不自问：是否存在一些支持或反对此种构造的理由？

　　上述构造保留了——至少在形式上——全部物理学，而且根据知觉对象及其法则，它对我们有经验理由去相信的每一个物理学命题都给出了一种解释。在这种理论中，"理想的"知觉对象、组及事物实际上都是陈述实际知觉对象之法则的简略方式，而且所有经验证据都与实际知觉对象有关。因此，以上的描述通过绝对最小数量的假设保留了物理学之真理性。当然，也应当存在一些规则，这些规则用以决定一个经过测算的知觉对象何时是实在的，何时又是理想的；但是，这是很难的，因为这样的规则不得不包含一种关于人的行为的科学。我们也许知道，假如你透过望远镜去看，你将看到某些事物；但是，难以知道你是否将会透过它去看。因此，科学的这种圆满在当前是不可能达到的；但是，就其本身来说，那并不是反对科学之真理性的论据。显然，这种方法可以被扩展，以使得除了一个人自己的知觉以外的所有知觉都成为"理想的"；我们因此对物理学就有了一种完全唯我论的解释。然而，我将忽略这种扩展，并且只思考该理论的这样一种形式，即所有知觉对象都在其中得到承认的形式。

　　我们一直在详尽阐述的形而上学本质上是巴克莱的：存在就

是被感知。但是,我们的理由与他的理由稍有不同。我们不说未被感知到的存在物是不可能的,而只说,不存在任何强有力的根据去相信它们。巴克莱认为,反对它们的根据是决定性的;我们只认为,支持它们的根据是没有说服力的。我并不是在断言这一点;我是在把它作为一种将要被考虑的观点提出来。

　　上述关于"理想"成分的理论的巨大困难在于,很难发现某种仅处于想象中的事物对于陈述一种因果律来说如何能成必要的。我们不得不解释复述那次谈话的录音机。我们将设想,在那次谈话前后而非谈话期间,它被发现处于原来所在的位置。因此,根据我们正在考察的观点,它在谈话期间根本没有存在过。如果不用带有假设成份的方式加以陈述,因果律因此将包含时间与空间方面的超距作用;而且,我们的知觉对象不足以决定自然进程:我们是从细微的观察中获得因果律的,并通过发明"理想"事物的方法而在其它情况下保留了它们。假如知觉对象足以从因果上决定未来的知觉对象,那么这一点就是不必要的。因而,我们正在考察的这种观点与物理决定论是不相容的——尽管并不是形式上而是事实上的不相容。我们能够无限地增加这类困难。这些困难中没有一个具有决定性的力量;但是,它们累加在一起就足以解释这样一个事实,即几乎不可能强迫一个人相信这样的一种理论。或许,连续性(不是严格的数学意义上的)是一种最有力的反对意见。当我们移动自己的身体,并一直观察某个并不迅速扩大的对象时,我们会经验到明显的连续性。但是,假如我们反复地睁开和闭上眼睛,我们会经验到视觉的不连续性;我们发现,把这种不连续性归于我们交替地看见和未看见的物理对象是不可能的,而当对另一个旁观者来说它们始终没有发生变化时，就更是如此了。时间方面的超距因果关系，尽管不是逻辑上不可能的，但也与我们关于物理世界的观念相抵触。因此，虽然通过理想的成份来解释物理世界是逻辑上可能的，但我断定，这种解释是不可信的，而且它并不拥有对自身有利的正面根据。

然而，作为一种分离物理学中知觉与非知觉成份并表明仅仅通过前者就可以取得多大成就的方法，上述构造依然是有效而又重要。以后，我将按其本身那样继续利用它。唯一被抛弃的东西是这样一个观点，即"理想的"成份是非实在的。①

当然，在最后这个方面，问题将会是另外一个样子，假如我们能接受唯心论的论证的话——不论是巴克莱的，还是其德国的变种。这些论证声称要证明存在一定具有一种精神的特性，并因而迫使我们以相应的方式解释物理学。我拒绝这样的推测性论据，不管它可以被设计来证明什么样的结论。以唯心论的方式解释物理学是没有困难的，但是我应该说，做出这样的解释也是没有必要的。我将主张，我们仅仅认识"物质"的某些非常抽象的特征，并且这些特征完全可以理所当然地属于一种精神事件的整体，但也可以属于一种不同的整体。事实上，我们确实知道其具有物理世界的数学性质的仅有的一些整体是由数构建出来的，并属于纯数学。我们不认为"物质"实际上是一种获自有限整数的算术构造，而这种看法的理由在于"物质"与知觉之间的联系；这就说明了为什么

---

① "理想的"成分的特性，也将与上述构造中的知觉对象的特性较少相似，或者至少说，我们不能知道它们是如此相似的。

我们当前的讨论是必要的。但是，就像我将试图表明的那样，这种联系极少告知我们物理世界中未被感知到的事件之性质。与唯心论及唯物论不同，我认为不存在这个贫乏的结果能从中得到补充的任何其它知识来源。与他人一样，我允许自己去推测；但那是想象力的行使，而非一种证明性推理的过程。

从此以后，我将不仅假定存在我未感知到的与他人身体相联系的知觉对象，而且将假定存在一些与知觉对象具有因果联系的事件，而且关于这些事件，我们不知道它们是否被感知到了。例如，我将假定，如果我一个人在房间里并闭上眼睛，那么我不再看到的房间内的对象（即我的视觉对象的原因）将会继续存在，并且它不会在我再次睁开眼睛时突然恢复存在。这一点必须连同我们此前在广义的视角及共同的空间问题上所说的话来看待；我们是在共同的空间中确定物理对象之位置的，而且对于常识而言，物理对象是被几个人共同感知到的。我们把相互关联的知觉对象集中在一个组中，并假定该组中还有一些其它的分子，且这些分子对应于不存在感知者的地方——或者更谨慎地说，对应于我们不知道有感知者存在的地方。但是，就像当我们构造"理想的"成份时那样，我们不再假定这些地方的存在物就是当我们走上前去我们就该感知到的东西。例如，我们认为，光是由某种类型的波所组成的，但在与眼睛接触时，它就转换为一种不同的物理过程。因此，光达到眼睛之前所发生的事情可能不同于后来所发生的事情，并因此不同于视觉对象。但是，我们设想它与视觉对象之间具有因果的连续性；而且主要是为了这种因果的连续性，对物理世界的某种再解释似乎才是值得期待的。

在某些方面,因果关系语言也许不是表达所意图的东西的最好语言。我们的意图可以表达如下。首先,若把我们自己限定在不同观察者的知觉对象的范围内,我们能够近似地——尽管不是精确地——根据所谓的"视角"法则,构造一些由联系在一起的知觉对象所形成的组。通过这些法则,加之与关于身体运动的知觉联系在一起的我们的其它知觉对象所发生的变化,我们就能构造关于感知者位于其中的空间的概念;并且我们发现,在这种空间中,所有属于一个组(从常识的观点看,也就是关于同一个物理对象)的知觉对象都能排列在一个中心的周围,而我们认为这个中心就是那个物理对象所处的位置。(对我们来说,这是对一个物理对象之位置的解释。)这个中心将不会被想象为一个点,而被想象为一个体积;它可以像电子一样小,或者像星球一样大。对通常所谓的原因理论来说,必要的假定是,知觉对象组可以通过补充其它事件而得以扩大;这些其它的事件属于同一个中心周围的同一个空间,并且它们相互之间及其与知觉对象组之间通过包括视角法则在内的某些法则而联系在一起。关键之处在于:(1)被排列在一个中心周围;(2)知觉对象与在空间的其它部分相互关联着的事件之间的连续性,这一空间产生自知觉对象和运动。第一点是一个观察问题;第二点是一个假设,它旨在保证相互关联法则的简单性与连续性,而这种相互关联由对知觉对象进行归组的行为所表明。它不可能得到证明,但它具有与任何其它科学理论一样的优点,而且从今以后我将因此而假定它。

217

第二十一章　知觉与客观性

　　从常识的立场看，当许多人在观察同一个对象时，在他们的知觉对象之间既有相似性也有差异性。对持有素朴实在论的常识来说，这些差异构成了一种困难，因为它们使得知觉对象之间互不一致——假如我们从总体上把每一个知觉对象都当成同一个物理对象之展现的话。但是，对于知觉的原因理论来说，这种困难是不存在的。然而，我们现在拥有一种相反的困难：在一个知觉对象中，我们可以对不同于对象自身的某种东西之存在做出一些推论，并在这些推论被做出时再对它们的性质做出一些推论；而我们的困难，就在于决定一个知觉对象中什么样的成份能用于这两类推论。现在，我不是在考虑涉及运动的推论，而仅仅是在考虑关于正在被观察的物理对象之当前状态的推论。

　　我们必须提防一种在这些研究中难以避免的混淆。作为我们自身经历中的一个事件，知觉是一种可认识的现象；其心理学的意义是相当明确的。但是，它也有一种认识论的意义，而这种意义几乎不能被弄得像人们所能期望的那样明确。在当前的讨论中，知觉之所以令我们感兴趣，是因为它是知识的一种来源，而非因为它是心理学家所能认识到的一种现象。只要素朴实在论仍然能站得住脚，知觉就是经由感官而非通过推论所获得的关于物理对象的知识。但在接受知觉的原因理论时，我们提出了这样的观点，即知觉并没有给出关于物理对象的当下的知识，充其量只是给出了推论的材料。然而，知觉仍然提供了关于某种事物的知识：假如我感知到一个圆形的红色片，我就知道世界上现在有一个圆形的红色片，而且任何关于我的知觉原因的描述都不能摧毁这一知识。可以承认，在这样说时，相比于"知觉"在心理学中可能被使用的方式，我是在很狭隘的意义上使用这个词：我把它限定在某些情形中；在这些情形中，我们清晰地注意到了我们所感知的东西。对于认识论的目的来说，这种限制是必要的。我故意避免对"认识行为"进行全面的分析，因为那会使我们过分远离主题。

　　起初由知觉做出的推论，是关于相关知觉对象所隶属的那个组中的其它分子的。常识，当其从一个对象之"表面的"大小或形态推论其"真实的"大小或形态时，以一种混淆的方式做到了这一点；而所说的对象之"表面的"大小或形态，就是知觉对象之真实的大小或形态。对象之"真实的"大小或形态是一个标准；在一种特定的相关情形中，一个旁观者的知觉对象可以从这个标准中推论出来。通常，这并不涉及有意识的推论；但是，我们能在不乞求任何新知识的情况下使用它。例如，当知道一座设计中的房屋的尺寸时，一个建筑师就能从各个角度展示该房屋的视图，并且为达此目的，他将只使用系统化的常识；此外，当他已从若干角度看到一座实际的房屋时，他就能够近似地推论其尺寸。与其"现象"相比，"真实的"对象因而是某种具有公式性质的东西，而且通过此公式，所有充分接近于它的"现象"都能被决定下来。给定一座房屋的尺寸，我们能在一个特定的距离外并在一个特定的方向上推论其表面的形态。假如知觉真的是极其精确并有规律的,属于一个特定的组的少数几个知觉对象将会使我们有能力确定那个组中所有可能的或实际的知觉对象。

我们发现,事实上情况并非如此。通过用肉眼看一滴水,我们不能知道我们在显微镜下将会发现这滴水充满了细菌。当我们看见一百码以外的一个人时,我们不能分辨出他是英俊的,还是相貌平常的。当我们仅仅只是分辨出一个人的声音时,我们不能弄清他在说什么。在某种极其严格的意义上,这些全都是"模糊"的情形。在任何一个知觉对象组中,离中心近的那些知觉对象与离中心远的知觉对象之间拥有一种多对一的关系——也就是说,从远处看起来相似的两个事物,当从近处看起来时是不一样的。在这种意义上,较远的知觉对象比较近的知觉对象模糊:前者能从后者中推论出来,但后者不能从前者中推论出来。

然而,存在这样一种相反的事实:在关于从近处现象推论远处现象的问题上,可被称为"常规"法则的东西,可以受到中间事物的干扰。当阴云使得我们从地球表面看不到太阳时,我们可以从很高的地方看到它。声音可以被障碍物所阻止,并在一个离开声源足够远的地方完全消失。气味比声音消失得还要快,而且它们甚至更依赖于风。这组事实干扰了从近处现象到远处现象的推论,正像前面那组事实干扰了从远处现象到近处现象的推论一样。

然而,这两组事实之间有一种重要的差别。远处现象会逐渐变得模糊是知觉对象组的内在规律,而当近处现象被给定时,远处现象的不确定性始终取决于外在的干扰。我们将会发现,这种差别在各个方面都是非常重要的。让我们试图在所说的这种情形中清楚地陈述它。

假设两个人都在观察一个给定的对象,并且该对象在地球表面是不动的;再假设其中一个人是静止的,而另一个人在到处走动。我们料想,对于处于静止中的那个人来说,在所涉及的整个时间过程中这个对象都未出现明显的变化。对于另一个人来说将会出现一些变化,而且这些变化通常近似地取决于视角法则,尤其取决于关于观察者位置之微小变化的法则。但有时——举一个最明显的例子——当观察者占据某些位置,且从那些位置来看,某个不透明的对象位于观察者与他正在看的对象之间时,该对象是不可见的。通常,这种情况是逐渐发生的:起初,两个对象都是可见的;逐渐地,它们的角距离变小了;最后,仅有近处的对象仍然是可见的。近处的对象因而对关于远处对象的现象有一种影响。雾、烟、玻璃及蓝色眼镜等,都同样会改变关于远处对象的现象。也就是说,在测算一个物体将在某某地点呈现的现象时,我们不得不既要考虑到该物体在其它地方的现象,也要考虑到在它与所说的地点之间的一些物体。这些介于中间的物体有时是可感的,有时是不可感的;当它们是不可感的时,为了保留那些已被发现当它们是可感的时才会成立的法则,它们是作为必要的东西而被推论出来的。原理如下所述:假如我们比较一个知觉对象组中的若干相邻分子,我们发现,在很多情况下,它们的一阶差异与视角法则相符合,而它们的二阶差异是关于拥有其它中心的某些组的函数;更确切些说,由于上述陈述对于事实来说是太精确了,我们可以简单地说,相邻位置之间的差异是由视角法则和关于拥有其它中心的某些组的函数共同形成的。例如,设想你正在透过玻璃看一个被轻微扭曲了的对象。这片玻璃是介于你和对象之间的一个触觉组;当你走动时,因玻璃而导致的这些扭曲是变化的,并且为了测算来自另一地点的某一组中的一个分子,这些扭曲必须同视角法则之间形成一种协调。在其它情况下,通过仔细比较一个组中的许多分子,我们能够发现,它们对视角法则的背离是依据一种法则进行的,而这种法则是关于未被明显占据的某个位置的一种函数。假如我们没有触碰到产生扭曲作用的玻璃,那么前面的说明也将适用于这种情况。在这样的一些情况下,无需某种科学装备,人类就能推论玻璃的存在,而鸟和昆虫则反复地撞击它;这一事实表明,人类优越于鸟和昆虫:

　　就像在从知觉向科学过渡的问题上许多不得不说的话一样,以上陈述不能用一种精确的形式做出。我们由之把许多知觉对象集中在一个组中的方法是粗糙但尚可一试的;假如中间事物造成了很大的扭曲,这些方法就不能使用了。但在大量的情况下,这些方法都成功地产生了关于被归组在一个中心周围的事件的概念;所说的那些事件,部分地依据视角法则而变化,部分地依据某些关于拥有其它中心的组的函数而变化。获得了这种概念以后,以某种方式修改它并使其能具有科学之精确性就不是很难了。

　　我现在来思考知觉之"客观性"问题。这是一个程度的问题:我们由一个知觉对象而做出的关于同一个组中其它事件(不管是不是知觉对象)的推论越正确,知觉越是"客观的"。(我是把这作为定义提出来的。)一个知觉对象可能根本不属于一个组;在那种情况下,它没有客观性。幻觉和梦就属于这样的情况。或者,我们可能弄错组的中心所在的位置;在关于未被本然地识别出的蜃景或倒影的情形中,就会出现这样的错误。或者,我们可能感知到一种颜色或形态；而且由于（比如说）中间的烟雾所致，这种颜色或形态是飘忽不定的，并因而使我们弄错其他人将会看到的这种颜色或形态。我不应该仅仅因为一种知觉是模糊的而认为它不具备客观性。模糊性减少了我们所能做出的推论的数目，但不会减少它们的正确性。我们能隔着一段距离正确地获知向我们走来的是一个人；当他走到近前时，我们知道他是琼斯。但是，我们先前的知觉并不因为没有表明他是琼斯而不具有客观性。假如因为有了介于中间的透镜，它向我们显示一个倒立的人，那么它就缺乏客观性。

当两个人同时拥有一些他们认为同属一个组的知觉对象时，假如其中一人的推论不同于另一人的推论，那么他们当中至少有一人一定做出了错误的推论，而且因此在他的知觉中一定有一种主观性成份。仅仅是在两个观察者的推论出现一致的地方，两种知觉才可能是客观的。我们将看到，根据这种观点，一种知觉的客观性并不只是依赖于它自身所是的东西，而且也依赖于感知者的经验。一个习惯了近视的人，相比于一个其视力突然出现同样缺陷的人，能更正确地判断对象。疲劳及酒精可以使我们把一物看成重影，但当疲劳导致我们出现这样的情况时，它不会欺骗我们。

知觉的主观性可以追溯到三种来源，即物理的、生理的及心理的，或者用一种也许更适当的说法，物理的、感官的及大脑的。一个知觉对象实际上可以是构成一个物理对象的知觉对象组中的一个分子；在所有这样的情形中，它可能拥有的任何主观性成份都是由与介于中间的物理对象相联系的扭曲所导致的——至少，这是已被发现获得了成功的理论。当这些对象处在感知者的身体与该知觉对象所隶属的那个组的中心之间时，这种主观性是物理的；当它们位于感知者的身体内但并不在他的脑中时,它们是感官的;当它们在他的脑中时,它们是脑的。然而,最后这一点通常是纯粹假设的;关于我们所谓的脑的主观性,其可发现的原因通常是心理学的。

物理的主观性同样存在于照片或唱片中;它已经出现在外在于感知者身体的一些事件中,而这些事件属于所说的组,并且非常接近知觉所涉及的感官。当一根树枝的一半处于水中时,它看起来是弯曲的;这根树枝是物理主观性的一个非常明显的例子。光的许多反射、折射等等的效果也是这样的。相对论揭示了一种依赖于相对运动的新的物理主观性。阻止因物理的主观性而导致的错误推论是物理学事务的一部分,而且不涉及生理学及心理学。

生理的(或感官的)主观性是因感觉器官或传入神经的缺陷而产生的;它也可以通过药物被制造出来。我们能够在一特定的情况下通过比较不同的人的知觉而发现这样的缺陷。应该看到,一个知觉对象的内在性质在这方面是不重要的:假如一个人在另一个人看到绿的地方看到了红,且在另一个人看到红的地方看到了绿,那么这个事实将是不可发现的,也是无害的。但是,假如在一个人看到红和绿两种颜色的地方,另一个人只看到了其中一种,我们就拥有了一种可发现的差别,并且这种差别可以被正确地描述为只看见其中一种颜色的那个人的一种视力缺陷。人们始终假定,假如两种刺激在一特定的时间在一特定的感知者身上产生了显著不同的效果,那么这些刺激一定拥有一些差别,并且这些差别与其效果上的差别相互关联在一起;然而,假如这些效果并不是显著不同的,这些刺激仍然可以有一些差异。因而,假如当 B 没有感知到差别时 A 感知到了差别,那么 A 的感官好于 B 的感官。由于同样的原因,显微镜和望远镜好于肉眼。但是,这通常主要与模糊性而非与主观性有关。仅当我们被误导做出错误的推论,而非只是不能做出另一个人所能做出的推论时,主观性才会出现。仅仅一种缺陷,例如失明或失聪,并不等于主观性;但是,看到了重影就是主观的,假如这种行为欺骗了我们。而如果它导致一些错误的推论,比如推论说,存在两个触觉对象,或者一个靠近我们的人将会看到两个对象,那么它就欺骗了我们。

脑的(或者心理的)主观性是作为过去经验的一种结果而产生的。一个明显的例子是出现在一条已被截肢的腿上的感觉。每当通常被联系起来的两个事物由于某种原因而不再有联系时,我们可能就会犯这样的错误。过去,某些感觉通常与这条腿上的一种刺激相联系;但是,这些感觉在这条腿和脑之间,有某些神经条件作为中介物。假如先前这些中间的条件出现在一个失去了腿的人身上,并且他暂时忘记——例如当他从睡眠中醒来时——他已失去了腿,那么他将把这些条件解释为出现在其腿上的感觉。在所有的知觉中(也许除了在生命的最初几周内),都有一种很大的起因于过去经验的解释成份;而且若当下的情况不包含那样一些相互关联,这些相互关联在过去出现时导致了此种解释,这种成份就是主观的。

假如知觉不想误导我们,所有这些错误之源泉都必须加以提防。提防它们的方式就是常识所提出并为科学所完善的那些方式;它们全都用没有或几乎没有例外的规律来代替具有很大数量的例外的规律。

　　我们将会看到,由一个单独的知觉对象,几乎不能有把握地推论出什么东西来;我们需要来自不同角度并处于某一完整时间段内的观察。确实,在通过一个单独的知觉对象进行推论时,我们所推论出来的东西通常是正确的;但那是因为,我们周围的对象主要都是我们所熟悉的那类东西,例如人、马、摩托车,等等。但是,不难构造一些乍看上去具有欺骗性的情形,尤其是当我们能被突然带入一个像威尔斯①的火星人那样的完全陌生的世界时。例如,当一个人从未见过一种液体时,水会使他感到极度迷惑——假如存在这样的人。在这个问题上,像在别的地方一样,我们一步一步地从常识之简单但靠不住的推论,前进到科学之复杂但更可靠的推论。

　　当从一个知觉对象推论一个组中的其它分子时,在中间媒介起作用的地方,单个知觉对象从理论上讲显然不足以充当推论的基础,因为媒介的变化也许会使同一知觉对象与另一个不同的组发生联系。在这样的情况下,媒介中起扭曲作用的成份可以直接通过其它的知觉对象而被观察到,例如玻璃就能被触到;或者,它只能通过考察同一个组中的知觉对象从一处到另一处的变化之方式而被推论出来,例如空气中的折射就属于这种情况。当它被推论出来时,这种推论就需要通过考察它是否拥有一些能得到证实的进一步的结果而加以检验。所有这一切都是寻常的。

　　还要说一说从知觉对象到无人感知的事件的推论。我现在

---

　　①　威尔斯(Herbert George Wells,1866－1946),英国小说家,著有《星际战争》等多部科幻作品。——译者注

所希望考察的不是其有效性，而是其范围——即在假定了知觉的原因理论的情况下，对于未被感知到的事件，我们能知道多少。人们有时主张，知觉之未被感知到的原因一定只是物自身或斯宾塞的不可知事物。我认为，假如我们接受通常的科学推论准则，那么这只在很片面的程度上才是真实的。我们假定，知觉对象的差异蕴涵着刺激的差异，也就是说，假如一个人同时听到两种声音或同时看到两种颜色，那么物理上不同的两种刺激就已到达了他的耳朵或眼睛。这个原理，连同时间及空间的连续性，就足以提供大量的关于刺激之结构的知识。确实，它们的内在特征一定仍然是不可知的；但是，我们可以假定，这些导致我们听到不同音高之乐音的刺激，在因果地与音高相一致的某一特性方面，形成了一个系列；并且，在适于以系列的方式加以排列的颜色或感觉之任何其它特性方面，我们都能做出类似的假定。此外，我们能够毫无困难地把几何学扩展到我们的知觉之外的世界，尽管那个世界的空间将仅仅在某些方面相应于知觉空间，而且它将绝不会等同于知觉空间。

在形式上，我们所假定的，是某种类似如下的东西：在刺激与知觉对象之间，也就是在正好为感官所无法触及的那些事件与我们称之为一个知觉的那个事件之间，有一种大致的一对一的关系。当我们知道知觉对象时，这使我们能够推论刺激的某些数学属性；而且反过来，当我们知道刺激的这些数学属性时，这使我们能够推论知觉对象。因此，除了我们正在研究生理学或心理学，我们可以假定一个地方正在发生的事情就是一个人在那个地方将会感知到的东西——只要我们在推论中仅仅使用知觉对象与刺激共有的那些属性。例如，我们一定不要使用蓝色的蓝性，但我们可以使用它

227

与红色或黄色的差别。我们不能证明下述这一点：因为一幅图画看起来是美的，并且美可以依赖于实际的性质，所以在刺激系统中存在着美。① 但是，在物理科学中，从来没有什么东西依赖于实际的性质。因此，实际上在物理学中，知觉对象与刺激之间的差异只要求我们把自己限定于知觉对象的结构属性上；只要我们这样做了，我们几乎无需烦神去记住知觉对象与刺激是不同的。这一点不适用于生理学和心理学，因为我们所关心的是介于刺激与知觉之间的过程，而非知觉本身。

　　这一点甚至不完全适用于物理学，因为刺激与知觉之间的关系并不是严格地一对一的。即使我们把自己限定于一特定的人之一特定的感官在一特定的时间所接受的刺激，例如被我一起感知到的两种颜色，这也只是大约如此。甚至在这里，模糊也会出现，以至于稍微不同的刺激可以产生不可区分的知觉。这对我们珍藏在"或然误差"概念中的知识构成了一种实质的限制。然而，使用通常的办法，这能被减到一个最小的量，而且因此，与其说这构成了一个理论的问题，倒不如说构成了一种实际的困难。

---

　　① 如果我们接受这种理论，即美仅仅依赖于"有意义的形式"，那么我们不得不说乐谱与它所代表的音乐一样美。

第二十二章　关于一般法则的信念

在我们关于知觉与物理对象的整个讨论中，我们都假定了一般法则的有效性。这一点始终被假定在科学实践中，但是假定它的理由并不是非常清楚的。尽管在这个问题上我们不容易说出一些明确的东西，但似乎仍有必要考察它。

像其它科学公设一样，对一般法则的信念根植于神经组织的属性；而这些属性也就是使我们相信归纳并使我们能从经验中学习的属性。当然，这种起源并不保证该信念之真理性，但同样也没有给出反对该信念的理由。确实，就其本身而论，对于这样的观点，即大量事件都与一般法则相符合，该信念提供了一点点有利的假定，因为它表明，一些以某种方式行动的动物都能生存下来，而这种信念之真理性使得那种方式成为合理的。然而，我不想强调这样的一种理由。

当我们首先开始思考时，我们发现自己正在以某些似乎会成功的方式行动着，并且我们开始合理地解释我们的行为。这样做的很自然的方式是说：事情总是那样发生的。这一点时常是成功的，以至于我们获得了这样的习惯，即总是设想有某种一般法则，且任何具体事件都是依此法则而发生的。这种信念有两种实际的后果。首先，当一组事件全都符合于某条法则时，我们期待其它类似的事件也将符合于它。其次，当一组事件无规律地出现时，我们就发明一些假设来使其规律化。两个步骤都是重要的。

第一个步骤仅仅是归纳。就其本身而言,在这种或那种形式上,它是根本的,并且我不打算多谈它。

第二个步骤对于我们的目的来说是更有趣的。当一种归纳以令人吃惊的方式失败时——比如当有一次日食或月食时——有两种事情是原始人可能做的。他可能把这次失败看成是一种"征兆",而这种征兆一点也不会使归纳的有效性变得无效,但会表明,在与这令人震惊的事件相联系的特殊情形中,存在某种异常且很可能让人恐怖的东西。或者,他可能会寻找某种与迄今已被充分证明的法则不同的一般法则,以期新的法则也可以解释例外的现象。在获得一种高级的智力文化之前,后一路线很少会被原始人采纳。假如奇怪的事件是大尺度的,原始人将以迷信的方式去思考它,假如它不是大尺度的,原始人将只是忽略它。然而有时候,一般法则是作为迷信所导致的认真记录的结果被偶然发现的。这种情况明显地发生在埃及祭司身上,他们学习预言日食或月食,并且很可能只是在那时才不再用敬畏的心情来看待它们。逐渐地,一定存在奇怪的事件据之而发生的某种法则这一看法就变得广为流传了。怀特海博士在其《科学与现代世界》一书[①]中追溯了关于自然法则的信念的各种源泉,例如:希腊悲剧中的命运女神,罗马法律的至高无上,以及中世纪神学中上帝的合理性。然而,事实上,他认为这种信念在文艺复兴时期才牢牢地抓住了科学的心灵。他在这个问题上所说的一切都是极有见地的,以至于没有必要再

---

① 第一章,尤其是第 5 页及其后诸页。

去充分地论述它。

尽管在文艺复兴时期,关于自然法则之普遍性的信念是一种大胆的且远远走在证据前面的信仰,但它此后获得了很大的成功,以至于现在有可能以归纳的理由来为它辩护。但是,在确定我们用它来意味着什么时,存在某种困难。我以前处理过这个问题①,而且我现在只将简单地考虑它。

我们首先观察到且首先相信的那些规则现象,具有如下这种简单的形式:"B 总是伴随(或早于或跟随)A。"但所有这样的规则现象都能有一些例外,而且科学很快就会寻求一些不同种类的法则。我们到头来(可能并非恰好在最后)得到了一些微分方程。我认为,这些方程分为两类:一些方程表达持续性,一些方程表达加速度(在一种被推广的意义上)。前一种或多或少为关于恒久实体的假定所隐藏,但这是我在下一章所要考虑的问题。后一种就是通常的二阶微分方程,它们出现在整个数学物理学中。但除了这些以外,为了产生被观察到的肉眼可见的结果,必须有一些支配量子变化及原子之放射性分裂的统计规律。我想探究,在假定存在一些支配物理世界之过程的法则时,我们是否在说某种有意义的东西,或者说,通过充分自由地使用假设,是否任意一组知觉对象都必须服从于法则的支配。

这一点,即公认的物理法则使某些可想象的知觉对象系列变得不可能,绝不是显而易见的;更别说仅仅法则的存在就会具有这种效果了。例如,以连续性为例。似乎突然出现的变化(例如爆

① 参阅"论原因概念",载《神秘主义与逻辑》一书。

231

炸)可以分解为大量连续的但却迅速的变化;相反,一些好像没有
发生变化的现象(例如稳定的灼热的气体)被分解为大量不连续的
变化。因而,我们既不能从知觉对象之连续性的缺乏推论物理连
232 续性的缺乏,也不能从知觉对象之连续性的存在推论物理连续性
的存在。再者,假如知觉对象在一些未被预料到的方面发生变化,
我们会推论有未被感知到的物质;而且,通过极大量的被未感知到
的物质,几乎任何一个知觉对象系列都能得到解释。当然,当一个
特殊法则使我们能够预言知觉对象时,它就得到了加强;但这属于
支持某某法则而非一般法则的论据。我们可以在没有支持一般法
则的证据的情况下拥有支持某某法则的证据。但是,在这里,我们
必须做出某些区分。支持一条特殊法则的证据,表明某一类现象
服从于一条我们已成功发现的规则。假如这样,它们一定也服从
明显不能与我们拥有其证据的规则相区分的其它一些规则;但这
些规则一般说来将比我们接受的那条规则复杂。复杂可以分为两
种类型:它可以体现在公式中,或者体现在需要用来使规则产生作
用的假设性物质的数量中。牛顿万有引力的巨大优点是,它在两
方面都是简单的。但是,通过假定数量充足的不可见物体或假定
引力法则的充分复杂性,任何一组关于行星运动的观察结果显然
都已能用牛顿的公式来解释。对于任何一组给定的观察结果,都
会有许多这样的可能的在观察与理论之间带来和谐的方法;这些
方法中的绝大多数都与一组新的观察结果不相容,但是如果给予
充分的数学技巧,其中的一些方法会与新的观察结果相容。因此,
值得注意的,不是法则的支配,而是简单法则的支配。假如能量转
换服从于某些法则,且这些法则和支配英国土地转换的法则一样

复杂,我们就绝不会成功地发现它们:仍然一直都会存在大量的可能的准则,它们全都符合一切已知的相关事实。归纳原理,就像实 际中被使用的那样,是这样的原理:符合已知事实的最简单法则也将符合此后将被发现的事实。因为极其简明,这条原理在爱因斯坦的引力理论中占有显著的地位;而爱因斯坦的理论就在于优先使用了最简单的可用的张量方程,而非数学上可能的其它张量方程。

可以说,简单法则原理纯粹是探索性的,而且这当然在极大的程度上是真的。任何一个明智的数学家都不会在检验一个简单公式之前检验一个复杂公式。但引人注目的是,简单公式经常被表明是正确的。从物理学的趋势看,复杂化似乎是局部的现象,而非必然的。有机复合物拥有极其复杂的结构,但没有理由设想它们的基本法则不同于支配氢原子的那些法则。确实,J.B.霍尔丹教授有不同的看法,而且各种各样的生机论者也是这样的。但对于外行人,他们的论证似乎是没有说服力的,而且为许多有能力的权威人士所拒绝。因此,所有物质都由非常简单的法则所支配,至少是一个能站得住脚的假设。这一点是非常引人注目的,以至于它几乎表明与凯恩斯的“变化限制原理”有某种关系,并且似乎证实了他的暗示,即大自然可能确实类似于在概率理论中起着如此显著作用的装有白球与黑球的瓮子。一些孟德尔学派的学者会使我们以这种方式想到人类。假定有一百对性状,即 a, a', b, b', c, c',等等,并且每一个人都通过遗传拥有每对性状中的一个而非两个。这将会使得不同的人类胚胎的数量达到 2^{100},即大约 10^{30} 个。假如认为这太少了,我们可以选取更多的性状对。这类观点不可能不假思索地被拒绝,而且归纳的成功及简单法则的流行强有力地

234　暗示着它们。因此,让我们再一次问:有什么证据表明简单法则占据主导地位,并且我们有多少理由对它们的流行程度感到吃惊?

　　我在前面已经指出,以归纳的方式从我们已发现的法则之简单性来论证未发现的法则之可能的简单性,将是一种谬误。因为,假如一些法则是简单的,一些法则是复杂的,那么我们很可能首先发现简单的法则。我们不得不更谨慎地继续前行。首先,存在一些简单法则这一点令人吃惊吗? 其次,我们有理由相信——如刚才所提出的那样——所有现象都受简单法则支配吗?

　　简单性最有效地确立在大小相反的两个极端上:天文学和原子。然而,对于我们的探究来说,后者要有意义得多,因为天文学的简单性可以产生于求平均数的行为。就像我们在第一部分所看到的那样,原子理论大体说来是这样的:一个原子是由若干电子和质子组成的,后者全都在原子核内,前者部分在原子核内(除了在氢原子中),部分是行星式的。原子核内质子的数目给出了原子量;质子数中超出核内电子数的部分给出了原子序数。当原子不带电时,行星式电子的数目等于原子序数。假如量子理论是正确的,那么一个原子拥有一定数量的特性,并且每种特性都是一些由始终很小并被称为量子数的整数来衡量的。它也有一种被称为能量的属性,该属性是关于量子数的函数;而且与每一个量子数相联系,都有一种服从于量子规律的周期性过程。每一个量子数都能突然从一个整数变为另一个整数。当我们对原子听之任之时,这些变化将只会减少能量;但当它从别的地方接收能量时,这些变化

235　可以增加能量。然而,所有这一切或多或少都是假设性的。我们实际所知道的,是原子与周围空间之间的能量交换;这里,关于辐

射能所将采取的形式,存在一些简单的法则。但是,目前不存在决定量子变化何时将在原子内发生的法则,尽管这些可能的变化属于一类明确的已知的东西。

由于我们仅仅在思考简单法则能在多大程度上解释现象,所以我们可以接受这种原子观,并认为,原子是一个小型太阳系,而且除了关于量子变化以外,这个系统受电子间的引力和斥力支配。然而,下述这点依然是事实:原子在经历一种量子变化时仅表明其自身的存在,并且我们不知道决定这样的变化在一个特定时刻发生在一些原子而非另一些原子上的法则。决定一种气体所发射的光线之强度的法则是统计学意义上的。这暗示着这样的一个世界:在这个世界中,可能性的数目是有限的,但在这些可能性中间的选择纯粹是偶然的。就像彭加勒曾经暗示以及毕达哥拉斯显然相信过的那样,我们可以假设空间和时间是颗粒状的而非连续的——也就是说,两个电子之间的距离可以始终是某一单位的整倍数,并且一个电子经历中的两个事件之间的时间也可以是这样的。这一点,连同电子的数目是有限的这一事实,将会给出每一个电子的数目上有限的可能状况;而且,在诸可能状况中的选择或许完全是偶然的。在这种情况下,世界的表面的规律将是由规律之缺乏所导致的。我认为,这样的一种观点不太可能得到令人满意的阐述;但是,在我们把不应有的意义赋予世上的规律现象之前,我们至少必须考虑到这一点。

对于建立在我们一直在思考的这样一种万物理论之上的哲学,真正的反对意见是:毕竟,我们仍然需要一些将会包含"随机分布"或某种类似东西的统计法则。尽管它们由于似乎是先天可能的而非不可能的,从而有别于其它法则,但这样的法则仍然是法则。在这个限度内,如果我们能把科学奠基于它们之上,那将是一种收获;但是,如果人们说,既然那样,科学无需法则也能成功,那就不正确了。然而,我们不再能说科学法则是令人吃惊的;相反,如果它们失败了,我们应该感到吃惊。

还有一个问题是要考虑的,那就是关于简单法则的适用范围问题。我们不能声称,我们知道支配着氢原子的法则足以解释物质——尤其是有机物——所发生的一切。当前,这只是一个假设。所有科学都使用建立在观察基础上的法则;这些法则或许可以由一个天国的数学家从支配电子的法则中推演出来,但终究不可能由我们这个星球上的数学家推演出来。当我们涉及生理学这样的问题时,这些法则使我们不再能够有把握地说恰好什么事情将要发生;它们给出了一些倾向,而非精确的数学规律。若认为这样的规律一定存在,那是轻率的。我们最好还是去寻找它们,而不要完全肯定它们将会被发现。

从总体上说,前面的讨论意在表明,人们易于夸大物理世界中简单法则的证据。在我们知道得最多的地方,即在关于原子结构的知识中,某些非常重要的方面,就我们所知,是完全缺乏法则的。在我们知道得较少的地方,法则可能纯粹是统计学意义上的。因此,人们已知的存在于物理世界中的法则的数量,与其初看起来相比,并不惊人,而且我们没有决定性的理由相信,如果充分了解它们之前的事情,所有自然现象的发生都与足以决定它们的法则相一致。科学必须继续假定一些法则,因为它是与自然法则的范围一起扩张的。但是,我们无需假定任何地方都有法则;由于显而易见的东西是一种赘述,只需假定有科学的地方就有法则。

第二十三章 实体

物理哲学中的实体问题有三个分支：逻辑的、物理的及认识论²³⁸的。第一个是纯哲学问题：在某种意义上，"实体"概念是一个"范畴"吗？或者说，它要么是事实的一般性质要么是知识的一般性质所强加于我们的吗？第二个是关于数学物理学的解释问题：(a)有必要根据拥有变化着的状态及关系的恒久存在体来解释我们的公式吗？或者说，(b)这样做方便吗？第三个涉及我们在第二部分所关心的特殊话题，即知觉与物理世界之间的关系问题。第一个和第二个问题确实属于关于物质的哲学的其它部分；但为了对实体问题有一个统一的讨论，我将在这里讨论它们。

从逻辑上说，"实体"在过去起了非常重要的作用，而且与人们可能设想的相比，它或许仍未过时。我们可以用纯逻辑的方式把实体定义为"仅能作为主词——绝不能作为谓词或关系——而构成命题之一部分的东西"。这个定义实际上是莱布尼茨的，只是他没有提及关系而已，因为他认为关系是不真实的。然而，我们最好还是把它们包括进来，因为实体的逻辑地位并没有因此受到很大的影响；而且我希望，我们现在可以理所当然地认为关系同谓词一样是"实在的"。

从形而上学的观点看，实体通常被认为是不可毁灭的。但这种看法并没有通过逻辑的解释而被证明是正当的，尽管许多哲学

239　家假定它是正当的。当我希望讨论一种拥有这进一步的属性的实体时,我将把它说成是一个"恒久的实体";当我不加限制地使用"实体"这个词时,我将仅仅意指逻辑意义上的实体,而对实体之持续问题不做决断。

　　在从逻辑的观点考虑实体时,极难避免语言结构的过分影响。文明人通常所知道的一切语言都是由句子组成的,而这些句子可以分析为主词和谓词、两个主词和一个二元关系、三个主词和一个三元关系等等,以及"或者"、"假如"或者某个类似的词所表达的那些单元之间的关系。对于非洲的、澳大利亚的或者其它远离文明世界的语言,我不知道是否能说同样的话。但是,对于哲学家已经知道的所有语言,确实可以这样说。像通常所想象的那样,逻辑承袭了这种语言结构,而且倾向于赋予其形而上学的意义。我们几乎不能抵制下面这样的信念:句子的结构复制了它所断言的事实的结构,或者在错误的句子中,它们复制了当断言为真时将会存在的事实之结构。当被加以清晰地陈述时,这个信念,尽管是合乎常理的,却似乎是非常难以置信的。不过,我相信它含有某种真理的成份,尽管很难清理出这种成份。维特根斯坦曾为此做过尝试①,而且我在很大程度上受到了其观点的影响。

　　如果我们承认——这样做似乎是自然的——通常所理解的句子对应于事实,而另外一些句子则不对应,那么我们必须设想,句子的结构在某个方面与事实的结构相关,因为要不然,这样的对应是不可能的;而且,一个句子是一个物理的事实,并且我们因此可

---

①　《逻辑哲学论》。

以期待它能对应于别的物理事实。这两个论据来自十分不同的知 240
识地带,一个是逻辑的,另一个是物理的。假如我们是在讨论某种
不同于物理学的东西,那么它们将会在相反的方向上起作用,并且
倾向于表明,若某种东西拥有一种与时-空中的事件根本不同的结
构,我们就不能(至少从文字上)理解它。然而,对我们的意图来
说,这两个论据是共同起作用的。

　　让我们思考一下作为物理现象的句子。我们必须在说出的句
子和写下的句子之间做出区分,因为前者是短暂的事件,而后者是
一些物质。有两种意义上的句子:在一种意义上,一个句子在被说
出或写下的每一个场合都是唯一的,而在另一种意义上,同一个句
子出现在同一种书的每一册中的一个特定地方;我们也必须对这
两种意义上的句子做出区分。例如,《耶利米书》第十七章第九
节①是后一种意义上的一个句子;在前一种意义上,我的圣经中的
那个地方的特殊形态系列构成了一个句子,而你们的圣经中的那
个地方的特殊形态系列构成了另一个(类似的)句子。当我们考虑
一个作为物理现象的句子时,前一种意义就首先出现了;当我们认
为它具有"意义"时,后一种意义就出现了。

　　若从物理学上加以考虑,一个说出的句子,从听者的角度看,
是一系列声音,而从说者的角度看,是嘴和喉咙的一系列运动。句
子的"意义"依赖于说出的词的原因及听到的词的效果。② 但是,

---

　　① 《耶利米书》是旧约圣经中的一卷,其中第十七章第九节的全部文字是:人心比
万物都诡诈,坏到极处,谁能识透呢? ——译者注

　　② 参阅《心的分析》,第十章。

我们现在且忽略"意义"。于是，我们发现句子实质上是由有序的声音组成的：这种顺序具有与声音的特性一样的实质性。(在像拉丁语这样的语言中，这一点并不像其在现代语言中那样适用于分开的词，但它也同样适用于词的部分："罗马"是一个与"埃莫"不同的词。①) 当被视为一种物理现象时，表达言语之不同部分的词是不可区分的；不过，存在一些由词之间的关系而非词本身所代表的关系。思考一下"布鲁图杀死凯撒"和"凯撒杀死布鲁图"。在一种无屈折变化的语言中，这两个陈述之间的差别不是由一个词而是由几个词之间的一种关系所揭示的。因而，一个说出的句子是由处于一定时间顺序中的某些声音组成的。在这样的句子中，我们能够区分关系项与关系：关系项就是词(或者更严格地说，是基本的声音成分；在一个语音体系中，每一个声音成分都会由一个单独的字母来代表)，而且关系就是事件之间的时间关系。根据我们的定义，组成句子的声音成分可以被算作"实体"，尽管它们是短暂的。

　　就写下的词而言，句子不再是时间中的诸事件的一个系列，而是空间中的各种物质结构的一个系列。对于一个写下的句子来说，它的诸部分不必代表声音：在一些语言(例如汉语)中，句子的部分不代表声音，而且有某种理由认为，书写行为是从图形发展而来的，而非来自于使言语符号化的企图。我们因而可以把书面语

241

---

　　① "罗马"和"埃莫"在原书中分别是"Roma"和"Amor"。作者意在表明：它们所包含的字母完全一样，但因为字母顺序不一样，所以构成了两个不同的词。"罗马"是一个国家名，"埃莫"是指罗马神话中的爱神丘比特。——译者注

言看作一种独立的传达意义的方法。显然,它在这方面的功效依赖于其产生视觉(就"布莱叶①盲文字"而言,是触觉)的能力。写下的词,甚至汉语的表意文字,本质上都是由具有结构的若干部分组成的,并且这种结构对意义来说是本质性的。一个句子,甚至拉丁语中的句子,也都同样如此。以"Caesar amat Brutum"和"Caesarem amat Brutus"②为例。这里,示格词尾可以被视为独立的词(它们很可能在最初就是独立的),并且它们与词干"Brut"或"Caesar"的相对位置揭示了被断言的关系的"意义"。

书面语依赖于知觉的原因理论及物理对象的存在;口语涉及前者,但不涉及后者。因而,在书面语中,"实质性的"成份拥有一种口语中所没有的恒久性(贯穿于某个有限的时间段)。然而,它们的恒久性并不是形而上学的或者说绝对的;这种恒久性仅仅类似于房屋或树的恒久性。它依赖于这样一个事实,即以某些形式排列的物质将时常在很长一段时间内——尽管不是永久地——保留那些形式。关于书写行为,必要的东西是其产生视觉事件的能力。

到此为止,我们发现没有理由假定在涉及物理世界的地方语言的暗示会误导人,因为语言是一种物理现象,且一定拥有所有这样的现象所共同拥有的任何一种结构。但是,建立在语言基础上的哲学——或许哲学影响了语言的形成——拥有其它一些比较可疑的成份。这些成份都产生于词性之间的区分。哲学家通常仅仅注意不超出两种类型的句子,这两种类型可以由"这是黄的"和"毛

①　布莱叶,十九世纪法国人,发明了盲文字系统。——译者注
②　这两句拉丁语的意思分别是"凯撒爱布鲁图"和"布鲁图爱凯撒"。——译者注

茛属植物是黄的"两个陈述来代表。哲学家们错误地设想,这两个陈述属同一种类型,而且也设想,所有命题都是这种类型的。前一种错误由弗雷格和皮亚诺所揭示;而我们发现,后一种错误使得对顺序的解释变得不可能了。因而,所有命题都把一个谓词归于一个主词这一传统观点就不再成立了,而且与这种观点一起崩溃的,还有有意或无意建立在其基础上的形而上学体系。这就消除了对作为一种形而上学的多元论的种种反对意见。

但是,仍然有一些可以具有形而上学意义的语言学区分。存在专名、形容词、动词、介词及连接词。坚持下述看法是符合常理的:在一种理想语言中,专名将指示实体,形容词将指示我们据之对实体进行分类的属性,动词和介词将指示关系,连接词指示我们由之构造所谓的"真值函项"的命题之间的关系。[①] 假如终究确实存在这些范畴,那么可以合理地期待语言代表它们,并且假如语言以不精确的方式执行这项任务,那么形而上学的错误很可能就会产生。我自己则相信,也许除了连接词之外,存在这样的范畴。但是,我将不会在这一点上对这个问题进行论证,因为我希望尽可能避免形而上学。

语言易于误导人的一个方面在于,代表关系的词自身正像其它的词一样是实质性的。假如我们说"凯撒爱布鲁图",那么"爱"这个词,若被看作一个物理事件,则完全与"凯撒"和"布鲁图"这些词属同一类型,但人们设想它意指一种完全不同的东西。因此,一个词与其意义的关系一定依意义所属的范畴而不同。在上面这个

---

① 参阅《数学原理》(*Principia Mathematica*),第一卷,第二版导言。

句子中，有一种被关系而非词所代表的关系，这就是爱同凯撒和布鲁图之间的三项关系。它为词的顺序即一种三项关系所代表。但是，为了提及这种关系，有必要在语法上把爱视为名词。这种做法容易混淆实体与关系之间的区分；然而，避免由语言的此种特性所造成的这些错误暗示并不是很难的，假如它们的危险一旦被指出的话。

我现在来讨论我们关于实体的探究的第二部分。如果假定物理世界是由具有性质和关系的实体组成的，那么这些实体应被理解为恒久的物质片断，拟或一些短暂的事件呢？常识坚持前一种观点，尽管它的"事物"是准恒久性的。但科学已经发现一些把"事物"分解为成组的电子和质子的方法，而且每一个电子和质子都可以是完全恒久的。我们在第一部分看到，有些人认为电子和质子可以相互湮灭，以至于连它们也不是完全恒久的。不过，恒久性问题并不是我们最关心的。我们的问题是：电子和质子是世界的终极材料之一部分吗？或者，它们是成组的事件，拟或是关于事件的因果律？

我们已经看到，从知觉中推论出来的物理对象，是排列在一个中心周围的一个事件组。中心之处也许有一个实体，但不可能有任何理由让我们这样认为的，因为该事件组将产生恰好同样的知觉对象；因此，中心处的实体，假如存在的话，是与科学不相干的，并属于纯粹抽象的可能性王国。假如在物理学中的物的问题上，我们能获得同样的结论，那么在搭建从知觉通向物理学的桥梁时，我们所涉及的困难就减轻了。

相比于从前，当我们用时-空代替时间与空间时，把一片物质构想为一个事件组就变得非常自然了。今天,物理学是从事件的四维流形开始的;它不再像以前那样从处于时间中的三维流形系列开始,三维流形相互之间是通过关于运动中的物质的概念而联系起来的。我们现在所拥有的,不再是一片恒久的物质,而是关于一条"世界线"的概念,这种世界线是以某种方式相互联系起来的一系列事件。一条光线的各部分相互之间,是通过一种使我们能够认为它们共同形成了一条光线的方式联系起来的;但我们并不把光线构想为一种以光速运动的实体。我们可以认为,正是同一种联系构成了电子的统一性。我们有一系列通过因果律而联系在一起的事件,这些事件可以被当成是电子,因为任何其它的东西都是一种理论上无用的草率推论。

物理学视之为同属一个电子的一连串事件之特殊性,是近似地出现在常识"事物"中的一种特性;我应把这一特性定义为将沿着一条直线式路线发生的若干相继事件联系起来的一阶微分定律之存在。这就是说,如果给定了一个事件,并且该事件属于一个处在时-空中某一地点的电子,那么在时-空的某些邻近区域将有一些其它事件,并且这些事件与第一个事件之间及其相互之间通过微小的类时间间隔被分离开来,以至于当间隔被取得足够微小时,若 a,b,c 是三个这样的事件,并且 a 与 b 之间的间隔等于 b 与 c 之间的间隔,则在某些可测量的方面,a 与 b 之间的差别往往等于 b 与 c 之间的差别。这是陈述下述事实的一种方式:加速度总是有限的——或者当它们不是有限的时(或许就像在量子现象中那样),存在其它一些相关的特征,而这些特征受制于一种类似于有限加速度的条件。让我们首先以常识的"事物"为例。假如我观看一个移动着的对象,那么我有一系列在位置及性质(颜色、形态等)方面逐渐变化的知觉对象。变化的渐次性是一个标准,这个标准使我认为这些知觉对象全都属于一个"事物"。但根据常识,存在一些像爆炸这样的例外现象。科学是把这些现象作为一些迅速但并非瞬间发生的变化来处理的,由此也就排除了例外现象。我们因而得出这样的结论:给定一个在某一时间 t 发生的事件 x,那么在邻近的一些时间,将有一些极其相似的事件。我们可以通过下述说法来表示该结论:假如在时间 t 有一个事件 x,那么在邻近的时间 $t+dt$,将会有一个事件,即

$$x+f_1(x)dt+f_2(x)dt^2;$$

这里, $f_1(x)$ 是一个关于时间的连续函数,而 $f_2(x)$ 是由物理学的二阶微分方程决定的。以此种方式联系在一起的这一连串事件被称为一片物质。在量子理论所思考的那些突然变化的情形中,除了空间位置以外,一切事物都依然具有连续性,而且空间位置经历了一种变化,这种变化是少量的可能的变化中的一种。因而,在这种情况下,新的现象也能因果地与旧的现象联系在一起,尽管联系法则某种程度上与在通常情况下有所不同。

因而,构成一个物质单元的这一连串事件因一种内在的因果律的存在而不同于其它的事件系列,尽管这种因果律只是微分形式的。在这方面,光波类似于一个物质单元;其不同之处在于,它是以球形的方式扩展的,而不是沿着一条直线式路线传播的。[①]

① 电子的非实体性特征,以一种甚至比在古老的理论中更有说服力的方式,出现在第四章中所提及的海森堡的理论中。

我们将看到,假如一片物质是一连串事件,那么在运动与其它的连续变化之间的区分并不像看起来那样简单。我们能够构造并非全属于一片物质的连续事件系列,因此,从一个事件到另一事件的变化就不再是一种"运动"。"运动"是根据运动法则而相互联系起来的一连串事件。这似乎像一个恶性循环,但实则不然。我们所断言的是:存在一些根据运动法则而彼此联系起来的事件串,一个这样的事件串被称为一片物质,在这个事件串中从一个事件到另一个事件的变迁被称为一种运动。这个断言所包含的东西与物理学所能证实的东西一样多,因为每一个知觉对象都是一个事件。并不存在有利的数学因素来断言其它的东西,而且断言其它的东西就超越了证据。因此,在物理学中,谨慎的做法是把一个电子视为通过某种方式而相互联系在一起的诸事件所构成的一个事件组。一个电子可以是一个"事物",但是我们绝不可能获得任何有利于或不利于这种可能性的证据;这在科学上是不重要的,因为这个事件组拥有一切必要的性质。

我们已经涉及物理学与知觉之间的联系在实体概念上所带来的启发,它是我们的问题的第三个分支。我们在前面诸章中发现,从知觉推论出来的物理对象是一个事件组,而非一个单独的"事物"。知觉对象总是事件;当常识认为它们是拥有变化着的状态之"事物"时,它是轻率的。因此,从知觉的观点看,完全有理由期待一种摒弃了恒久实体的关于物理学的解释。我们已看到这样的一种解释是可能的,因此我们将采用它。

然而,哲学上存在一种并非罕见的观点,而且它或许比我所采纳的观点更接近常识。我认为,这就是怀特海博士的观点。它认为,构成一个组的那些不同的事件——无论是在某一时间形成一个物理对象的事件,还是形成一个物理对象之经历的事件——并不是逻辑上自立的,而只是一些"样相"(aspect),并且,这些样相在某种意义上蕴涵着其它的样相,而这种意义并非仅是因果的或归纳地来自观察到的样相。根据纯逻辑的理由,我认为这种观点是不可能成立的,而且我已在其它地方证明了这一点。但在此刻,我更愿意证明它在经验上是无用的。如果给定一个事件组,那么,组中的事件是一个"事物"的诸"样相"这一证据,一定来自知觉的归纳证据,而且一定恰好就是我们在把它们归入一些具有因果内涵的组时所依赖的那种证据。想象中的逻辑的蕴涵,假如存在的话,不可能通过逻辑而只能通过观察被发现。任何人都不能仅凭推理而避免被三牌猜王后游戏欺骗。此外,在把两个事件称为一个"事物"的"样相"时,我们暗示着它们的相似性比它们的差异更重要;但对科学来说,两者都是事实,并且具有完全同样的重要性。人们可以说,相对论就是通过注意"样相"之间的细微差别而产生的。因此,我断定,具有"样相"的事物与恒久实体一样无用,它代表一种既无必要也无根据的推论。

248

第二十四章　科学推论中结构的重要性

　　我们正在考虑的从知觉到物理学的推论依赖于某些公设；而除了归纳以外，主要的公设是这样一种假定：当原因和结果都是复合物时，二者之间具有某种结构上的相似性。在本章中，我想更细致地探究这个公设；我不指望确立我认为它理当具有的有效性，而是想发现它断言了什么，并且从中又能推论出什么。

　　首先要弄清我们用结构意指什么。这个概念不适用于类，而仅仅适用于关系或关系系统。在《数学原理》中，我们对它进行了充分的定义，并使其成了一般算术的基础。[①] 但是，由于那本书的后面一些部分没有被人读懂，所以请读者原谅我大体重复一下我们当前所需要的东西。

　　假如有两个关系 P 和 Q，并且在两个关系域的项之间存在一种一对一的关系，以至于每当两个项拥有关系 P 时，它们的相关项就拥有关系 Q，且反之亦然，那么我们就说这两个关系是"相似的"。最熟悉的例子是序列关系：两个序列是相似的，当它们的项在没有发生顺序变化的情况下就能相互关联起来时。但是，若设想序列是关于关系的相似性的概念之唯一重要的应用，则是极端

―――――――――――――

　　① 《数学原理》第二卷，第四部分，第 150 节及其以下。

错误的。例如,如果一幅地图是精确的,那么它就相似于它所描绘的区域。一本标音正确的书相似于它被大声朗读时所产生的声音。一张唱片相似于它所产生的音乐。如此等等。

可以看到,相似性不仅适用于两项关系,也适用于拥有任意数目的项的关系。假定我们拥有两种关系 R 和 R',并且每一种都是 n 元的;再假定有一种一对一的关系 S,并且它把 R 的域中的所有项与 R' 的域中的所有项都关联了起来;令 $x_1, x_2, \cdots x_n$ 是拥有关系 R 的 n 个项,并且令 $x_1', x_2', \cdots x_n'$ 是通过关系 S 与它们关联起来的项。那么,若有一种一对一的关系 S,并且当上述条件被满足时,$x_1', x_2', \cdots x_n'$ 就拥有关系 R',且反之亦然,则 R 和 R' 是相似的。

两种相似的关系拥有同一种"结构",或者说"关系数"。一种关系的"关系数"就是其结构,并被定义为所有与特定关系相似的关系所构成的类。关系数满足为超限序数所满足的算术之一切形式法则。有限的及超限的序数都是一种特殊类型的关系数,即产生良序序列的关系之关系数。

为关系数所满足的形式法则是:

$$(\alpha + \beta) + \gamma = \alpha + (\beta + \gamma)$$
$$(\alpha \times \beta) \times \gamma = \alpha \times (\beta \times \gamma)$$
$$(\beta + \gamma) \times \alpha = (\beta \times \alpha) + (\gamma \times \alpha)$$
$$\alpha^\beta \times \alpha^\gamma = \alpha^{\beta + \gamma}$$
$$(\alpha^\beta)^\gamma = \alpha^{\beta \times \gamma}。$$

它们通常既不满足交换律,也不满足其它形式的结合律;也就是说,既不满足:

$$\alpha \times (\beta + \gamma) = (\alpha \times \beta) + (\alpha \times \gamma),$$

也不满足：

$$\alpha^\gamma \times \beta^\gamma = (\alpha \times \beta)^\gamma。$$

因为下述理由，关系数是重要的。除了能用逻辑加以证明的命题（我们在第十七章中考虑过它们）以外，还有其它一些能用逻辑来阐述的命题，尽管若非通过经验证据它们就不能被证明或否证。例如，"存在一些并非有限的类"就是这样的命题。在内容上，这是一个纯逻辑的命题；但是，并不存在先天的方法知道它是真的还是假的。（人们提出了许多这样的命题，但它们都是错误的。）此外，还有一些包含某个特殊成份的命题；但是，假如那个成份被转换成一个变项，那么我们就能够用逻辑词项来阐述这些命题。比如，以"在……之前（before）是一种传递关系"为例。这并不是一个纯逻辑所能阐述的陈述，因为在……之前是一种经验关系。但是，当 R 是一个变项时，"R 是一种传递关系"就能通过纯逻辑加以阐述。我们将说，一个包含某个成份 a 的命题把一种"逻辑属性"归于 a，假如当 a 被替换为一个变项 x 时，所得到的结果是一个可以用逻辑来表达的命题函项。对一种逻辑属性的检验是非常简单的：除了常项 a 以及像"不相容性"及"对 x 的所有值来说"这样的纯形式的常项，一定没有其它的相关常项——纯形式的常项并不是它们在其语词或符号表达式中出现的命题之成份。我们将会看到，传递性（比如说）是一种关系的逻辑属性；非对称性与对称性也是这样的；在其域中拥有 n 个项这一属性也是这样的；就一种三项关系（在……之间）而言，产生欧几里得空间这样的属性也是这样的；就一种四项关系（成对事物的分离）而言，产生射影空间这一属性也是这样的；如此等等。我们现在能够陈述结构的重要性由之得以显现的命题：

当两种关系拥有同一种结构（或关系数）时，它们的一切逻辑属性都是相同的。

逻辑属性包括一切能用数学词项来表达的属性。此外，如果假定从知觉到其原因的推论是有效的，那么推论主要——若不是唯一地——涉及逻辑属性。我们现在就必须考察后面这个命题。

首先以物理学空间与知觉空间之间的关系为例。在一个感知 252 者的私有空间内，被感知到的空间关系与推论出来的空间关系之间有一种区别。存在一种一个人的所有知觉对象都能纳入其中的空间，但这是构造出来的空间，并且此种构造在人的生命的最初几个月内就完成了。但是，也存在一些被感知到的空间关系，它们最明显地出现在视知觉对象之间。这些空间关系并不等于物理学在相应的物理对象中间所假定的那些空间关系，但在某种程度上对应于它们。如果我们以感知者为原点，并通过极坐标来表示物理学之可见对象的位置，那么两个角坐标对应于视知觉对象之间的被感知到的关系，而位置向量（也许除了非常微小的距离）是通过因果律推论出来的。让我们把自己限定于角坐标。我的核心意思是，物理学在指派角坐标时所假定的关系，并不等于我们在视觉范围内所感知到的那些关系，而是只通过一种保留其逻辑（数学）属性的方式与它们相一致。这是从下面这个假定中得出的结论：两个同时产生的知觉对象之间的任何差异，都蕴涵着其刺激物上的一种相关的差异。因此，如果假定光是以直线传播的，那么，两个对象所产生的知觉对象若在被感知到的方向上有所不同，则两者本身一定在与被感知到的方向相一致的某个方面有所不同。但是,除了上述假定所蕴涵的逻辑属性以外,我们不需要假定物理的方向与视觉的方向拥有某种共同的东西。在第三部分,我将尝试构造一种物理的空间,这种空间将提供这种一致的某些细节。现在,我想指出,我们只能推论物理空间的逻辑(数学)属性,而且不可以设想它就是我们的知觉的空间。确实,就像我在后面将试图证明的那样,一个人的视觉空间,对于物理学来说,全都在他的头脑内;对因果关系的思考将会得出这样的结论。

同样的考虑也适用于颜色和声音。颜色和声音可以从若干特征上按照某一顺序加以排列;我们有权假定,它们的刺激物可以从相对应的一些特征上按照某一顺序加以排列;但是,靠其自身,这仅仅将确定刺激物的某些逻辑属性。这一点适用于各种各样的知觉对象,并说明了为什么我们的物理知识是数学性质的:因为物理世界的任何非数学属性都不能从知觉中推论出来,所以它是数学性质的。

然而,这个限制至少在表面上有一种例外。我所指的例外是时间。我们总是假定,知觉对象之间的时间和物理世界的时间是相同的。我不知道这种观点是否正确,但我将努力在两方面都提出一些理由。

首先,我们必须使我们的语言适应相对论。我将假定(我在第三部分将加以论证),当我们谈到物理空间时,我们的所有知觉对象都在我们的头脑中。因此,假定我们随身携带着表,那么心理的时间就是我们的表所测得的时间。我们的头沿着一条世界线运动,并且我们的心理的时间间隔是通过沿着这条世界线对 ds 做积分运算而以物理的方式测得的。因而,我们不难做到这样一点,即让心理的及物理的时间是相同的这一陈述适应相对论的要求。在这方面，时间不同于空间，因为从物理上说，我们所有同时产生的知觉对象都位于同一个地方。

然而我认为，知觉对象之间的时间间隔只是通过一些推论而获得的，这些推论与把我们引向物理世界的推论属同一类型。被感知到的关系并不存在于发生于不同时间的事件之间，而存在于在同一时间发生的一个知觉对象与一种回忆之间，或者说，在涉及非常短暂的时间的地方，存在于一种最生动的感觉和一种逐渐消失的感觉之间。感觉不是突然衰弱的，而是逐渐消失的，尽管非常快。这就是一种快速的运动能被理解为一个整体的原因：当靠后的感觉出现时，靠前的感觉尽管不太生动，但依然存在。因此，我们的时间知识似乎是从被感知到的关系中推论出来的，而严格说来，这些关系并不是时间性的。我认为，这些关系分为三种。我们已经提及了两种：生动的感觉对逐渐消失的感觉的关系，以及知觉对象对回忆的关系。但是，除了这些以外，还有存在于回忆中的顺序关系：我们能够按照正确的顺序回忆起一个过程。然而，在这里，我们所感知到的一切也都出现在当前，并且作为原型的事件之间的时间顺序是从构成我们当前回忆的这些同时发生的事件之间的关系中推论出来的。因而，结论似乎是：心理的时间可以等同于物理的时间，因为两者都不是材料，但每者都是通过我们在其它地方所发现的那类推论从材料中获得的；那类推论就是指允许我们仅仅知道被推论之物的逻辑或数学属性的推论。

因而，当我们从知觉中进行推论时，无论在任何地方，都只有结构才是我们所能有效推论的东西；而且结构是包括数学在内的

254

数理逻辑所能表达的东西。

　　在总结这个讨论之前,我们必须思考相似性概念的外延,它对于把我们引向物理世界的推论来说极为重要。在定义相似性时,我们使用了一种一对一的关系 S。但是,我们可以代之以一种多对一的关系,并依然可以获得某种有用的东西。这种做法的重要性在于:正如我们已看到的那样,假如我们选取一个构成一个物理对象的事件组,那么靠近对象的事件对远离它的事件的关系是多对一的,而非一对一的。如果我们正在观察半英里以外的一个人,那么当他皱眉时他的现象并不改变,而对于一个从三英尺之远的地方观察他的人来说,这个现象就会发生变化。太阳上可以发生一些我们甚至使用最好的望远镜也无法觉察的大尺度事件。但是,在离太阳更近一些的地方,这些事件可以拥有一些效果,而对于一个位于其产生之处的感知者来说,这些效果将是重要的。作为逻辑问题,显然易见,如果我们的相关关系 S 是多对一而非一对一的,那么,在 S 由之展开的意义上的逻辑推论就像以前一样是可行的,但相反意义上的逻辑推论是比较困难的。正因为如此,我们假定,不同的知觉对象拥有不同的刺激,但不可区分的知觉对象无需拥有完全相似的刺激。假如我们拥有 xSx' 及 ySy',并且这里的 S 是多对一的,再假如 y 和 y' 是不同的,那么我们能够推论 x 和 x' 是不同的;但是,假如 y 和 y' 并无不同,那么我们却不能推论 x 和 x' 并无不同。我们时常发现,不可区分的知觉对象为不同的效果所伴随——例如,一杯水导致伤寒,而另一杯水则没有导致。在这样的情况下,我们就假定有一些不可察觉的差异——显微镜可以使这些差异成为可察觉的。但是,在没有可发现的效果上的差异的地方,我们依然不能肯定不存在某种刺激上的差异;在后来的某个阶段,这种刺激上的差异可能会变得重要。

当关系 S 是多对一的时候,我们将说它所关联起来的两个系统是"半相似的"。

这种考虑使得所有物理推论都或多或少成为靠不住的。我们能够构造一些与已知事实相符的理论,但我们绝不能肯定其它理论不会同样充分地与它们相符。这是科学推论的一个必然缺陷,而且科学家通常认识到了此种缺陷:任何明智的科学家都不会主张,某某理论被牢固确立了,并将因此绝不需要加以修改。牛顿的引力定律曾比任何其它理论更接近此种确定性;然而,这种定律已不得不被修改。不确定性的根本理由在于,连接物理对象与知觉对象的关系 S 是多对一而非一对一的;这种不确定性,甚至在我们假定科学推论的所有准则时,也仍然存在。

第二十五章 物理学视野中的知觉

迄今为止,我们一直把知觉作为出发点,并在思考如何能够获得作为来自知觉的推论的物理学。在本章中,我要追寻相反的路线,并在假定物理学的前提下,考虑知觉对象如何能在物理世界中找到它们的位置。

首先,让我们排除某些与这种探究不相干的问题。一个知觉对象,当被视为物理学之认识论的基础时,必须是一种"材料"——它必须是某种被注意到的东西。因此,任何可能与通常的知觉对象相一致的东西,即为物理学提供经验前提的东西,显然都必须是"已知的"。但是,我们没有必要定义"知":对于物理学来说,只有知觉对象才是重要的,我们与它们的关系可以被视为理所当然的。类似地,我们无需考虑下面这样的问题:当我们感知时,包含一个知觉对象和一个感知者的事件是否是关系性的? 或者说,这个知觉对象的出现是否就是那个时刻所发生的一切,并且其"精神的"特征是否是由记忆(在其最广泛的意义上)所赋予的? 我们无需关心这类心理学问题。我所希望讨论的,是知觉对象的物理地位;这里所说的知觉对象,既指颜色片、声音、气味、硬度等等,也指被感知到的空间关系。而且,在这种讨论中,我现在假定了通常的物理学,它属于我们在第一章中所解释过的那种物理学。

怀特海博士的书是对从知觉的原因理论中产生的"自然的两分"①的一种反对。我完全赞成这种反对意见。洛克认为,第一性质属于对象,第二性质属于感知者;不管作为个体的科学家在其进行哲学思考时可能想到了什么,这实际上已经是科学的信念。我希望为之辩护的观点是极为不同的。我认为,这个世界到处充满了事件,也就是说,这些事件所构成的一个事件组或者说该事件组的分子在不同程度上所拥有的某种特征,时常暗示着一种有序的排列,且这种排列通常是在某一中心周围按对称的顺序进行的;例如,当不同的人看一枚便士时,他们所获得的知觉对象可以根据大小和形状加以排列。拥有不同来源的顺序大体上是一样的:例如,如果我们在以某一种方式走动,且这种方式导致大鼓看起来更大,那么我们也等于在以另一种方式走动,且这另一种方式导致其听起来声音更大。通过这种方式,我们构造一种既包含感知者也包含物理对象的空间;但在这种空间中,知觉对象拥有双重的定位,即感知者的定位和物理对象的定位。如果让这种定位的一半保持固定,我们就从一个特定的地点获得了世界的景象;如果让这种定位的另一半保持固定,我们就从不同的地点获得了一个特定的物理对象的诸多景象。第一重定位是感知者,第二重定位是物理对象。但是,这个陈述的前半部分是半信半疑地被人接受的。

我的看法是,物理世界,若被视为可察觉的,是由拥有这种双重定位的事件所组成的。现在,我想按照这样的一种方案来确定

① "自然的两分"是怀特海所用的术语。它是指把实在划分为两部分,再分别对两部分赋予不同程度的实在性。——译者注

知觉的位置。

思考一下从瞬息的闪光展开的球形光波。在真空中,它以同麦克斯韦方程相符合的方式前进;但当遇到物质时,它就依情况的不同而发生这样或那样的改变。当我说它"遇到物质"时,我的意思是什么?答案是相当简单的。与每一个电子或质子相联系,都有一个引力场及一个电磁场;这些场是通过某些法则而显示出来的,而这些法则改变了在诸如光波这类事物的其它中心周围的"未被干扰"的分布。事实上,可以说这些场其实是由关于这种改变的公式所组成的。因此,当我说光波"遇到物质"时,我的意思是,它接近于某种这样的系统性改变的中心。眼睛是这类中心的一个汇集,并且在穿过它之后,作为过程的光波遵循一组不同的法则。知觉对象是这样一种过程的一个名称;该过程的特征在于,在穿过某一类区域,即眼睛、视神经和脑的一部分之后,知觉对象就出现了。由于与该过程其它部分之间具有因果连续性,就像其双重定位一样,它一方面拥有光源,另一方面拥有脑。如果我们说一个知觉对象"显然"不在脑中,那是因为我们想到了它在物理对象中的定位,并且把这与作为一个物理对象的脑的定位相比较。

主要因为布洛德博士的批评[①],我们需要做出某些解释。首先,布洛德提出,上述理论在感知者的身体问题上采取了一种常识的观点,并由此为其在外在对象问题上所提出的观点取得一种不适当的貌似合理性。情况并不是这样的;但为了消除这样的一种

---

① 布洛德:《科学思维》,凯根·保罗出版社,1923 年,第 531 页及其以下诸页,特别是第 533 页。

错误之表象,有必要解释一个物理对象的双重特性。一方面,它是由诸"现象"即相互关联的事件所形成的一个"现象"组,而且这些现象近似地依视角法则而两两不同;另一方面,一个物理对象对其它对象的现象有一种影响,尤其会影响其附近的现象,从而导致这些现象或多或少背离它们在严格遵循视角法则时所呈现的样子。在知觉理论中,感官仅有这第二种职能需要履行,而被感知到的对象拥有第一种职能。在知觉理论中,正是这种职能上的差异使得我们似乎以一种比对待外在对象更实在的方式来对待感知者的身体。但是,这只是一个程度的问题。一个外在对象的现象也为其它的外在对象——例如,蓝色眼镜或显微镜——所改变。我认为眼睛所起的作用本质上类似于显微镜所起的作用,而且在视神经所起的作用问题上,我采取了同样的观点。

　　布洛德博士所提出的另一种反对意见是,上述理论至多仅仅适用于视觉对象,而不适用于通过其它官能所认识的对象。我现在确实认为,视觉,当被视为物理学基本概念的一种来源时,绝对是各种官能中最重要且最不误导人的。但是,我不承认我所提出的观点无论如何都不适用于其它的官能。然而,我们需要对这个问题做出某种讨论。

　　让我们先以触觉官能为例。这种官能没有像眼睛这样的专门器官,但它遍布在整个身体表面;这一事实使得该官能复杂化了。为了避免复杂化,我们且假定只有右手的食指指尖正在被使用。我不知道什么东西真正被设想为触觉的物理过程;但我们可以设想,它或多或少是下述这样的过程:皮肤某一部分的电子和质子非常接近于一个外部物体的电子和质子,以至于产生了电干扰;这些

260

电干扰沿着传入神经被传送到脑的适当部分,并在那里产生相应的干扰。对我们的目的来说,这种观点是否完全正确并不重要,因为此过程的确切性质是与我们不相干的。但是,有一点在某种程度上是重要的,那就是,触觉上的变化或不变化比视觉上的变化或不变化更重要。一个印刷字母,甚至一个印刷文字,一眼就能被看到;但为了阅读"布莱叶盲文字",有必要让手指围绕这些字母的轮廓线移动。因而,在触觉情形中,形状主要是通过运动而被推论出来的;瞬息获得的材料比许多视觉材料简单得多。当然,对形状的推论依赖于这样一个假定,即触摸到的对象并未在相应的时间内改变其形状;一个盲人要获得关于一条鳗鱼形状的正确看法是很难的。但是,当有怀疑时,我们可以允许手指反复地围绕着对象的轮廓线移动;假如每一次的结果都是相似的,那就可以假定对象保持一种大体没有改变的形状。

　　还有一点是触觉无法同视觉相比的;那就是,物理对象同感知者身体之间的空间关系受到了更多的限制。物理对象必须非常接近据说正在触摸它的感知者的身体之一部分。这意味着,它的定位被限定在某个小的区域内。在那个区域内,只要皮肤的一个敏感部分被使用了,触觉就可以相当令人满意地确定它的位置。我们凭借与肌肉相联系的感觉而知道我们的手的位置,并由此知道手所接触到的任何事物的位置。在触觉的情形中,中间媒介总是感知者身体的一部分;但是,它的影响是由一个物理对象触及身体之一部分和它触及身体之另一部分时触觉之间的差别所表明的。因而,我们的理论正好既适用于视觉,也适用于触觉。

　　声音在许多方面非常类似于光。它是一种有中心的干扰,并且在接近该中心时是最大的。当我们靠近该中心时，我们所听到的声音是最大的。我们能够大致地判断声音的方向——尽管不能使用我们能用来判断一个视觉对象之方向的某种近乎精确的东西来判断。这里，我们也有某种物理的过程，它在空气中遵循某些法则，但在耳朵、神经及脑中遵循多少有点不同的法则。然而，我们可以认为，这些差别本质上与因物质之出现而在物理过程中正常产生的差别属同一类型。因此，我看不出声音呈现了什么困难。

　　作为物理知识的来源，其它官能就次要得多了，而且详细讨论它们似乎是不必要的。然而，心理学倾向于表明，感觉器官或传入神经的任何非正常状态都容易以某种方式改变知觉对象，而对此方式的解释有赖于某种像我们的这样的理论。人们有时论证，假如我们不能信任我们的官能，我们就不能知道我们拥有感官，或者说，不能知道生理学中存在某种真实的东西；不过，这样的论证是荒谬的。假如我们发现，几个人在看琼斯，并看到他正好跟平常一样，而另一个人发觉琼斯看上去变得奇怪了；再假如这几个人在彼此的眼里没有看到什么奇怪的东西，而他们全都在那一个人的眼里看到了某种奇怪的东西；那么，在这样的情况下，我就说，把这两种奇怪彼此关联起来是自然的，也是合适的。发现琼斯不同寻常的那个人，是透过一种拥有异常效果的介质而看到他的；怀疑论至多拥有获自观剧镜①之效果的根据。怀疑论者的论证只有用来反对素朴实在论才是有效的，并且存在这样的一种倾向，即我们一不小心就会重蹈素朴实在论之覆辙，而那种论证就是从这种倾向中

① 观剧镜，指看戏时用的小型望远镜。——译者注

获得其言辞的力量的。

　　知觉之认识的功效依赖于两种因素：一种是物理的，一种是心理的（及生理的）。心理的因素是记忆，以及经验对心灵与身体的全部影响。这是一个大的题目，我只是提及而不想认真思考它。然而，物理的因素可以再次被指出。它是这样的事实：物理事件往往被归组在一些中心周围，并且一个组的分子是根据我们所谓的视角法则而近似地关联起来的。这使我们能够由一个知觉对象推论当我们移动时我们就该拥有的其它知觉对象，或别的感知者现在所拥有的其它知觉对象。当一个天文学家看到月食时，他完全可以肯定其他人也看到了——假如他们是朝着正确的方向看去的。当一个人看到德比马赛①时，他完全可以肯定其他观众也看到了——也就是说，他们拥有一些可以根据视角法则从他的知觉对象中近似地推论出来的知觉对象。至于在没有感知者的地方所发生的事情，我们能在某些假定的基础上做出大量的关于其数学结构的推论；但关于其内在的性质，我们做不出任何推论。总之，知觉的推论力量依赖于这样的事实，即物理事件发生在一些有联系的事件组中，并受限于这一事实，即这仅仅在某种近似的程度上才是真的。

　　在这方面，还有一个极其重要的问题要加以讨论；我所指的是，一个知觉对象与一种物理过程之间表面上的差别问题。初看起来，光波似乎非常不同于视知觉对象，而声波似乎非常不同于听知觉对象。但是，这种表面上的鸿沟产生于不同顺序中的事件之间的比较。我们必须认为，一种物理干扰，比如一种光波，在现实

----

　　①　德比马赛是始于1870年的英国传统马赛之一。——译者注

中要比在数学中复杂得多。物理世界的事件是依据某些法则而相互关联起来的，并且为了数学的目的，我们能够把由相互关联的事件所构成的整个一个组看作一个事件。没有任何理论上的理由可以解释光波为什么不应该是下述这个样子的：它是由若干事件（occurrence）组所构成的，且其中的每个组都包含一个或多或少类似于一个视知觉对象之一微小部分的分子。我们不能感知一种光波，因为眼睛和脑的干涉会阻止它。因此，我们仅仅知道其抽象的数学属性。这样的属性可以属于由任何类型的材料所形成的材料组。断言这种材料一定非常不同于知觉对象，就等于假定我们所知道的东西远远超出我们在物理事件的内在特征方面实际上所真正知道的东西。如果有某种有利因素来假定这一点，即光波、眼睛中的过程和视神经中的过程包含一些在性质上与最终的视知觉对象之间具有连续性的事件，那么我们在物理世界方面所知道的任何东西都不能用来证伪这个假定。

　　知觉对象与物理学之间的鸿沟并不是内在性质方面的，因为我们对物理世界之内在性质毫无所知，而且因此不知道它是否非常不同于知觉对象世界。这条鸿沟出现于我们在这两个领域所知道的东西上。我们知道知觉对象的性质，但我们并没有像我们所能期望的那样充分认识它们的法则。就物理世界的法则是数学性质的而言，我们极其充分地知道这些法则，但除此之外我们对物理世界一无所知。如果在假定物理世界内在地与知觉对象世界完全不相似时存在某种知识上的困难，那么这就是假定不存在这种完全的不相似的一种理由；而且，这样的一种观点是有某种根据的，因为知觉对象是物理世界的一部分，并且是在不借助于相当复杂而又晦涩的推论的情况下我们所能知道的唯一的一部分。

264

第二十六章　知觉的非精神类似物

　　我们在第二十五章中看到，知觉的认识价值，即产生时常有效的推论之能力，是两个因素的产物：一个依赖于人的心灵与身体，另一个纯粹是物理的。依赖于人的心灵与身体的那个因素与"记忆"现象有关。哪里有生命，哪里就有这些现象，而且这些现象也在某种难以觉察的程度上出现在"死"物质中；但是，生命越高级，它们就越显著。然而在本章中，我所希望考虑的，正是从记忆因素中分离出来的知觉中的物理因素。也就是说，我想强调下面这个事实：一个知觉对象是一个由相互关联的事件所组成的系统中的一员，这些事件全都是结构上相似或半相似的，并且物理世界，就我们所能认识的而言，就是由这样的事件所组成的。我详细论述这个话题的主要目的，在于表明知觉对象容易而又自然而然地与其在物理世界中的位置相符合，而且不会被视为与物理学所关心的那些过程完全不同的某种事物。

　　我们且回到以前所举的关于口述录音机及照相机的例子上来。在那个例子中，口述录音机及照相机记录了一次谈话以及与这次谈话一起发生的行为，并且被发现与目击者的回忆相一致。当我们在前面的一章中思考这种一致时，我们关心一些基本的怀疑；现在，我们将假定物理学的四维流形以及从被感知到的到未被感知到的事件的推论之正当性（原则上）。假定了这一点，在下述从(a)到(e)五种事物之间的关系问题上,我们能做出什么样的推论呢?(a)听者所听到的声音;(b)当他听到声音时正好发生在其耳朵之外的事件;(c)同时发生在口述录音机上的事件;(d)口述录音机的记录;(e)那个听者在听口述录音机时所听到的声音。

(a)与(e)之间的相似是基本的,而且这种相似是通过对知觉对象与记忆进行比较而被认识到的。因而,这就涉及到知觉与记忆之间的关系问题;但是,由于这个问题是心理学的,我将只说,在我看来,从回忆(现在发生的)到被回忆的事件(以前发生的)的推论本质上相似于物理学的推论,并且它只担保这样的一种信念,即回忆与被回忆的事件之间在结构上是相同(或极其相似)的。记忆之可信赖性的根据与知觉之可信赖性的根据似乎属同一种类型。但是,我将把所有这一切都视为理所当然的,因为我们的主题是物理学,而非心理学。我将因此假定,在第二十四章所解释的意义上,(a)和(e)能被认识到是结构上相似的。

我们因而有了一个过程链,它的一端是(a),另一端是(e);终端过程在技术的意义上是相似的,并且我们假定中间过程彼此之间及其同终端过程之间也是相似的。让我们稍微细致地思考这一点。(a)和(b)的关系是知觉对象与刺激的关系,即结果与原因的关系。结果是一个复杂的过程;我们假定,具有可辨认之差异的知觉对象一定拥有不同的刺激;因此,原因一定是一个复杂的过程,至少半相似于结果。通过忽略原因之结构在其中比结果之结构更复杂的那些方面(假如存在的话),我们可以认为它是相似的,而不仅仅是半相似的。类似的论证将使我们能够把(d)和(e)看成是相似的。由于(a)和(e)是相似的,因此(b)和(d)是相似的。我们不能把这种相似归因于偶然,因为我们发现,每当必要的条件既已满足时,它就存在。因此,我们推断(c)一定也与其它过程相似。由于口述录音机可以放在说话者周围的任何地方,我们推断,在他们周围的一个区域内,到处都有结构上与那个听者的听知觉对象相似的物理事件。对于光,同样的东西也将从照片中产生。因此,一个知觉对象,当从物理上加以考虑时,并不非常不同于其它的物理事件。如果我们愿意,我们可以假定它在内在性质上不同于它们;并且我们知道它是在原因上与其有别的,因为它产生了记忆和推论。然而,甚至连这些东西也不像乍看上去那样有别于某些物理过程。

当我们实施适当的刺激时,记忆能产生在结构上与先前某些事件相似的事件;而记忆就是由自身的这种能力所表明的。我们并不总是记得我们所能记住的每件事情;当我们被问及一些事物时,或者,当某个通过联想而导致这些事物被想起的事物出现时,我们记得它们。在这种意义上,口述录音机是"有记忆力的"。确实,它不能"推论":它将不会回答一个它从未听到被人回答过的问题。但是,在原因上为其它一切推论之基础的心理推论,与其它的物理过程并非很不一样,而且完全有可能是根据物理法则而展开的。然而,我不想讨论这些心理学的话题;唯有知觉及其非精神的类似物才是我所希望考虑的。

我们必须假定每一处都发生大量的事件,因为光和声音都可以被仪器记录下来,并被感知者观察到。我们的视野是非常复杂的,而且物理刺激一定至少拥有同等程度的复杂性:假如情况不是这样,我们就不能同时看到许多对象,而且照相感光板也就不能把它们拍下来。然而,通过把一种感觉之刺激物理解为一个周期性过程而非一个静态事件,物理学简化了所有这一切。我们关于颜色(比如说)的知觉似乎不是一种类似于光波的周期性过程;在这方面,一个视知觉对象的表面上的结构不同于物理学在外部原因中所假定的结构。我们必须就这个话题说上几句,以便弄清它与我们关于结构之相似性的一般理论之间的关系。

　　首先,在诸如从刺激向知觉对象过渡这样的活动中,我们不能期待结构上的完全相似:我们所能期待得到的东西,至多与我们在纯粹物理活动中将发现的东西同样多。在一种光波与一个原子内的量子变化之间存在大量的差异,然而它们之间是结果与原因的关系。我们是通过使我们看见事物的光波而知道我们关于原子所知道的东西的;除非光波间的差异类似于原子间的差异,否则光波不会是传播原子信息的工具。这样,当光波达到眼睛时,它们对眼睛的物质产生了影响,而这些影响使先前从量子变化到光波的过程发生了彻底的改变。考虑到我们在第十三章中所思考过的那些理论,原子内所发生的事情与眼睛内所发生的事情之间的关系,有可能比上述解释所会表明的更直接;但是,只有光量子理论变得更充分了,假定事实就是这样才是明智的。因此,我们不能假定,眼睛内的物理过程与光从中发出的原子内的物理过程之间有某种非常密切的关系;而且,我们更不能假定,知觉对象与辐射原子内的过程之间有一种非常密切的关系。然而,仅就存在这样的一种关系而言,视觉能够作为物理知识的一种来源而被接受;当没有这种相似时,视觉就不再值得信赖了。

　　其次,没有什么理由可以解释,为什么刺激与知觉对象之间所

269 必需的相似程度不应该存在于一个周期性过程与一种静态现象之间。只要不同的过程产生不同的知觉对象，相似方面的必要条件就得到了满足。因此，下述观点并不存在理论上的困难：一种关于红的感觉的刺激是振动，然而关于红的感觉本身并没有这种特征，它是一种能在短暂的有限的时间内持续的稳定状态。

第三，我们确实不知道我们关于颜色的知觉对象并不具有刺激物的这种律动性。我们对知觉对象有所知，但这种知并不完全。我们全都知道，假如使一个对象快速旋转，比如说围绕顶端旋转，那么只要它不是转得太快，我们就能看到它在转动；但当它转得超越某一速度时，我们将只看到一个连续的圈状物。考虑到逐渐变弱的感觉的存在，这一点应该是在预料之中的。但是，绝不能因此断定知觉对象中不存在一种来回转动，尽管我们不能感知到这样的转动。通常情况下的光和声，以及电影里的运动所具有的那种貌似真实的连续性，也都完全如此。如果不借助于某种复杂的论证，我们不能知道我们的知觉对象是静态的，还是律动性的，而且也不能知道它们的物理刺激是连续的，还是分离的。这样的知识是不可能的，而原因则在于，我们只能在知觉对象与刺激之间假定半相似性，而非完全的相似性。

因此，在下述这种公认的理论中并不存在任何困难：我们最重要的知觉对象的刺激是快速的周期性过程。另一方面，这种理论有一个重大的优点，因为它简化了必须被假定为我们的知觉之原因的物理世界。一个物理系统，若仅被构想为时-空中的一组物质单元，能够产生无限多样的有规律的运动。有些物理结构在一种周期中共振，有些物理结构在另一种周期中共振。因而，我们的感官能选择一种运动而拒绝所有其它运动,并把所选择的运动作为它们将要对其做出反应的刺激。事实上可以说,一种感官的必要 270 特征就在于对一种类型的刺激是敏感的;就眼睛和耳朵而言,这种刺激一定是一种周期性运动。在这方面,感官无异于无生命的仪器,比如照相感光板和留声机。当我们不考虑我们在自己身上所观察到的作为知觉之结果的精神后果时,这样的仪器拥有某种极其类似于知觉的东西。于是,在某种扩展了的意义上,我们可以说,每一个当且仅当某种刺激出现时才以一种特有的方式做出反应的物体,都拥有关于那种刺激的"知觉"。我们能由自己的知觉对象充分地推论刺激,而我们恰好也能在同样充分的程度上从这样一种物体的反应中推论刺激——这后一种推论有时更充分,就像在关于一种非常敏感的照相感光板的情形中那样。

我们在第二部分中一直在进行的这种讨论的结果,已经证明通常的科学态度是正确的,并使乍看上去似乎存在于知觉与物理学之间的鸿沟最小化了。我们已经看到,从知觉对象到未被感知到的物理事件的推论,尽管不能被赋予数学上的那种说服力,但完全像任何归纳推论所能期待的那样令人满意;而且我们发现,在哲学上我们没有理由设想,物理世界非常不同于物理学所断言的它的那个样子。但我们发现,有必要强调物理知识之极端抽象性以及这样的事实,即物理学在其方程所适用的世界之内在特性方面敞开了所有的可能。在物理学中,没有什么东西可用来证明物理世界在特性上完全不同于精神世界。我自己相信,支持一切实在都一定是精神的这一观点的哲学论证是无效的;但我也相信,任何有效的反对这种观点的论证都不会来自物理学。除了在其数学属

271　性上,对待物理世界的唯一合理的态度似乎是一种完全的不可知论的态度。然而,我们能在构造可能的物理世界方面做某种事情;这种可能的物理世界满足物理学方程,而且甚至与物理学通常所呈现的世界相比,它与知觉世界之间的类似程度要高得多。这样的构造拥有一种优点,即使得从知觉到物理学的推论似乎更可靠,因为它们使我们没有必要去假定某种根本不同于我们所知之物的东西。从这个角度看,它们具有某种重要性;在第三部分,我将至少结合时-空对其加以部分地阐述。但是,我们一定不要把它们混同于科学知识:它们是一些假设,这些假设以后可能会被证明是富有成效的,并已拥有某种想象的价值。但是,它们将不会被认为是任何公认的科学推论原理所必需的。

第三部分

物理世界的结构

第二十七章　殊相与事件

在以下的论述中，我们想构造一幅物理世界的地图；部分说来，这幅地图或多或少是猜测性的，但绝不同迄今所考虑的物理的或认识论的结果相矛盾。我们将探索构造一种物的形而上学，它将使物理学与知觉之间的鸿沟尽可能地变小，并使包含在知觉的原因理论中的推论尽可能不让人怀疑。我们不想让知觉对象神秘地出现在由性质完全不同的事件所组成的因果链条的末端；假如我们能够构造一种关于物理世界的理论，并且该理论使世界的事件与知觉之间成为连续的，那么我们就提升了物理学的形而上学地位，即使我们仅能证明我们的理论是可能的。在以下的论述中，一些部分将比另一些部分更具猜测性；但在每一阶段上，我都将试图表明，我是否正在提出我所信以为一种通过归纳及类比而产生的具有充分根据之推论的东西，或者说，我是否仅仅关心一种说明性假设，此种假设是被设计来展示与获自物理学的抽象科学知识相容的那些可能性的。

迄今为止，我们已经发现，我们关于物理世界所知道的东西分成两个部分：一方面是具体但不连贯的关于知觉对象的知识，另一方面是抽象但系统的关于作为一个整体的物理世界的知识。某些关于结构的问题由物理学回答了，而另一些问题则是悬而未决的。悬而未决的问题是指：对物理学的终极项做进一步的分析是可能

276 的吗？而且如果可能的话,有什么样的方法来推测其性质？在这些问题中,有些一定是始终不可解决的。在科学上,甚至在深入到某一点时,我们都能表明结构的存在;但超出了那个点,我们就不再有证据。我们绝不能证明,在超出我们所达到的点以后就不再有结构,即我们获得了完全没有部分的简单单元;因此,分析本质上不能达到一个已知处于终端的项,即使它事实上已经达到了一个最终的项。我认为,就物理学而言,有理由认为它的项并不是最终的,而且有可能提出一种至少可能为真的进一步分析。

　　当我们希望描述一种结构时,我们不得不通过项和关系做到这一点。也许最终会表明,项自身拥有一种结构;例如,就像在算术中那样,当基数被定义为相似类的类时,情况就是如此。在数学物理学技术中,有一种属于形式方法的重要装备,而且绝大数多物理学家不会认为它拥有某种物理的实在性;它就是作为整体的诸时-空点。人们认为时-空代表一种物理事实系统,但一般承认其数学的点是虚构。这样的一种现状是不能令人满意的,除非我们能真正说出一个在技术上使用了"点"的真实的物理学命题隐含着什么样的非虚构的断言。我计划在下一章处理这个问题。

　　但是,我们将就电子说些什么呢？它们是物理的实在,还是像点一样的便利的数学设施呢？或者,它们是介于这两种极端不同事物之间的某种东西吗？我们认为一条光线是一系列事件;一个电子可能是某种类似的东西吗？但是,光线也提出了一些问题:它拥有某种确定的数学结构,但是很难说我们将如何看待这种结构中的数学项。从前,关于以太中的横波的概念似乎是相当清晰的:
277 以太是由粒子组成的,而且每一个粒子都能以必需的方式运动。

但现在,以太变成了一种非实体性的东西,并且在任何明确的意义上都不能"运动";当然,几乎没有人敢认为,它就如流体力学教材中的均质流体那样,是由点粒子所组成的。因而,光波,就像其成员都乃想象之产物的系统树一样,变成了空气中的一种结构。这表明了结构描述中的一种必然性:项与关系一样重要,并且我们不能满足于我们信其为虚构的项。我们在本章中所关心的,正是物理结构中的项。

我将把"殊相"这个名称给予物理结构中的终极项;终极,在我这里,是针对于我们当前的全部知识而言的。那就是说,一种"殊相"将是某种参与到物理世界中的东西;这种参与仅仅是通过其性质或与其它事物的关系而绝非通过其自身的结构(假如有结构的话)来实现的。横波与纵波的差别是结构上的差别;因此在技术的意义上,两者都不能是"殊相",我也是在这种技术的意义上来意指它的。一个原子就是电子和质子的一种结构;因此,它不是一种"殊相"。但是,当我把某物称为一种"殊相"时,我不想断言它确实没有结构;我仅仅断言,在关于其行为和关系的已知法则中,任何东西都不能为我们提供理由来推断它有一种结构。从逻辑的立场看,殊相满足我们在第二十三章中所给出的"实体"之定义。但是,仅仅是在现存的知识状态中,它才满足这种定义;进一步的发现可能要求我们认识其内部的结构,而且到那时它将不再满足实体之定义。这并没有证明先前关于世界之结构的陈述是假的;在那些陈述中,所说的殊相被认为是不可分析的。它仅仅增加一些新的命题;而在这些命题中,殊相不再被如此看待。以前,原子是殊相;现在,它们不再是。但是,这并没有证明在不顾及原子结构

278

的情况下就能得到阐述的那些化学命题是假的。因此,上述定义的"殊相",是一个与我们的知识相关的词,而非一个绝对的形而上学的项。

让我们从几种一般性的考虑开始,它们所涉及的是我们关于结构的知识。这种知识的一部分可以通过分析知觉对象而获得,一部分依赖于关于未被感知到的存在体的推论。假如仅仅通过分析知觉对象就能发现某些项之间拥有一种关系,我将称这种关系是"被感知到的"或"知觉的"。因而,前-后是一种知觉关系,当它出现在两个都属于似是而非的现在的项之间时。视野内的空间关系是知觉的;在身体的不同部分所出现的一些同时发生的触觉之间的关系,也是知觉的;在身体的同一部分——比如一个指尖——所出现的触觉,可能已经感知到了一些关系,假如两者都属于似是而非的现在。在盲人对形状的识别中,这些一定是重要的。在一个知觉对象和一次回忆之间存在一些被感知到的关系,这些关系导致我们认为后者是过去。存在一些被感知到的比较关系,它们有时可能是颇为复杂的——例如"蓝和绿的相似甚于蓝和黄的相似"。(这里,我们设想蓝、绿及黄是特殊的给定的颜色片。)我应该说,也存在一种被感知到的同时关系。我不说上述清单是完全的,但它揭示了关系能在其中被感知到的各种情形。

在像关于被感知到的运动的分析这类情形中,有一种被人们大加宣扬的困难。假如我在眼前从左到右移动我的手,并且专注于这个视知觉对象,那么它在性质上似乎不同于在许多不同位置上关于我的手的那些连续的知觉。在一只表上,我们能"看见"秒针的运动,但看不到分针的运动。毫无疑问,有一种我们自然将其描述为关于运动的知觉的现象。我们意识到自己在感知一个过程：假如我从左到右移动我的手，那么我所得到的印象不同于当我从右到左移动我的手时所得到的印象，而且对每个人都显而易见的是，这种差别体现在运动的"方向"上。事实上，我们能够区分这种运动中靠前的和靠后的部分，因此运动好像不是没有结构的。但是，它的各部分似乎是别的运动，并且每一种其它的运动大概都必须拥有其自己的结构。这导致无限可分的观念，而且我们在任何地方都不能获得简单的部分；这种无限可分的观念不是以不可分之物的一种可定义的结构而是以一种过程为基础的，并且该过程的各部分总是由结构上与它们相似的部分所组成的。运动悖论、二律背反、柏格森对分析的反对以及哲学家们所提出的一种强烈主张，即康托尔连续统并未解决他们的困难，全都产生于下面这一困惑：一种运动似乎是由若干运动组成的，或者如康德所说，一个空间是由若干空间组成的。

澄清这样一个问题是重要的，这个问题关涉的是对运动的知觉对象的分析，这是因为这个问题适用于所有关于变化的知觉，并被认为对调和心理学与物理学的尝试构成了一种困难。首先，知觉对象的连续性并不表明物理过程是连续的；制造一种产生连续的（或表面上连续的）知觉对象的不连贯过程是容易的，比如在电影中。其次，值得注意的是，假如一种不连贯的物理过程是逐渐加速的，那么当我们处于完全清醒的状态并拥有敏锐的官能时，相比于当我们处于昏昏欲睡的状态或拥有无力的官能时，知觉对象将会在较长的时间内保持其不连贯性。每个人都知道被一只报时钟从瞌睡状态中吵醒的经验：起初，时钟的敲报声似乎是连续的。因此,下述主张是一种站得住脚的假设(假如因其它理由而值得拥有的话):在刺激与知觉对象间的多对一的关系的意义上,所有物理过程都是不连贯的,并且知觉对象的连续性只是一种含糊的情形。我并不是断言这样一种观点;我只是说,它与我们在关于迅速发生的过程的情形中在刺激与知觉对象间的关系问题上所知道的东西相一致。更不容置疑的是,数学的连续统,假如存在于刺激过程中,将会产生我们所谓的连续的知觉对象。因此,在我们关于过程的知觉中,没有什么东西让我们觉得数学的连续性分析对于物理学来说一定是不充分的,而且尚没有什么可以表明量化的时间和空间不能产生我们称之为"看见一种运动"的那类知觉对象。就知觉对象的直接性而言,所有物理的可能性都是悬而未决的。

然而,那些强调知觉连续性的这种被感知到的特性的人所提出的论证,并不是关于物理刺激之性质的,而是关于知觉对象之性质的。他们认为,知觉对象的连续性很显然不是数学连续统的连续性,而且也不是虚假的连续性现象——知觉对象若是一种迅速而不连贯的过程,这种现象就会存在。在这样说时,依我看,他们就超越了证据所能证明的东西。考虑一种在某些方面而非其它方面与此类似的情形,即关于一些稍有差别的颜色片的情形。假设我们拥有一系列颜色 $A, B, C, D, \cdots$,并且每一种颜色都无法明显同其邻近的颜色相区分,但可以同其余的颜色相区分。也就是说,我们不能发现 A 与 B 之间或 B 与 C 之间有什么差别,但能发现 A 与 C 之间有一种差别。于是,我们被迫推论 A 与 B 之间及 B 与 C 之间有一种差别,尽管我们不能感知到它们之间的任何差别。这样的一种推论并无理论上的困难,因为尽管 A, B, C 都是知觉对

象,并且 A 与 C 之间的差别是一个知觉对象,但没有理由可以说 281
明为什么 A 与 B 之间及 B 与 C 之间的差别应该是知觉对象:知
觉对象之间的关系有时是知觉对象,有时不是。现在,我们不再考
虑不同的静态的颜色片,而是设想我们正在看一只逐渐变化的美
洲变色蜥蜴。我们也许完全不能"看到"一个变化过程,却仍然能
够知道,过了一会儿,一种变化就发生了。假如我们设想 A 和 B
分别是一种似是而非的现在之开始与结束处的颜色片,并且 A 和
B 是不可区分的,而当 C 发生时,被回忆起的 A 可与 C 相区分,那
么上述情况就将发生。我们在被感知到的运动问题上所不得不做
出的假定并不与此完全相同,但与其拥有某些共同点。设想,在某
一情形中,我们正在感知一种运动,并且在这种情形中,就像在电
影中那样,我们知道物理刺激是由一个分离的系列所组成的;我们
且再设想,这些刺激中的 n 个部分可以包含在一个似是而非的现
在中,并且每一个部分都在知觉对象上产生一种成分。那么,在一
个瞬间的知觉对象就是由 $x_1, x_2, \cdots, x_n$ 等 n 个成分所组成的,并
且这些成分是依据变弱的程度而在一种顺序中排列起来的。让我
们设想,我们不能区分 x_1 和 x_2,也不能区分 x_2 和 x_3,但是我们能
区分 x_1 和 x_3。在这种情况下,我们当前的知觉对象将无法同一
种连续运动的知觉对象相区分。这个知觉对象事实上将包含一些
非过程的部分,但这些部分将是不可察觉的。这就与关于颜色的
情形有了相似之处,因为在每一种情况下,都存在一个具有下述特
征的系列:在这个系列中,相邻项的差别是不可察觉的,而分开的
项之间的差别是可察觉的。这就得出一个重要原理,即一个知觉
对象可以拥有一些并非知觉对象的部分,从而一个知觉对象的结

构可以仅仅通过推论而被发现;而且也因此,在关于运动的知觉对象所具有的这种复杂性问题上,我们无需假定任何神秘的东西,但根据数学物理学,我们可以认为这种复杂性与刺激所拥有的那种复杂性属同一类型。

我现在希望考虑一个一般的问题:当结构未被感知到时,我们如何才能推论它? 上述关于运动的讨论所涉及的是这种推论的一种特殊情形,但现在我想更一般地思考这个问题。

因为有一些与在运动分析中相似的理由,我们得出这样的观点,即我们的所有知觉对象都是由不可察觉的部分所组成的。例如,我们能够感知一堆细粉,并能一粒一粒地把这一整堆粉末移走,而且在移走的每一个阶段,都不存在任何可察觉的差别。我们最初的知觉对象可能已经拥有一些可察觉的部分,但这些显然总是复杂的。严格说来,没有必要设想这些知觉对象是复杂的;它们也许构成一个在质上逐渐变化的系列。但在某种意义上,我们可以说,A 和 C 之间的差别(被假定为可察觉的)是由 A 和 B 之间及 B 和 C 之间的两种差别(被假定为不可察觉的)复合而成的。因而,我们在质的差别上所得到的结果,其实与我们通过其它方式在实质的部分上所得到的结果是相同的。所有这样的论证最终都依赖于一个逻辑的前提及一个经验的前提;逻辑的前提是指完全的相似性是传递的,而经验的前提是指不可区分性不是传递的。这两者一起构成了我们在结构问题上的许多推论的源泉。

然而,还有另一种源泉,它来自于一些因果论证。我们发现,两种不可区分的知觉对象为不同的结果所跟随。把"同因则同果"这条谚语颠倒过来,我们主张"果异则因异"。时常,原因上的差异

在显微镜下是可察觉的；但不管怎样，我们假定有这种差异。正是
这一点，而非任何其它事物，导致了物理学所推论的过程的缜密
性。在有些情况下，结果上存在着显著的差别，而且我们又知道原
因上的差别（假如有的话）一定非常微小；因此，我们被迫认为，物
理世界具有一种相对于知觉来说非常细密的结构。

　　有必要考虑那种很平常的分析形式，即把一种东西分解为多
种"实体"；这是因为，由于已经给出的理由，我们不能认为这种分
析形式是最终的。我们且举最基本的科学上的例子：把水分解为
氢和氧。我们是通过一组独特的知觉对象和过程而识别水的；通
过另一组，我们识别氢，而再通过一组，我们识别氧。我们发现，我
们能够——例如通过电解——在先前有水的地方制造氢和氧；我
们发现，两者的质量彼此间拥有一个固定的比率，而且加起来就等
于先前的水的质量；我们进一步发现，假如我们把它们放在一起，
水就会重新形成，并在数量上等于因电解而失去的部分。在科学
上，这样的事实是通过物质是不可毁灭的这一公设而得到解释的。
假如我们接受这个公设，这些事实就证明水是由氢和氧组成的。
完全类似的论证把我们从原子引导到电子和质子；而在当前，实体
分析的过程就终结于电子和质子。

　　若不怀疑实体分析的便利性，我们可以问它在形而上学上是
否是准确的，而且甚至可以问，在我们已达到的这个阶段，它是否
满足了物理学的一切需求。我们现在就必须考察关于这个问题的
论证。

　　关于能否满足物理学的问题：我们已经（在第四章中）简要叙
述了海森堡的理论，这种理论实际上把电子分解成了一系列辐射。

283

我们也已看到,现在人们并不设想电子和质子是绝对不可毁灭的,但许多人认为它们能够相互湮没。因而,物质的不可毁灭性不再作为关于物理世界的一般法则而为人所接受。与此一起出现的,
284 还有这样的事实:人们不再设想固有质量是完全守恒的,而相对质量则被吸收进了能量之中。质量被假定为"物质的量";这当然不是说相对质量的,相对质量有赖于参考轴线的选择,而且也属于光波。假如它是说固有质量的,那么我们必须断定,"物质的量"并不是完全不变的。因为所有这些理由,持续存在的物质单元,尽管仍然是便于使用的,但是不再拥有人们先前设想其所拥有的形而上学地位。

这个结论因一些省力论证(arguments of economy)而得到了加强。我们感知事件,而非实体。也就是说,我们所感知的东西占据一定量的时-空;这个时-空量在所有四个维度上都是微小的,而且不是在一维(时间)上无限延伸的。于是,如果假定物理学是有效的,那么从知觉对象中,我们能够直接推论出来的东西是成组的事件,而不再是实体。把一组事件视为一种"事物"或一种"实体"或一片"物质"的诸状态,仅仅是语言上的便利。这个推论起初是根据哲学家们从常识中所继承的逻辑而做出的。但这种逻辑是错误的,而且这种推论是不必要的。通过把一个"事物"定义为由先前作为其"状态"的东西所构成的组合,我们在细节上丝毫没有改变物理学,而且避免了一种既无用也不牢靠的推论。

那么,在水被分解为氢和氧这个问题上,我们将说些什么呢?我们将说某种如下这样的东西:对常识来说,水拥有一定的恒久性,也就是说,尽管水坑会干涸,但海始终在那儿。若不用"实体"

来解释,这种恒久性意味着某些内在的因果律:无需考虑其它事物,海的行为在很大程度上可以仅仅通过观察海而被发现。在不同场合所出现的相似性,最明显地体现了这些近似的因果律。但水能变为冰或雪或蒸汽:这里,我们能够观察到这种逐渐的转换,而且对于常识来说,连续性取代了相像性。通过考察,我们发现,在所有变化中都有某种与水和冰之间类似的连续性;我们因而找到一条因果链,这个链条或多或少可以与其它因果链相分离,并因拥有足够的内在统一性而被视为一个"实体"之前后相继的状态。当我们抛弃"实体"时,我们保存了因果链条,并用因果过程的统一性代替物质的同一性。因而,实体的持存被因果律的持存所代替,而且后一种持存事实上就是假想中的物质同一性据之被识别的标准。我们因此保留了一切有理由被设想为真的东西,并且只是抛弃了一种不结果实的形而上学。

因此,水被分解为氢和氧,代表着把一条近似的因果律分解为两条更近乎准确的因果律。假如你推断昨天有水的地方今天亦有水,那么你就是在使用一条并非始终正确的因果律。假如你推断曾经有氢和氧的地方现在亦有氢和氧(或至少,如果昨天某个地方有氢和氧,那么在通过一条连续的路线与这个地方联系起来的一些地方,有氢和氧),那么你不太可能是错误的,除非这个地方是在欧内斯特·卢瑟福①爵士的近旁。人们假定(这种假定在当前只

①　欧内斯特·卢瑟福(Ernest Rutherford)(1871—1937),新西兰物理学家。他通过研究发现,放射性能使一种原子变成另一种原子,从而打破了元素不会变化的传统观念。作者在这里风趣地提及"欧内斯特·卢瑟福爵士的近旁",意在表明因果律虽不轻易变化,但亦非绝对不变。——译者注

是部分真实的），水的属性可以从氧和氢的属性以及它们在水分子中的结合方式推论出来。因而，通过分析，我们获得了一些因果律；相比于常识通过假定水的所有部分都是水而能获得的因果律，它们既正确又有力。

我们可以说，这是人们在科学中加以利用的分析之特有的优点：它使我们能得到一种结构，从而使复合物的属性可以从其部分的属性中推论出来。① 而且，它使我们能够获得一些恒久的而非只是短暂的近似的法则。这是一种迄今只是得到部分证实的目标；但证实的程度已足以表明科学从微小的单元中构造世界的做法是正当的。

从我们在实体问题上所说的话中，我得出这样的结论：与其说科学涉及拥有变化着的"状态"的"事物"，倒不如说它涉及成组的"事件"。这也是用时－空替代时间和空间所得出的自然结论。只要我们相信一种宇宙时间和宇宙空间，旧的实体概念在某种程度上也是适当的；但是，当我们采纳四维时－空体系时，它并不那么容易适应。因此，我以后将假定物理世界是从"事件"中构造出来的；如已解释的那样，我用"事件"实际上意指占据一个时－空区域的存在体或结构，而且这个区域在所有四个维度上都是微小的。"事

---

① 在《心灵及其在自然中的位置》(*The Mind and its Place in Nature*)一书中，C.D.布洛德博士强调他所谓的复合物之"倏忽出现的"属性，即不能从其部分的属性和关系推论出来的属性。我认为，"倏忽出现的"属性仅仅代表着科学的不完善性，它不会存在于理想的物理学中。关于貌似"倏忽出现的"属性的这一最终特征，我们从正反两方面都难以提出任何有说服力的论证。但我认为，我的观点得到一些例证的支持；根据物理学并通过卢瑟福-玻尔的原子结构理论对化学所做的解释，就是这样的例子。

件"可以拥有一种结构,但在严格意义上使用"事件"这个词来意指某种没有时-空结构的事物(即使它有一种结构)是便利的;这里所谓没有时-空结构,是指不拥有在时-空中彼此外在的部分。我不假定一个事件终究可以只占据一个时-空点;从在有限范围内展开的事件构造"点",将构成下一章的主题。我也不为一个事件的持续时间确定一个最大值,尽管我认为,在宽泛的意义上,任何持续时间大约超过一秒的事件,若是一个知觉对象,都能被分析为一种关于事件的结构。但这只是经验事实。

　　存在某些纯粹逻辑的原理,它们在结构方面是有用的。如果我们正在处理被推论出来的实体,并且就如第二部分所解释的那样,我们在结构之外对其一无所知,那么可以说我们知道方程,而非它们所意指的东西:只要它们在知觉对象方面导致相同的结果,所有的解释同样都是合理的。我们且举一个例子。设想我们拥有一组关于电子的命题,并且我们将其称为 E。根据主-谓逻辑以及物质是实体的观点,存在某个存在体 E,它在所有关于这个电子的陈述中都被提及了。根据把一个电子分解为一系列事件的观点,所说的这些命题将以不同的方式被分析。若采取某种简要的方式,我们可以将这个问题陈述如下:存在有时在事件之间成立的某种关系 R,并且当它在 x 和 y 之间成立时,我们就说 x 和 y 是同一个电子的历史中的事件。假如 x 在 R 的域内,那么"x 所属的电子"将意指其域被限定于 x 之 R-家族的项的关系 R;而且 x 的 R-家族是由 x、对 x 拥有关系 R 的项及 x 对其拥有关系 R 的项共同组成的。"这个(this)电子"将意指"这个(this)所属的电子"。"一个电子"意味着"一个系列;在这个系列中,有一个 x,并且该系列

287

就是 x 所属的电子"。为了提及某个具体的电子,我们必须能够提及某个与其相联系的事件,例如当它撞击某一荧光屏时所发生的闪光。因而,我们不再说"电子 E 发生了事件 z",而将说"发生了 x 的电子发生了事件 z",或更简单地说,"z 属于 x 的 R-家族"。命题函项"z 属于 x 的 R-家族"(R 是不变的)的形式属性与"z 属于电子 E"的形式属性是一样的。假如我们想要任意两个电子互不包含,即没有什么事件能发生在两个电子上,那么,通过假定若 x 同 y 和 z 都拥有关系 R(或逆关系),则 y 属于 z 的 R-家族,我们能够保证这一点。假如我们不想这样,我们就不做关于 R 的这个假定。正是因为形式属性是相同的,一个命题函项才能被用来代替另一个。每当我们在结构问题上提出一种新的观点时,我们就不得不确保它不会证明先前的任何公式都是无根据的,尽管它可以为它们提供一种新的解释。

还有一个更属于纯逻辑的例子,它也许是有用的。说任何一个特定的颜色片都是一种性质,也就等于说,当我们说"这是红的"时,我们是在说"这"拥有一种我们只能用谓词去表达的特征——暂时假定"红的"只代表一个颜色片;这种说法似乎是自然的。尽管这可以是正确的观点,但从逻辑上讲,并非必须设想它是正确的。我们可以把一个颜色片定义为"所有在颜色上与一特定表面完全相似的有色表面"。因而,"这拥有颜色 C"被替换为"这是由在颜色上与 x 完全相似的存在体所组成的类中的一个";而且"C 是一种颜色"将被替换为"C 是由所有在颜色上与一个特定存在体完全相似的存在体所组成的类"。既然这样,我们就不能构想一些将会让我们有理由更喜爱一种形式而非另一种形式的陈述的事实,因为任何可弄明的事实都能同样充分地依据两种理论而得到解释。

事实上,我们拥有某种或多或少类似于广义相对论中坐标之任意性的东西。如果我们的符号在涉及知觉对象时拥有同一种解释,那么它们在其它地方的解释是任意的,因为无论我们给出什么样的解释,只要公式还是一样的,被断言的结构就是一样的。结构而非任何别的事物才是公式所断言的东西;在公式中,项的意义是未知的,但纯逻辑的符号拥有明确的意义(参见第十七章)。我们在上面关于颜色的例子中看到,即便纯逻辑的符号也在某种有限的程度上是任意的。但时常,当我们必须把来自不同区域的事实联系起来时,一种解释要比另一种解释简单得多。时常也会有这样的情况:一种解释比另一种解释所包含的推论更少,并因此不太可能是错误的。这些就是支配人们所想到的任何关于数学物理学符号的解释的主要动机。

第二十八章　点的构造①

　　本章的主题已由怀特海博士以其非凡的才智处理过了,而且整个关于方法的思想都应归功于他;这里所谓的方法,旨在达到作为在有限范围内扩展的事件之系统的点。在提倡这种方法时,不必认为数学上的点作为简单存在体(或"殊相")是不可能的;我们只须主张,我们没有充分的理由认为它们是这样的。我们在点的问题上所知道的东西,就在于它们在技术上是有用的——以至于我们必须寻找一种关于它们作为符号出现在其中的命题的解释。但是,没有理由否认点有结构;恰恰相反,有两种理由赋予一个点以结构。一种是人们所熟悉的奥康剃刀论证:我们能够构造一些具有点的数学属性的结构,而且如果假定存在任何其它意义上的点,就相当于做出一种在科学上无用且未为任何逻辑的或科学的原理所证实的推论。另一种论证陈述起来要难得多;但是,一个人越研究逻辑构造,就越倾向于认为它是重要的。它依赖于一条箴言,即"逻辑上方便的东西很可能是虚假的"。该箴言可以被阐释为对奥康剃刀的一种补充。对我个人来说,这条箴言的首要例子

---

　　① 在本章及下一章中,我应该把许多东西归功于剑桥大学圣·约翰学院 M.H.A. 纽曼先生的批评和建议。然而,一定不要认为他应对这两章的内容负责;相反,我确信他能够构造一种比下述理论好得多的理论。

是实数的定义。数学家们发现,假定所有序列的有理数都有极限是方便的;然而,一些序列的极限却不是有理数。因此,他们假定有无理数极限,并设想它们与有理数极限是相同的。尽管人们对狄德金分割法很熟悉,但没有人想到无理数就是狄德金分割,或至少是其一个分支;然而,这个定义解决了所有困难。现在,我们首先有了有理数的分数形式(这个比例不可能是无理数),然后有了对有理数序列的分割。有极限的分割对应有理数,无极限的分割对应无理数。$\sqrt{2}$就是一列平方小于 2 的有理数的极限。有理数序列的分割是"实数";而实数序列同时具有狄德金和康托尔连续性。因此,从数学的角度说这是很方便的;但其逻辑结构要比有理数序列的逻辑结构更复杂。数学的逻辑分析提供了很多关于这种过程的例子,比如第二十章所提到的"理想的"点、线、面的构造。

可以看到,"逻辑上方便的东西是虚假的"这一说法,并不在我们所期待的程度上精确地表达所欲表达的东西。我们所欲表达的是:假定有一组拥有一些属性的项,并且这些属性意味着某些一般的数学(或逻辑)属性,不过可能有一些例外,那么,若假定存在另外一些在逻辑上与原来的那组属同一类型并消除了这些例外的项,则是错误的;正确的步骤是寻找由原来的项所组成的逻辑结构,并使找出的这些结构总是拥有所说的数学属性。我们将会发现,在关于这些属性的假定被证明富有成效的地方,这种步骤通常是可能的。

从事件出发,有许多到达点的方法。其中的一种是怀特海博士所采用的方法,我们在这种方法中思考了"包围系列"。大致讲来,我们可以说,这种方法把一个点定义为所有包含那个点的体

292 积。（要让这种方法成为完美的，我们必须避免使这个定义成为循环的，并且还要把仅拥有一共同的点的一组体积从拥有一共同的线或面的一组体积中区分出来。）作为一种逻辑，这种方法是无可指责的。但作为一种旨在从世界的实际成份着手的方法，我认为它有一些缺点。怀特海博士假定每一个事件都包围其它事件，并被其它事件所包围。因此，对他来说，事件的规模并没有下限或者说最小限度，也没有上限或者说最大限度。这些假定中的每一个都需要加以思考。

　　让我们从缺乏下限或最小限度的情况开始。这里，我们面临一个事实问题；我们可以在想象中以反对怀特海博士的方式来解决这个问题，但无法在想象中以赞同他的方式来解决。我们能感知到的事件全都能在一定的时间内持续，也就是说，它们与一些并非彼此同时发生的事件是同时发生的。不仅它们在这种意义上全都是有限的，而且它们全都超出某一可指明的极限。我不知道什么是最短的可察觉的事件，这是心理学实验能够回答的那类问题。因此，我们没有直接的经验证据可以表明事件没有最低限度。我们也不能拥有间接的经验证据，因为如同电影所表明的那样，一种以非常微小而又有限的差异展开的过程明显无法同一种连续的过程相区分；相反，像在量子理论中那样，可以从经验上证明事件至少拥有某一最低限度的时-空范围。因此，怀特海博士的假定似乎是仓促做出的。与此同时，有一种混乱需要加以避免：即使事件有更低的界限，时-空也可以是连续的。假设每一个基本事件都占满一个四维立方体，比如，持续光传播一厘米所用时长的一立方厘米；而且再反过来设想，每一个这样的四维立方体都被一个事件占

据着。假定了某些适当的公理,这样的一个世界的时-空将是连续 293
的,尽管事件有一个最低限度;而且反过来,事件缺乏一个最低限
度并不确保时-空的连续性。这两个问题因而是完全不同的。

　　我断定:目前无法知道事件是否有一个最低限度,绝不可能有
决定性的证据表明它们没有一个最低限度,但能够想象今后可能
会发现存在最低限度的证据。尚需考虑关于最大限度的问题。

　　在事件的最大限度问题上,所做的论证与其说是经验的,不如
说是逻辑的。在某种意义上,任何事件系列都可以称为一个事件;
例如,滑铁卢战役可以算作一个单个事件。但是,在此种类型的一
个复杂事件中,有一些彼此间拥有时间、空间的及因果的关系的部
分;任何缺乏物理结构的单个存在体都不会在整个过程中持续存
在。我通过这一点来表明,任何与在滑铁卢战役期间所发生的一
切同时发生的事物,都是一个由彼此间并非全都同时发生的诸部
分所构成的复合物。我们是否应把这样的一个复合物称为一个
"事件",只是一个语词问题。但是,假如我们的对象展示了物理世
界的结构,那么我们显然必须把拥有物理结构的对象与仅仅是这
种结构之组成部分的东西区分开来。因此,用一个词来表示后者
是方便的。我将使用的词是"事件"。但是,我将不会极端地说,
"事件"一定是没有结构的。我将仅仅假定,它可能拥有的任何结
构既同物理学无关,也同心理学无关;换句话说,它的各部分,如果
有的话,并不同其它对象之间拥有科学上可区分的关系。当"事
件"这个词在这种意义上被使用时,在我们的经验范围内,任何事 294
件的持续时间显然至多不会超过几秒钟。没有先验的理由可以解
释情况为什么应该是这样的,它只是一种经验的事实。但我认为,

一个使其模糊的用语只能导致混乱。

因为上述理由,我不能承认,怀特海博士使用包围系列对点所做的构造,可以充分解决该构造旨在解决的问题。这个问题就在于:发现拥有某些几何属性并由物理世界的原材料所组成的一些结构。

还有另外一种方法,它可以被称为"部分重叠"法。在我的《我们关于外部世界的知识》一书中,我把这种方法应用到了关于瞬的定义上。我们容易发现,在心理学中,这一方法能满足定义瞬的意图;我们在心理学中拥有一种虽然相对但依然明确的一维时间顺序。但在物理学中,正是"点-瞬"才是我们必须去定义的东西;这种东西指的是时-空中的——而非仅仅在空间或仅仅在时间中的——一种完全明确的位置。在这里,此种方法只有经过适当的修改才是可应用的;然而,它首先必须被解释为是应用在一维的心理时间序列上的。

我们假定两个事件可以有一种我将称之为"共存"的关系,这种"共存"实际上意味着它们在时-空中是重叠的。比如,以管弦乐中不同的乐器所演奏的乐音为例:假如一种乐音在另一种乐音尚未消失时就被听到了,那么听者的听知觉对象拥有"共存"关系。假如某一历史(biography)中的一组事件全都是彼此共存的,那么它们将在时-空中共同占有某个地方。假如在这组事件之外不存在与它们全都共存的事件,那么这个地方将是一个"点"。因此,我们可以把某一历史中的一个"点-瞬"——或简单地说,一个"点"——定义为拥有下列两种属性的一个事件组:

(1)该组的任何两个分子都是共存的;

（2）在该组之外，没有任何事件与该组的每一个分子共存。

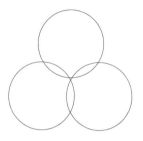

当我们超越一维时，这种方法就不再适用了。比如，以所附图形中的三个圆圈为例：每个圆圈都与其它两个重叠，但三者并无一个共同区域。假如我们试图在二维中来补救这一点（我认为我们能做到），而且这种补救是从当三者拥有一共同区域时就将在三个事件间成立的一种关系入手的，那么我们仍会遇到一些困难。a,b,c三个圆圈拥有一个共同的区域，而且阴影区 d 与 a 和 b 拥有一个共同的区域，亦与 a 和 c 及 b 和 c 拥有一个共同的区域，然而 a,b,c 和 d 并无共同的区域。因此，假如一些事件可以拥有像 d 这样的奇怪形态，那么新的三项关系将依然无法使我们去定义一个"点"。

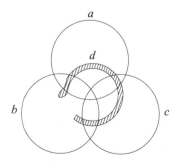

由于我们所涉及的问题是拓扑学的，而在拓扑学中我们只关

心未受连续变形之影响的图形的属性,我们不能简单地预先宣称,任何事件都将不会拥有奇怪的形态。但是,在尝试处理这个困难以前,不妨考虑一下拓扑学中的某些关键之处;这些关键之处将向我们表明,在解决我们的问题时,什么东西是必不可少的。在拓扑学中,我们是从两个概念入手的:一个是关于一个点的概念,另一个是关于"一个特定的点的诸邻域"的概念;而后者是点的聚集(collection)。通过这种方式所获得的某些定义将是有用的。

下述定义是由利奥波德·维耶托里斯提出的。[①]

假如 M 是一组点,并且在一个点 p 的每一个邻域中都有一个不同于 p 的点,那么 p 被称作 M 的一个"聚点"。

假如一个点 p 属于一个点的聚集,并且是另一个点的聚集的一个"聚点",那么这两个点的聚集在 p 上彼此"触及"。

假如一组点 M 包含 a 和 b,并且其任意两个部分——其中一部分包含 a,另一部分包含 b,同时两者之和等于 M——彼此触及(至少在一个点上),那么 M"从 a 到 b 是连续的"。

假如一组点 M 从 a 到 b 是连续的,但其所有真正的部分都非如此,那么 M 是从 a 到 b 的一个"线段"。

豪斯多夫[②]已经用下述语言定义了"度量"空间及"拓扑"空间。

一个"度量"空间是一个流形,以至于一个具有下述三种属性的非负实数 xy 同任意两点 x 和 y 相关:$(a)yx=xy$;(b)仅当 x 等于 y 时,xy 等于 0;$(c)xy+yz$ 大于或等于 xz。[③]

---

① *Stetige Mengen*,Monatshafte fur Mathematik u.Physik.XXXi.,1921,pp. 173—204.

② Grundzuge der Mengenlehre,Leipzig(莱比锡),1914 年。

③ 同上书,第 211 页。

一个"拓扑"空间是一个流形,并且其元素 x 与该流形的子类 U_x 相关,以至于:

(A)至少有一个 U_x 对应于每一个 x,并且每一个 U_x 都包含 x;

(B)假如 U_x 和 V_x 都是 x 的邻域,那么存在 x 的一个邻域(比如说 W_x),该邻域包含在 U_x 和 V_x 的共同部分中;

(C)假如 y 是 U_x 的一个分子,那么存在 y 的一个邻域,该邻域包含在 U_x 中;

(D)给定任意两个不同的点,那么其中一个点会有一个邻域,另一个点也会有一个邻域,并且这两个邻域没有共同的部分。[①]

为了能把通常的极限方法应用于拓扑空间,豪斯多夫需要一种"计算公理"。他给出了两个这样的公理(第 263 页);在这两个公理中,第一个是弱形式的,而且对于某些意图而言,它是不充分的。它所陈述的是,一个特定的点的邻域的数目绝不大于 N_0;第二个公理所陈述的是,所有点的邻域的总数累计起来等于 N_0。对于所有通常的证明来说,在不引入任何度量观念的情况下,第二个公理就足够了。

P. 乌里松[②]表明,每一个满足豪斯多夫第二计算公理并拥有另一个属性(他称之为"正规性"[③])的拓扑空间都是可度量化的。

---

①　《集合论基础》(*Grundzuge der Mengenlehre*),Leipzig(莱比锡),1914 年,第 213 页。

②　《度量化问题》(*Zum Metrisationsproblem*),Math.Annalen 94(1925),第 309 – 315 页。

③　当任意两个非重叠的封闭流形 A 和 B 可以被两个分别包含它们且没有边界点的非重叠区域 G_A 和 G_B 分离时,他就把一个拓扑空间定义为"正规的"。同上书,第 310 页,以及前面所引豪斯多夫著作的第 215 页。一个聚集的"边界点"就是拥有一个并非该聚集之子类的邻域的点。

这些是拓扑学的要点,它们关系到对我们的问题的解决。

当前,我们不关心度量属性,而只关心属于"拓扑"空间的属性。借助于乌里松定理,引入一种度量将是有可能的,假如我们能够构造真正的拓扑空间。但是,当一种度量是可能的时,无限的数量就是可能的。相对论中实际引入的度量是由于经验的原因而被引入的;它使用了一种数量关系,这种关系可以被称为因果接近性的程度。这种关系的存在并不为我们当前所涉及的某种东西所蕴涵。此外,我们在物理学中所需要的度量流形并不是豪斯多夫所定义的"度量空间",因为相对论中的间隔并不拥有豪斯多夫的定义中距离所拥有的两种属性(b)和(c)。然而,就拓扑学的考虑而言,我们可以在不出现明显错误的情况下,把属于一个持续了很短时间的欧几里得空间之微小区域的拓扑属性归于若干微小区域,即归于在几何学上全都可以区分的一个连续系列的欧几里得空间之微小区域。

在拓扑学中,点和邻域都是给定的。另一方面,我们希望通过"事件"来定义点,这里的"事件"将与某些邻域一一对应。当以后引入经验度量时,我们要求"事件"对应于在某一最小值之上并在某一最大值之下的邻域。我们必须把使我们能将拓扑空间中的点定义为事件的类并能将点的邻域定义为点的类的那些属性归于事件。但是,我们必须记住,我们并不想仅仅构造一个拓扑空间:我们所要构造的东西是广义相对论中的四维时-空。

下述的例子将有助于引出这个问题。试考虑一个三维欧几里得数值空间,即由所有有序的实数三元组(x, y, z)所构成的并拥有通常的距离定义的流形。在这个空间中,考虑所有拥有一个特定半径并且其中心的坐标值为有理数的球体。这样的球体的数目为 N_0。让我们把由这些球体所构成的一个组定义为"共点的",假如从这个组中选出的每四个球体都拥有一共同区域的话;并且让我们把一个共点组定义为"点状的",假如在继续共点时它就不能被扩大的话。于是,我们的空间中的原先的点和这些点状球体组之间存在一种一一的对应。因此,这些点状球体组形成一个欧几里得空间。即使这些球体全都以某种连续的方式被扭曲了,它们仍将使我们能用同样的方式构造点状组,并且由点状组所构成的流形仍将拥有一个三维欧几里得空间所拥有的全部拓扑属性。因此,假如我们使用这种从"事件"中构造点的方法,我们将不得不假定,在所获得的空间中,有一种可能的度量,而且根据这种度量,一特定事件是其一个分子的那些点总是形成一种球状体积。尽管这是用量度语言表达的,它实际上是一种拓扑属性,因为它不受连续变形的影响。用非度量语言来表达它一定是可能的,尽管我得承认我缺乏必要的技巧。

因此,我建议把事件看作是占据时-空区域的。在某种可能的度量中,就它们的空间维度而言,这些区域是球体,而就它们的时间维度而言,这些区域介于某个最大值和某个最小值之间。一个事件所"占据"的区域就是由点所构成的一个类,并且它是这个类的一个分子。

我们把一种五项关系"共点"作为点的构造中的一种基本关系。这是五个事件之间的关系;当它们拥有一共同区域时,此种关系就成立。由五个或更多的事件所构成的一个事件组被称为"共点的"——当从这个组中选出的每个五元事件组(quintet)都拥有这种共点关系时。

一个"点"就是一个若继续共点就不能被扩大的共点组。

为了证明经过如此定义的点是存在的,假定能对所有事件(或至少是所有与一特定的共点五元组共点的事件)进行良好地排序就足够了。假如策梅洛公理是真的,那么情况一定是这样的;假如它不是真的,它可能牵涉到在事件数目上的某种限制。先是 H.M. 舍弗尔博士的论证,后是 F.P.拉姆齐先生的论证,使我认为策梅洛公理是真的。因此,与先前相比,我很少不情愿假定事件能被良好地排序。

为了证明每个事件都至少是一个点的分子,我们按如下方式继续展开——假定存在一些共点五元事件组。

设 P 是一个良序序列,它的域是由所有事件组成的;我们令:

$$P = (x_1, x_2, \cdots x_n, \cdots x_\omega, x_{\omega+1}, \cdots x_\nu, \cdots)。$$

设 a, b, c, d, y_1 是一个共点五元组。假如 y_1 是唯一与 a, b, c, d 共点的事件,那么根据定义,仅拥有分子 a, b, c, d, y_1 的类是一个点。另一方面,假如有一些不同于 y_1 的 x,它们与 a, b, c, d, y_1 是共点的,那么,我们设 y_2 是它们当中的第一个。假如除了 y_1 和 y_2,任何 x 都不与 a, b, c, d, y_1 及 y_2 共点,那么 a, b, c, d, y_1 及 y_2 形成一个点。要不然,设 y_3 是不同于 y_1 和 y_2 的第一个 x,并与 a, b, c, d, y_1 及 y_2 共点,那么 y_3 在 P 序列中一定晚于 y_2。假如这个过程以 y_n 结束,那么 $a, b, c, d, y_1, y_2, \cdots y_n$ 将共同形成一个点。假如它并不终结于某个有限的 n,那么也许序列 $(y_1, y_2, \cdots y_n, \cdots)$ 之外的任何 x 都不与 a, b, c, d 及所有的 y 共点;在这种情况下,a, b, c, d 及这些 y 就将形成一个点。但是,假如存在一些不同于这些

y 并与它们全都共点的 x,设 y_ω 是它们当中的第一个;那么,y_ω 在 P 序列中晚于这些有限个 y 中的任何一个。我们尽可能地依据两个原则以这种方式往下展开:(1)给定一个由若干 y 组成并以 y_v 结束的序列,我们设 y_{v+1} 是 P 序列中 y_v 之后的第一个 x,并与由前面的所有 y 所构成的事件组共点;(2)给定一个由若干 y 组成且没有最终项的序列,我们把 P 序列中在迄今选出的所有 y 之后并与它们全都共点的第一个 x 作为下一个 y。假如在任何阶段都不存在这样的 x,已经选出的 y 就将形成一个点。现在,这个过程迟早必须结束;这是因为,这些不同于 y_1 的 y 形成一个从 P 中选出的上升序列,而且因此,迟早将不存在晚于先前选出的所有 y 的 x。在这个阶段(假如不是在以前),a,b,c,d 及已经选出的 y 将形成一个点。因此,如果所有事件都能被良好地排序,那么每一个事件都至少是一个点的分子,只要每一个事件都是一个共点五元组的分子。如果我们只假定所有与一特定五元组共点的事件都能被良好地排序,那么这个证明仍将成立。

給定任意一个由事件所构成的类 α,设 $R(\alpha)$ 是由与 α 共点的那些事件所构成的类。那么,根据定义,若 $\alpha=R(\alpha)$,则 α 是一个点。α 的所有分子都有一个共同的点的充要条件是 α 包含在 $R(\alpha)$ 中。这个条件是必要的,因为假如 δ 是一个点,并且 α 包含在 δ 中,那么 $R(\delta)$ 包含在 $R(\alpha)$ 中,并且 $\delta=R(\delta)$,从而 α 包含在 $\alpha=R(\alpha)$ 中。若要证明这个条件是充分的,则需要用更长的篇幅。它如下所述。

假如 $\alpha=R(\alpha)$,那么 α 是一个点。假如 $\alpha\neq R(\alpha)$,那么我们用 $S(\alpha)$ 表示在 α 之外的 $R(\alpha)$ 的一部分。我们再次使用 P 序列的

所有事件,并令:

$z_1 = P$ 阶中 $S(\alpha)$ 的第一个分子,

$\zeta_1 = \alpha$ 加 z_1,

$z_2 = P$ 阶中 $S(\zeta_1)$ 的第一个分子,

$\zeta_2 = \zeta_1$ 加 z_2,

$\zeta_\omega = \alpha$ 加所有有限的 z,

$z_\omega = P$ 阶中 $S(\zeta_\omega)$ 的第一个分子,

如此等等。我们尽可能地继续向下展开。假如 $\mu < \nu$,那么在 P 阶中 z_μ 先于 z_ν。因此,像以前一样,一定会出现不能构造任何新的 z 的阶段。假如 ζ 是由 α 连同通过这种方法所产生的所有 z 所构成的类,那么 ζ 是一个点。这是因为(1)通过这种构造,ζ 中的所有五元组都是共点的;(2)一个与 ζ 的所有四元组共点的项不可能晚于所有的 ζ,因为假如存在这样的一个项,我们就能构造更多的 z;(3)这样的一个项不可能早于 ζ 的某个分子,因为假如早于的话,那么在构造过程中它已作为那个阶段的 z 被挑选了;因此,在 ζ 之外,任何事件都不与 ζ 的每个四元组共点。所以,ζ 是一个点。

说一个事件聚集拥有一个共同的点,就等于说这个聚集是一个类的一部分(或全体);而这个类就是那个共同的点。相反,一个事件聚集可以包含一个子类,即一个点;而达到这个目标的充要条件是 $R(\alpha)$ 包含在 α 中,这里的 α 就是那个事件聚集。假如我们现在让 $S(\alpha)$ 意味着 α 的未包含在 $R(\alpha)$ 中的部分,那么证明的过程和以前完全一样。

一个事件组 α 是共点的,假如 α 包含在 $R(\alpha)$ 中;而且一个"点"是一个若继续共点就不能被扩大的共点组。

我们可以指出点的几种纯粹逻辑的属性。给定任意两个类 α 和 β，假如 α 包含在 β 中，那么 $R(\beta)$ 包含在 $R(\alpha)$ 中。因此，假如 α 和 β 是点，并且 α 包含在 β 中，那么 α 和 β 是同一的；因为既然那样，$R(\beta)$ 和 $R(\alpha)$ 就分别等同于 α 和 β，并且因此，假如 α 包含在 β 中，那么 β 包含在 β 中，从而 α 和 β 是同一的。

每一个共点事件组都至少包含一个点。这已经得到了证明，因为说 α 是一个共点组，就等于说 α 包含在 $R(\alpha)$ 中。

可以认为，一个特定的事件通常是许多个点的分子。这样的一组点将充满一个"区域"，但并非每一区域都将是某一事件所隶属的这组点。然而，只有讨论了时–空顺序，我们才能处理这个问题。

第二十九章 时-空顺序

在本章中，我将阐明如何获得广义相对论所假定的那种时-空顺序。除了在创立拓扑学时人们所期待的几个假设，我的阐述将只使用前一章中的工具。

张量分析中合理的坐标变换并不是不受限制的，它们只是那些使邻域关系保持不变的变换。[①] 也就是说，一个坐标系中的一种微小位移必须对应于任何别的坐标系中的一种微小位移。这要求，在不考虑度量的情况下，时-空流形中的事件具有某些顺序关系。在某些情况下，无需以对距离进行某种数量上的测量为先决条件，就一定可以说 A 与 B 之间有可能比 A 与 C 之间更接近。一定有可能构造一些线，并且沿着这些线有一种明确的顺序；但是，把某些线作为"直线"识别出来一定是不可能的。一条闭曲线可与一条开曲线相区分，但两条开曲线若没有自己的独特之处，将无法相互区分。通常，至少在一个足够小的区域内，我们将能够做出一些属于拓扑学的命题。但是，在我们将要构造的几何中，关于一种构形的命题，一定只是那些即使此种构形遭受某种并不破坏

---

① 关于建立在"邻域"基础上的几何学，参阅豪斯多夫，《集合论基础》（*Grundzüge der Mengenlehre*）（莱比锡，1914 年），第七及第八章。

连续性的变形却仍会为真的命题。正是这种前坐标几何,才是我们在本章中所关心的。

我们所要引入的顺序分为两种类型:宏观的和微观的。我们将首先论述前者。

首先,让我们说,一些事件可以围绕一个给定事件分成一些区。先有那些与一个给定事件共存的事件,后有那些不与它共存但与一个与它共存的事件共存的事件,如此等等。第 n 区将由我们能在 n 步而非 $n-1$ 步之内到达的事件所组成;这里的一"步"被理解为从一个事件到与其共存的另一个事件的通道。假如有一个事件是两个点的分子,我们将称两个点是"连接的"。用共存关系所关联起来的从事件到事件的通道,可以由用连接关系所关联起来的从点到点的通道所代替。因而,点也能集合成区。假如事件的规模有一个最小值,那么我们可以假定,在有限"步"之内从一个事件过渡到另一个事件总是可能的。假如这样的话,那么一定存在一个我们能经由其而构造通道的最小步数;因而,每一个事件都将属于与一给定事件相关的某个明确的事件区。这在引入顺序时是有用的,因为我们可以认为,假如 $m<n$,那么第 m 区比第 n 区更近于原点,以致我们只待引入一个给定事件区的分子之间的顺序。而且甚至在这里,我们也仅需拓扑学中的顺序,而非(比如说)射影几何中的更严格的顺序。

当我们能在 n 步而非 $n-1$ 步之内从一个事件到达另一个事件时,我们可以认为中间的事件在两者之间形成了一种量化的短程线。

上述的事件分区能够通过任何作为原点的点而得以实现。通过这种分区,我们能用代表某个步数的四个整数来定义一个相当微小的时-空区域;在所说的这个步数内,我们能由四个给定的点达到这个区域内的任何一点。因此,只是在这种类型的一个微小区域内,我们才需要更精致的获得微观顺序的方法。我们现在就来论述这种方法。

给定两个点 κ 和 λ,我们让"$\kappa\lambda$"代表它们的逻辑积,即作为两者之分子的事件,或用几何学的语言说,包含两者的事件。显然,如果采纳在前一章开始时所解释的事件观,那么 $\kappa\lambda$ 将是零,除非 κ 和 λ 几乎挨在一起。如已陈述的那样,当 $\kappa\lambda$ 不是零时,我们说 κ 和 λ 是"连接的"。微观顺序限定于一些相连接的点——至少,在开始时是这样的。

现在,我们把"λ 在 κ 和 μ 之间"的意思定义为:"κ,λ,μ 是点,并且 $\kappa\mu$ 不是零,而是 $\kappa\lambda$ 的一个适当部分。"一个等价的定义是:"κ,λ,μ 是点,并且 $\kappa\mu$ 不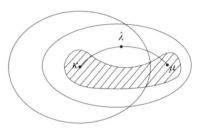是零,而是包含在 λ 中,但 $\kappa\lambda$ 不包含在 μ 中。"借助于适当的公理,我们能使经过如此定义的"在……之间"产生被预设在广义相对论之坐标指派行为中的时-空顺序。若用几何学的语言来表述,这个定义所说的是,每一个既包含 κ 也包含 μ 的事件都包含 λ,但并非每一个既包含 κ 也包含 λ 的事件都包含 μ。

我们一定不要以为在两个别的点之间的所有点都位于一条线上;每个点都位于连接端点的某条短线上,而一条"短"线就是一条全由端点之间的点所组成的线;但是,任何点都不位于所有短线上。

在阐述这个定义的形式的后果之前,还是先考虑一下其几何学意义。在所附的图形中,假如存在一些把 λ,κ,μ 全都包含在内的事件,但不存在任何包含 κ 和 μ 而不包含 λ 的事件,那么 λ 将在 κ 和 μ 之间。(我用区域来代表事件。)现在,假如事件时常能呈现一些无规则的形态,比如这个图形中阴影区的形态,那么根据定义,一个事件有时似乎不太可能处于两个别的事件之间。我将因此假定,我们可以构想没有凹角及类似的怪异性的事件。我把它们全都想象为椭圆形的;但在形式上,即使它们全是四维立方体,那也无妨。只要不是差别太大,并全在某个最小值之上,那么无论它们是大是小,都无关紧要。为了表明即将阐述的理论之重要性,这些图画式的东西是必要的;但是,它们并不是其为真的必要条件。我们在前一章中假定,根据一种可能的度量,事件全都是球体;在形式上,我们也许同样有理由假定:存在一种度量,并且在这种度量中,它们全都是立方体。我们曾看到,某个这样的假设是成功地定义点的必要条件。使其为真所需的其它假定将在被引入时被明晰地陈述。迄今在本章及前一章中所引入的假定有:

(1)共存是对称的;

(2)若把"事件"定义为共存区,则每一个事件都与其自身共存;

(3)事件能被良好地排序;或者,至少与一给定事件共存的那些事件能被良好地排序;

(4)任何两个事件都有一种关系,并且这种关系是共存的一个有限次乘方。(这对于把时-空描绘为若干个区是必要的。)换言之,从共存中形成的传承关系是顺次相连的。

我们现在将把一组点定义为"共线的",假如该组中的每两个点都是连接的,并且在每个三元组 α,β,γ 中,要么 $\alpha\beta$ 包含在 γ 中,

要么 $\alpha\gamma$ 包含在 β 中。我们将把一组点定义为一条"线",假如(1)它是共线的;(2)它不包含在拥有相同端点的任何更大的共线组中。我们将看到,这个定义类似于点的定义。我们可以把一组事件定义为"共点的",当该组中的每个五元组都是共点的时;然后,我们能把一组事件定义为一个"点",当(1)它是共点的时;(2)它不包含于任何更大的共点组时。以这种方式陈述我们先前关于"点"的定义,就使相似性得到了凸显。

我们将不会设想正在被定义的"线"是"直的";直这个概念完全外在于我们正在阐述的几何学。也许称它们为"路线"更合适;但是,把它们称为"线"是无害的,只要我们记住它们并不被设想为直的。现在,我们不关心线,而只关心点的共线组。

让我们把一组点定义为"α-共线的",假如(1)该组中的每两个点都是连接的;(2)给定任意两点 ξ,η,或者 ξ 在 α 和 η 之间,或者 η 在 α 和 ξ 之间。我们将需要一个公理,且这个公理使我们能够表明:这样的一组点是共线的,而非仅仅是 α-共线的,且它们的顺序独立于 α。显然,假如每当 ξ 在 α 和 η 之间时我们就把 ξ 置于 η 之前,那么我们就在任意一组 α-共线的点中获得了一种系列的顺序。但是,为了保证这种顺序是独立于 α 的,我们需要下述三个公理:

(1)假如 α,β,ξ,η 是点,$\alpha\beta$ 包含在 $\xi\eta$ 中,$\alpha\eta$ 包含在 ξ 中,并且 ξ 和 η 是不同的,那么 $\beta\eta$ 不包含在 ξ 中。

(2)假如 $\alpha\eta$ 包含在 ξ 中,并且 $\beta\xi$ 包含在 η 中,那么 $\alpha\beta$ 包含在 ξ 与 η 之和中。(由此,立即可以断定 $\alpha\beta$ 包含在 $\beta\eta$ 中。)

(3)假如 $\alpha\beta$ 包含在 η 中,并且 $\alpha\eta$ 包含在 ξ 中,那么 $\beta\xi$ 包含在 α 与 η 之和中。(由此,立即可以断定 $\beta\xi$ 包含在 η 中。)

这三个公理的实际结果是：

（1）假如 ξ 和 η 在 α 和 β 之间，并且 ξ 在 α 和 η 之间，那么 ξ 不 308
在 β 和 η 之间。

（2）假如 ξ 在 α 和 η 之间，并且 η 在 β 和 ξ 之间，那么 ξ 和 η 在
α 和 β 之间。

（3）假如 η 在 α 和 β 之间，并且 ξ 在 α 和 η 之间，那么 η 在 β 和
ξ 之间。

从这些公理中，我们能推断出一组 α-共线的点是共线的；也能推断出，给定一组 α-共线的点，假如 γ 是其中之一，那么，该组中在 γ 以外且来自 α 的点是 γ-共线的，并且当结合 γ 进行排列时它们所拥有的顺序，与当结合 α 进行排列时所拥有的顺序是相同的；还可以推断出，假如 β 是一组 α-共线的点之一，那么该组中在 α 和 β 之间的那些点是 β-共线的，并且当结合 β 进行排列时它们所拥有的顺序，与当结合 α 进行排列时所拥有的顺序是相反的。这些命题表明，关于一个共线组的点之间的顺序，我们拥有一个令人满意的定义。

上述公理在逻辑上是充分的，但若认为它们是在断言关于事件的物理事实，我们也许可以认为它们或多或少是可疑的。我们必须记住，我们的线不是直的，而且我们因此可以回来讨论它们。然而，曲度很大的路线是不包括在我们关于线的定义中

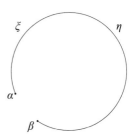

的。例如,考虑所附图形中的这样一条路线。我们可以设想,α,β,ξ,η 全都是连接的,但是根据定义,ξ 和 η 将不在 α 和 β 之间,因为一个事件显然可以包含 α 和 β 而不包含 ξ 和 η。因而,假如我们在某种意义上想把上述从 α 到 β 的路线看作一条线,那么它将不得不是一种引申意义上的路线,也就是说,它能被分为许多微小而有限的部分,并且每一部分都是一条线。此外,假如一组点能拥有一种系列的顺序,并且这个系列之任何足够短的连续延伸都是一个共线组(不过这样的延伸所包含的点一定不要少于四个),那么在一种引申的意义上,这组点可以被认为是共线的。

借助于另一个公理,我们现在能够证明,任何由全部位于两个点 α 和 β 之间的共线点所构成的系列都一定有一个极限。

设我们的这组点是 $\kappa = (\xi_1, \xi_2, \xi_3, \cdots \xi_n \cdots)$,它们全都位于 α 和 β 之间的一条线上,且顺着 α 往 β 的方向依次排列。设 σ 是 κ 中的所有点的和(即 κ 的分子的分子所构成的类),并且 $\bar{\omega}$ 是它们的积,即属于 κ 的每一个分子的事件。于是,$\bar{\omega}$ 不是零,因为 $\alpha\beta$ 包含在其中;并且 α 和 β 是连接的(依据关于共线的定义)。

设 κ_1 是由除 ξ_1 以外的所有 ξ 组成的,κ_2 是由除 ξ_2 以外的所有 κ_1 组成的,等等。设 $\bar{\omega}_1$ 是属于 κ_1 的所有分子的事件,并且一般地,设 $\bar{\omega}_n$ 是属于 κ_n 的所有分子的事件;再设 λ 是所有 $\bar{\omega}$ 的和。那么,λ 是由所有那些属于所有足够迟的 ξ 的事件所组成的;亦即,说一个事件是 λ 的分子,就等于说,存在一个 n,并且对于 m 的所有值来说,这个事件都是 ξ_{n+m} 的分子。

我们将看到,κ_{n+m} 包含在 κ_n 中,因此 $\bar{\omega}_n$ 包含在 $\bar{\omega}_{n+m}$ 中。由此我们断定,假如 z 和 z' 是 λ 的两个分子,那么就存在一个 n,并且 z 和 z' 都是 $\bar{\omega}_n$ 的分子。因此,它们都是 ξ_{n+1} 的分子;λ 的任意五个分

子也因此都是共点的,而且也因此至少存在一个包含全体 λ 的点,因为 λ 包含在 $R(\lambda)$ 中。

假如 ξ 系列有一个极限,比如说 δ,那么我们需要:

(1)δ 在所有 ξ 之外;亦即,对于每一个 n 和 m,我们都有包含在 ξ_{n+m} 中的 $\delta\xi_n$,就是说,我们拥有包含在 λ 中的 $\delta\sigma$。

(2)不存在处于所有 ξ 之外但处于它们与 δ 之间的点;亦即,若 η 是任意的点,并且 $\eta\sigma$ 包含在 λ 中,则 $\eta\sigma$ 包含在 δ 中。

因此,一个充分条件是 $\delta\sigma=\lambda$。假如有一个满足这个条件的 310 点 δ,那么它就是我们所需要的极限。

假如存在一个事件 z,以至于 λ 的每个四元组都与 z 共点,并且与 z 共点的 σ 的每个四元组都是 λ 的一部分,那么就存在一个包含 λ 且拥有 z 作为其一个分子的点 δ,并且这个点将满足 $\delta\sigma=\lambda$,所以它将是我们所需要的极限。但是,假如不存在像 z 这样的事件,我们必须以不同的方式进行。

在这种情况下,我们需要一个新的公理,即:

假如 β 在 α 和 γ 之间,并且 x 是 α 的一个分子,但不是 β 的分子,那么就存在一个包含在 β 和 γ 中但不与 x 共点的四元组。

在所附的图形中,y 代表这样的四元组的一个分子。

有了这个公理,我们以如下方式展开。

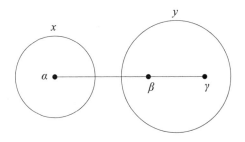

由于 ξ_{n+1} 在 ξ_n 和 β 之间, 假如 x 是 ξ_n 的分子, 但不是 ξ_{n+1} 的分子, 那么存在一个包含在 β 和 ξ_{n+1} 中但不与 x 共点的四元组。现在, $\beta\xi_{n+1}$ 包含在 λ 中; 因此, 存在一个四元组, 它是 λ 的一部分, 但不与 x 共点。通过移项, 可以推断, 假如 x 是 ξ_n 的一个分子, 并且 λ 的每个四元组都与 x 共点, 那么 x 是 ξ_{n+1} 的一个分子。于是, x 是 $\xi_{n+2}, \xi_{n+3}, \cdots$ 的一个分子, 从而 x 是 λ 的一个分子。因此, 由于 ξ_n 可以是 κ 的任意分子, 所以, 与全体 λ 共点的 σ 的任意分子都是 λ 的分子。现在, 与全体 λ 共点的项构成了类 $R(\lambda)$。因此, σ 和 $R(\lambda)$ 的共同部分包含在 λ 中, 并且由于 λ 包含在 σ 和 $R(\lambda)$ 中, 它也因此等于 λ。

现在, 假如 δ 是一个包含 λ 的点, 那么我们可以断定, δ 包含在 $R(\lambda)$ 中; 因此, $\delta\alpha$ 包含在 λ 中, 并且由于 λ 包含在 δ 中并包含在 σ 中, 它也因此等于 λ。δ 因此就是所需要的极限。

311　　由此可以断定, 包含在一段共线点之内的紧致点集是连续的。但不能因此说存在紧致点集; 这有赖于某些在引入时并无对象的存在公理, 因为我们不知道时-空是否是连续的。然而, 发现下面这一点是很有趣的: 通过共点及逻辑包含关系, 由 N_0 个事件构成的初始装置足以产生一段由点构成的连续时-空。

几何学的进一步发展涵盖了面、体及四维区域。这种发展在原则上显然没有呈现什么困难, 我不打算详述它。我将只说, 我们有可能做到这一点, 即把我们由之定义点和线的方法加以扩展以获得某种我们可以称为面和区域的事物, 尽管这样的面和区域并不完全是通常意义上的。或许, 各种不同的方法都有可能做到这一点。我所想到的方法如下所述。

　　一组线将被称为"共面的"，当组中的任意两条线相交而组中的所有线并无一个共同的点时。

　　一个"面"就是若继续共面就不能被扩大的一组共面线。

　　一组面是"共区域的"，当组中的任意两个面拥有一条共同的线而组中的所有面并无一条共同的线时。

　　一个"区域"就是若继续共区域就不能被扩大的一组共区域面。

　　显然，这种方法可以扩展到任意数目的维度上；同样显然，需要对它做出一些限制及扩展。但是，似乎不必深究这个问题，因为我们明显拥有关于时-空的前坐标几何所需要的东西。

　　现在，我们且把所构造的时-空与拓扑学的空间流形做一比较。在前一章中，我们引述了豪斯多夫关于"拓扑"空间的定义，而且我们看到，为了证明通常的关于极限的命题，邻域的总数目必须是 N_0。现在，假如在一组点中，每个点都包含某一有限的共点事件组作为一个子类，并且这个共点事件组是点 x 的一个子类，那么让我们把任意这样的一组点定义为点 x 的一个"邻域"；也就是说，假如 α 是一个共点事件组，并且这个事件组中的每一个事件都是 x 的一个分子，那么由 α 作为其子类的所有点所构成的一组点将是 x 的一个邻域。有了这个关于"邻域"的定义，我们的空间显然具有豪斯多夫（前文所引述的书，第 213 页）由之定义拓扑空间的四个特征。为了保证我们的空间也将满足他的第二个计算公理（前文所引述的书，第 263 页），假定事件的总数目为 N_0 既是必要的，也是充分的。有了这个假定，拓扑学定理就可以应用于点的时-空流形了。

　　还要说一说维度问题。在这个问题上，我们迄今尚未说过任

312

何明确的东西,尽管我们起先对作为一种五项关系的共点的引入仅在四维流形中才能被证明是令人满意的。从我们的观点看,关于维度的最恰当的定义是彭加勒做出的;他的定义是归纳性质的。他把一个空间 M 定义为一维的,假如给定了任意两个点 P,Q,就有一组孤点 X,且 M-并非-X 的任何连接的部分都既不包含 P,也不包含 Q;进一步地,他把一个空间 M 定义为 n-维的,假如给定了任意两个点 P,Q,就有 $(n-1)$-维中的一组点 X,且 M-并非-X 的任何连接的部分都既不包含 P,也不包含 Q。使用这个定义或任何其它的纯粹拓扑学的定义,我们建立了这样的公理,即我们的拓扑空间将是四维的。[①] 这就完善了拓扑学在处理时-空问题时所需的材料。

---

① 关于对现代维度理论的叙述,参阅卡尔·门格尔的《关于维度理论的报告》(*Bericht über die Dimensionstheorie*),《德国数学家联合会年报》(Jahresbericht der deutschen Mathematiker-Vereinigung) 35,第 113－150 页(1926)。

第三十章 因果线

时–空对时间和空间的代替极大地修改了因果概念。我们可 以说，在其最宽泛的意义上，因果性包含了所有把不同时间中的事件——或者使我们的用语适应现代的需要，把彼此间具有类时间间隔的事件——连接起来的法则。现在，因为关于 ds^2 的公式在形式上同关于类时间及关于类空间的公式是一样的，先前存在于因果关系与几何关系之间的差别就不再存在了。短程线是几何的，但它们也是物质粒子的路径。说一个粒子在一条短程线上移动几乎是不正确的；相对正确的说法是，一个粒子就是一条短程线（尽管并非所有的短程线都是粒子）。说一个粒子在一条短程线上移动，就是使用与在时间中持续的空间的概念相适应的语言；这样的空间概念包含着关于一种可以要么在一个时间要么在另一个时间被占据的位置的概念。例如，我们认为从 A 移动到 B 或从 B 移动到 A 是可能的；但这样的观点与时–空理论不相容。根据这种理论，物体的每一个位置都有一个日期，并且它不可能在不同的日期占据同一个位置，因为日期是位置的坐标之一。当我们从 A 旅行到 B 时，日期是连续往前变化的；返程时并不走同一条路线，因为返程线拥有不同的日期。因而，几何学和因果关系是难解难分的。

A.A.罗布博士强调，当两个事件拥有一个类空间的间隔时，两者间不可能拥有直接的因果关系。这意味着,给定两个这样的事件 A 和 B,假如从一个到另一个的某种推论是可能的,这种推论一定经由一个共同的因果根源。两个人可以在同一个时刻看见太阳,所以他们的知觉对象之间的间隔是类空间的;某某人正在看太阳这一推论是从我们关于辐射的知识中产生的,而且这个推论要求我们在太阳上为他的及我们自己的知觉对象找到一个共同的根源。因此,通过下述说法,我们可以区分类时间和类空间的间隔:前者产生于存在某种直接的因果关系的地方,而后者产生于两个事件都与一个共同的根源或派生物相联系的地方。而且,我们也许能从因果关联的强度中推出间隔的大小。但是,假如这是可能的,相当准确地弄清我们用因果关系意味着什么将是有必要的。

我们在第二部分看到,假如在物理世界中不存在准独立的因果链或者我们可以称为因果线的东西,那么作为关于物理对象的知识之一种来源的知觉就是不可能的。从一张印刷品表面传播到我们身上的光线保留着这张印刷品的结构;若不如此,阅读将是不可能的。这种保留只是近似的;在离开这本书一段距离之外,它就消失了。而且,如果我们的视力有缺陷,它在眼睛之内就消失了。但是,在未能保留结构的地方,知觉就停止了——或说得确切一点,随着这种保留的逐渐丧失,它就慢慢变弱了。因而,对于作为知识之一种来源的知觉,终究必须有一些在一定范围内独立于世界之其余部分的因果序列。

与因果关系相关的另一问题是从我们对知觉的考虑中产生的。许多同时产生的知觉对象,例如我们一眼看到的一个单词中的诸字母,从前两章的意义上说,将被视为"共点的"。这些知觉对象中的每一个都拥有其自己的因果前件,而且那些前件不同于其它知觉对象的前件。确实,可能存在一些相互的修改;例如,一种颜色,当在另一种颜色的附近时,看起来不同于当其面对一种黑色背景时所表现出来的样子。但是,这被认为是"修改",即导致一种相对于标准的变化;而假如要获得知觉,这种变化必须保持在一定限度之内。因而,感知者是许多或多或少具有独立性的因果序列的会合处——这些因果序列至少在数量上与其当下全部知觉范围内的可区分元素一样多。尽管这些因果线或多或少独立地集中在他身上,但是,就像我们在记忆现象中所看到的那样,其全部知觉对象变成了一个因果单元。假设有若干同时出现的知觉对象,那么一个在未来某个场合出现且非常类似于其中之一的知觉对象,将让人回想起与其余那些对象类似的某种东西,或至少可以做到这一点。这里,知觉对象的共点性对于它们的总体结果的性质来说是本质性的。

在物理世界中,我们必须认为会有同样的事情发生,尽管其发生的程度相对不引人注目。根据第二十八章的理论,物理世界中的任何事件都占据一个有限的时-空区域;其有限性在于这一事实,即所说的这个事件与彼此不共存的那些事件共存。根据记忆现象进行类推,一个共点事件组可以拥有一些若这些事件不共点就不可能出现的结果。这就解释了物理学在陈述其因果律时为什么不得不求助于点。直到我们拥有一个完全的共点事件组,即一个点,我们才能完全确定其中任一事件所将产生的结果。我们所能拥有的知识将或多或少是近似的。

一方面有关于近乎可分离的因果线的法则,另一方面有关于共点事件的相互作用的法则,而正是这两种相对的法则构成了物

315

理世界及精神世界之基础。在本章中,我要更精确地弄清关于可
分离的因果线的问题。

316　　　我们已经看到,知觉之可能性依赖于物理世界中可被称为"辐
射"的过程的现象,只要"辐射"一词是在比其习惯用法稍显宽泛的
意义上被使用的。当然,这些通常被称为辐射的过程自然而然是
最好的例子。当过程未受干扰时,在这些过程中,我们就拥有某种
从一个中心向外扩散并在其传播时以显然连续的方式变化着的状
态。在途中,这些过程可能会遇到某种东西;这种东西改变变化法
则,甚至在某个方向上完全阻止辐射;但是,如果没有障碍物,这种
过程将根据其自身的内在法则继续下去。就嗅觉而言,公共官
能——视觉、听觉及嗅觉——依赖于广义上的辐射。包括触觉在
内的身体官能,在其传播方式上更类似于电流:它们沿着神经传
播,而不通过空气或真空。公共官能也沿神经传播,但出现在神经
中的干扰现象是对发生在感知者身体以外的世界中的某一过程的
拖延,并且此种拖延造成了一些改变;而身体的官能却不是这样
的。正是由于辐射的存在,我们才生活在一个共同的世界中,因为
这依赖于这样的事实,即周围的感知者在大约相同的时间接受了
类似的刺激。然而,对辐射的物理的描述在不同的情况下是很不
相同的。就嗅觉而言,人们普遍接受扩散理论:我们闻到一个物
体,是因为其某些部分被传播到了鼻子。就声音而言,仅仅是一种
过程而非实际的物质被传输了,但这种过程是在物质中。就光而
言,假如我们接受波动说,这种过程是由横向振动构成的。人们可
以说此种振动存在于以太中,假如这样的说法能给说话者带来安
慰的话;但它肯定不是在通常的物质中。假如我们能够接受光量

子理论,那么我们仍应设想,存在某种周期性过程,并且一个周期内的作用量是 h(普朗克常数);光是由原子组成的(容我打个比方),而每个原子都是一个过程。在关于气味、声音及光的这三种情形之间,存在一种具有物理意义的重大差别。第一种在物理学上是完全不重要的,第二种是偏近一段时间以来从更基本的原理中发展出来的,第三种是物理学理论的基石。

在理想的辐射情形中,少数几次观察就足以确定辐射的中心;然后,由于辐射的规律是已知的,我们能够推论整个相互关联的事件体系,而且就事件遵循物理法则而言,此种事件体系构成了所说的辐射。在关于恒星所发出的光的情形中,这种理想近乎得到了实现。在宇宙中,光遇到障碍物的地方是极少的,尽管这些地方不幸地包括我们生活于其中的场所。正是因为这个关于真空中的光的例子是近乎完美的,我们才知道我们在天文学上所知道的那么多的东西。

然而,在物理世界中,独立于物质的辐射只是因果过程之一种形式。除了量子变化,至少还有其它两种极其重要的变化:一种是物质的运动,另一种是经由物质的过程之传输。所涉及的差别本质上是因果律的差别:事件之间的一种因果联系使我们认为这些事件是一片物质的经历之一部分,而另一种因果联系则不这样;但是,从密切性的程度看,一个时刻的电子与另一个时刻的同一个电子之间的联系,至多相当于同一条光线的两个部分之间的联系。让我们考虑一下用来定义一片物质的因果律之性质。

一个明显的差别在于,光的扩散是球形的(在有向光柱的情形中是锥形的),而物质的运动是直线的。一片物质的经历是一条

"世界线",而光波的经历并非如此。假如对光量子理论所做的某种修改能够令人满意,这种差别可能就不复存在了;但果真如此的话,我们将认为光和物质之间的差别就在很大程度上被缩小了。另一种差别在于,物质相对而言是不可毁灭的。一种形式的能量将变成另一种;但是,人们并不知道一个电子或质子之固有质量所代表的能量将变成其它形式的,而且在地球环境下它显然从不如此:它根本不在我们所能制造或观察到的某些情况下辐射。因此,事实上,一个物体相对于任意一个观察者的速度总是小于光速。但是,尽管人们对光量子有所怀疑,构成物质的因果律之主要特征似乎还在于这些因果律之直线的而非球形的特性。正是这一点使我们能够对某一特定时刻的某片特定物质进行定位。一道闪光将在一特定时刻扩散到整个球面上,但是一个电子在一个时刻就像在另一个时刻一样是聚集的,而且不轻易将自身传播出去。因此,一个物质单元可以被恰当地定义为一条"因果线"。

然而,在讨论这个问题以前,处理我们刚才所提及的另一种因果过程,即经由物质的过程之传输,将是合适的。这种传输事实上有两种类型:一种可以通过声音来说明,另一种可以通过电流的传导来说明。在关于声音的情况下,我们拥有一种辐射;在另一种情况下,我们拥有一种或多或少具有线性的过程。然而,在每一种情况下,实际的物质都发生了移动,并且也使别的物质发生了移动。前者属于"因果线"概念,我们一会儿将回到这个问题上来;后者属于关于不同物质片之间的相互作用的因果律,而直到我导出了构成关于一片物质的定义的内在因果律,我才想考虑它。如我们先前所看到的那样,这些问题已经在某种程度上被实体概念弄得晦暗了。某些处于不同时间的事件之间的联系对我们来说是因果的，并需要加以明确认识；当我们把它们看成是理所当然的时，实体概念使得我们的这种行为成为貌似合理的。正是这些取代实体的内在法则才是我现在所要考虑的，而关于不同物质片之间的相互作用将留待以后去讨论。 ³¹⁹

那么，什么东西构成了一条"因果线"？换言之，什么东西构成了一个电子？在我们自问是什么东西使我们说一个时刻的电子就是另一时刻的电子之前，问一问什么东西构成了一个时刻的电子也许是合适的。

我们必须为电子找到某种实在性；要不然，物理世界将像水母一样游过我们的手指。然而，就像我们有理由否认一个时-空点是最终的殊相一样，我们亦有同样的理由不把电子看成一种最终的殊相。电子拥有非常适合我们需要的属性；因此，它很可能是一种逻辑构造，而且只是因为有了这些属性，我们才注意到这种构造。一系列颇为杂乱的殊相能被集中成若干组，并且每一组都拥有非常一致的均匀的数学属性；但是，我们无权设想，大自然对数学家们是友好的，以至于创造了一些拥有他们所希望发现的属性的殊相。因此，我们不得不问自己：我们能够用构造时-空点的那种方式由事件构造出一个电子吗？我们现在就须把注意力集中在这种探究上，并首先将自己限定于一个时刻的电子。

当在这种讨论中提及"电子"时，我将把"质子"包括在其中，因为我们关于电子所说的一切也是关于质子所说的一切。

除了我们自己的头脑以外，我们对世界的任何部分的内容都知之不多。我们已经看到，我们关于其它区域的知识完全是抽象的。但是，我们以一种相对个人化的方式知道我们的知觉对象、思想及感觉。任何接受关于知觉的原因理论的人都必须断定知觉对象就在我们的头脑中，因为它们出现在由物理事件构成的因果链的末端，而这个链条在空间上由对象延伸到感知者的头脑。我们不能设想，在这个过程的末端，最后的结果，就如一根拉紧的绳子在绷断时那样，突然又回到了起点。而且，有了我们在上两章中所阐述的关于作为事件之结构的时-空的理论，没有理由不认为知觉对象就在感知者的头脑中。因此，我将假定，当我们提及物理的而非可感的位置时，情况就是如此。

　　由此可知，一个生理学家在检查脑时所看到的东西就在他的身体内，而非在其所检查的脑内。如果生理学家是在检查死脑，那么我并不自称知道此时脑内有什么东西；但是，当其主人活着时，此脑的内容中至少有一部分是由他的知觉对象、思想及感觉组成的。因为他的脑也是由电子组成的，我们不得不断定：一个电子就是对若干事件的一个分组，并且假如这个电子在人脑内，那么在构成它的事件中，有些很可能就是脑主人的某些"精神状态"，或者说，它们至少很可能是这样的"精神状态"的若干部分——因为不必假定一种精神状态的一部分必须是一种精神状态。我不想讨论"精神状态"意味着什么；对我们来说，关键在于这个术语必须包括知觉对象。因而，一个知觉对象就是一个或一组事件，并且事件组中的每个事件都属于构成脑内电子的那些事件组中的一组或多组。我认为，这是我们在电子问题上所能做出的最具体的陈述；我们所能说的其它一切，或多或少是抽象的，并具有数学性质。

　　我们已经得出这样的结论，即处于某一瞬间的一个电子就是事件的一个组。问题在于：它是什么类型的事件组？显然，它包含该电子所在之处所发生的一切事件。假如我们可以把这个电子看成一个物质的点，那么构成一个电子的那些事件将拥有点的两种典型属性——也就是说，任意五个事件都是共点的，而且并非所有由四个事件构成的子类都与该组外的任一事件共点。我不知道是否存在有效的根据来设想一个电子的大小是有限的；在通常的论证中，似乎任何一种都没有说服力，因为它们仅仅阐明了展现在一个电子附近的力。然而，人们惯常假定电子的大小是有限的，而且对我们来说，这个问题是无关紧要的。如果我们假定一个电子的大小是有限的，那么属于这个电子的事件能被归集于许多点，而非仅仅一个点；既然这样，这个电子就是一组点，即由若干事件的类所构成的一个类。把电子说成一个点，并让读者为适应电子具有有限大小这一假设而对文字做必要的变更，将会避免表述上的累赘。但我们要记住，在海森堡的理论中，电子既不是一个点，也不具有有限的大小，因为通常的空间概念不适用于它。然而，我们暂时把自己限定于先前的电子理论。

如果电子是一个点，那么它是一个物质的点，而且因此不同于空的空间中的点。我认为，这种差别并不在于一个瞬间的电子所特有的某种东西，而在于其因果律。把一个物质的点同一个空的时-空中的点区分开来的东西，就在于我们能够将一系列前前后后出现的物质的点确认为一个电子的经历的所有部分。在牛顿的理论中，人们能说绝对空间中的点也是这样的；但是，由于放弃了绝对空间，我们已不能在任何意义上认为一个时刻的点就是另一时刻的点——除了在关于物质的点的情形中。这种关联的存在可被当作"物质"的定义,而且这种关联显然是因果的。

为了进一步阐述这一点,我们必须回到我们在知觉问题上所提出的观点,即:事件通常以成组的方式发生,且事件组排列在一些中心周围。这些中心可以被理解为有物质的地方。我们发现,如果给定若干排列在某一时刻某一中心周围的事件,那么通常有一些类似的在稍早或稍迟的时刻排列在邻近的中心周围的事件。通过把中心看作非常微小的东西,并连续缩小所涉及的类时间间隔,我们能让这种陈述越来越接近于真实;最终,当我们用微分语言来陈述时,它可以是完全真实的——除了在涉及量子现象的地方。在涉及量子现象时,连续性不是标准,至少它不体现在所有方面。一些方面存在连续性,而另一些方面存在一种与量子理论相联系的确定数量的跃迁。然而,这种情况表明,连续性不是物质同一性的本质;本质在于,当不同时刻的两组现象都排列在某些中心周围时,从其中一个时刻的一组现象到另一时刻的一组现象是可推论的。① 时间必须是非常短暂的,而且除了在极限中随着时间趋向于零以外,这种推论仅仅是近似的。此外,事件组的时刻并不是事件组的几个分子出现的时刻中的任何一个,而是事件组开始从中心被传送的时刻,这个时刻是被测算出来的。中心就是"那片物质所在的地方",并且那片物质的路线是由从上述原理中产生的微分方程决定的。但是,至于中心处的实际事件是什么,除了来自

---

　　① 然而,在这种情况下,假如海森堡是正确的,我们就不能把一个时刻的电子和另一时刻的电子看作同一个。假如电子真被构想为一种实体,这将是一种困难;但对我们来说,它仅仅在经验上构成对关于因果线的经验概念的一种限制。

下述事实的东西以外,我们一无所知:我们的知觉对象及"精神状态"都是构成脑的物质的事件。

因而,每一个物质单元都是一条因果线,并且这条线上邻近的 323 点是通过一种内在微分定律联系在一起的。这样的一种定律的最简单形式是第一运动定律;由此第一运动定律可知,假如一个物体在一个非常短暂的时间段内走过一段特定的距离,那么它将在下一个非常短暂的时间段内走过一段几近相等的距离。我猜测性地认为,如果给定了时-空中任一地方的任一事件,那么在时-空中一个邻近的地方,通常存在着某个在性质上非常类似的事件;而且我以同样的方式认为,假如在这两个事件之间存在某种可测量的关系,那么这种变化的"速度"是连续改变的,以至于在第三个邻近的点上将有一个在量上不同于第二个事件的事件,并且它与第二个事件在量上的差异几近等于第二个事件与第一个事件在量上的差异——只要第二个点和第三个点之间的间隔等于第一个点和第二个之间的间隔。这一点,连同另一事实,即事件可以通过我们所谓的"视角"法则在一些中心周围被分组,似乎就解释了在陈述物理世界之因果律时物质所具有的功用。但是,由于在前一段中所解释的量子现象,我们有必要加以小心。连续性是规则,但它可以有例外。只要这些例外服从于可弄清的法则,它们就不会让整个体系变得不可能。

迄今为止,我对外在的因果律未置一词。我们自然地认为这些定律反映了一片物质对另一片物质的影响。爱因斯坦的引力理论对它们做出了一种新的阐释,但这是在新的一章中所要考虑的问题。

第三十一章　外在因果律

　　我用"外在"因果律意指一类公式；在这类公式中，一片物质是作为与另一片物质之行为相关的东西而被提及的。牛顿的引力为外在因果律提供了一个完美的例子，但爱因斯坦的引力初看起来并没有做到这一点。我要考虑的问题是：在最终的分析中，我们能完全省却这样的因果律并认为每一片物质都是完全自决的吗？或者说，我们必须承认这些规律吗？而且假如承认的话，必须在什么形式上承认？此外，对于像光的发射和吸收这样的物质，我们将说些什么呢？

　　我们且首先考虑爱因斯坦的引力。这种理论在于把通过（大致说来）叠置许多在中心周围对称的结构而获得的度量结构归于每一个时-空区域，所说的中心是指物质的诸部分；而且，给定了结构，每一片物质都是在短程线上移动的，或更确切地说，它们就是短程线。当把这从理论物理学的技术语言翻译成关于事件组的语言时，很不容易看清它意味着什么。不过，我们必须进行这样的尝试。

　　首先：我们能使"物质"仅仅变成一种事件据之发生在没有物质之处的法则吗？这个问题类似于第二十章中所讨论的现象论的问题。在那里，我们考虑了这样的可能性，即把未被感知到的"事物"解释为与被感知到的"事物"之行为相关的法则。类似地，我们

可以选取一些发生在空的空间中的事件,而且可以发现它们服从
于一些在中心周围对称的法则,并可以把每一个这样的法则都定
义为位于中心处的一片物质。反过来,我们可以认为空的空间中
的假想事件仅仅是一些把不同物质片上的事件关联起来的法则;
假如我们把这些物质片限定于人脑,这就成了现象论。有许多可
能的方式把一些迄今被视为"实在之物"的东西转换成与其它事物
相关的纯粹法则。显然,这种过程必须有一个限度;要不然,世界上
的所有事物都将只是可以相互冲洗掉的东西。但是,唯一明显的终
极是现象论所设立的那种——或许人们应该说,更是唯我论所设立
的那种。假如我们一旦承认未被感知到的事件,那么就没有非常明
显的理由在物理学引导我们去推论的那些事件中间进行挑选。

　　然而,这个理由几乎无法保证我们可以正当地假定电子内部
存在着事件。如果我们假定有一个卢瑟福电子,我们将不得不说,
假如确有某种东西发生在这个电子内,我们只能对它一无所知。
任何物理过程都不会通过这个电子,从而其内部——假如存在这
样的内部——是任何东西都无法从中逃脱的牢狱。一个电子内的
任何事件都不能与该电子外的一个事件共存;因此,根据第二十九
章的理论,任何一条线都不能穿过一个电子的边界。假如有某种
事情发生在电子内部,那么所发生的这种事情与宇宙的其余部分
是不相干的,而且它实际上并不与外部所发生的事情处在同一种
时-空中。现在,物理世界意在成为一个因果上相互联系的世界,
而且假如它不是一个无根据的童话,它就必须是这样的,因为我们
的推论依赖于因果律。因此,假如因果上孤立的某个事件发生了,
我们就不能把它列入物理学。我们没有丝毫根据说任何东西都不

是因果上孤立的,但我们也绝不可能有理由说:如此这般的一个因果上孤立的事件存在着。物理世界与知觉对象之间具有因果的连续性,而没有此种连续性的东西处于物理学之外。因而,假如某种东西发生在一个电子内部,这样的一个现象不属于物理世界。这样一来,似乎可以说,假如这个电子拥有一个明确的时-空位置,那么它一定要么是一个点,要么是一个空穴。但是,前者在物理学上是不能令人满意的,而后者好像几乎不能拥有一种令人明白的解释。因而,不管我们可以怎么解释卢瑟福电子,它都带来了一些问题。

海森堡电子提供了一种摆脱这些困境的方式。这种电子并不在一个明确的位置上,而且在其内部不会发生什么事情。它实质上是大量的辐射;而且,如果人们先前会说它存在于某个地方,那么除了在这个地方以外,这些辐射在其它地方是可观察的。因而,电子被还原为关于某一区域的现象的法则。按照这种观点,我们不能说电子是一个点,或者是某个有限的区域,或者是一个空穴;可以说,它属于一种不同的逻辑类型。它与一个区域相联系,因为随着我们离开这个区域,相关的辐射拥有一种逐渐减弱的强度;但它不能同一个区域或一个点拥有精确的关联。因而,根据这种观点,物质仅仅是由关于"空的"空间中的现象的法则所组成的。

在有量子变化介入的地方,一个时刻的电子不能被看成另一时刻的电子;由于这一事实,运动概念在涉及电子时就失去了其明确性。然而,仅当我们关心像发生在一个原子内部的那些非常细微的现象时,这才会给我们带来困难。对于大尺度的现象,比如天文学所关心的现象,我们依然可以认为电子是持续存在的,并在时-空中运动。

现在，我们可以言归爱因斯坦的引力理论；这个理论使前面这些冗长的题外话成为必要。根据该理论，每一个电子都与一种波状物相联系；当我们离开电子时，这种波状物就变得不太明显了，但从理论上讲它扩展到了全部的空间。任一区域的时-空的实际度量结构都是通过（大致说来）叠置这些波状物而获得的。现在，时-空的度量属性只是陈述因果律的一种方法。就引力而言，这些因果律同一个电子的运动与其它电子的位置相联系的方式有关。我们必须设想，在每一地点，关于间隔的公式都代表着事态中的某种东西，并且如果任其自便的话，物体都是在短程线上运动的。我们还须设想：只要不考虑电磁现象，通过叠置许多球形对称公式，任何地点的关于间隔的公式都会近似地被发现；而在所说的那些公式中，每一个都对应于其中心区域的一个电子。在这一点上，问间隔是否拥有力以外的某种物理的实在性是可以理解的。但是，我尚不想提出这个问题，因为我打算在以后的几章中考虑它。现在，我们可以说：(a)我们能够识别时-空中的特殊区域，即自然地被认为处在物质之最近的邻域中的那些区域；(b)任何地点的关于间隔的公式，都是关于从那个地点到附近的物质片的短程距离的一个函数；(c)物质片是沿着短程线运行的。

在这样的一种理论中是否存在"超距作用"，实际上是一个语词问题。我们据之确定一个给定区域中将会发生什么事情的公式将涉及相隔一段距离的区域，而且这可谓是我们用"超距作用"所能意味的一切。可以说，意味更多的东西就相当于把因果性视作某种超出相互关联的东西，而我们是没有理由这样看待因果性的。

假如一个地方所发生的事情是与另一个地方所发生的事情相互关联的，那么我们可以被告知，没有什么其它的东西能以超距作用的方式被想象出来。但是，这完全不是实际发生的情况。一个地方所发生的事情并不与另一个地方所发生的事情相关联，而是与另一个地方相关联；一个地方不同于一个地方所发生的事情。不同的邻域拥有不同的特性，而且这种不同可以用球形对称公式的结合来代表。这不是隔着一段距离而产生的作用，而是因某一距离而产生的作用；没有什么东西可以严格地被称为一个事物对与其隔着一段距离的另一个事物所产生的影响。因而迄今为止，在关于间隔的讨论过程中，我们发现没有什么东西可以被严格地描述为外在因果律。

假如我们接受外尔的理论，那么就我们目前的问题而言，电磁现象与引力并没有重大的差别。一个电磁场将由一个邻域中的两个点之间的测量关系所代表，而且没有理由设想一片物质会影响另一片物质；我们所能说的一切，就在于一片物质对应于一种度量事态，而这样的事态使短程线不同于它们以别的方式所表现出来的样子。因此，一个电子或质子的运动是由其所在之处的度量事态的特殊性所导致的，而不能归因于某种甚至像氢核接近其行星式电子那样接近于它的东西。

但是，在光的发射和吸收问题上，我们能说些什么呢？显然，每当我们感知到光时，我们就吸收了它；也就是说，碰上眼睛的光波（或光量子？）中的能量被转换成一种不同类型的能量，尽管我不敢说它是哪一种类型的。因此，所有视知觉对象都包含光的这种吸收过程。而且，假如知觉始终可以是关于感知者身体以外的事

物的知识之一种来源,那么一定存在把感知者身上所发生的事情
与外部所发生的事情联系起来的因果律。当然,显然存在这样的
因果律;我们不能让莱布尼茨没有窗户的单子复活。光的吸收与
发射的过程堪称一种特殊的情形,我们对此有相当多的了解。在　　329
这种情形中,我们能够期待精确地分析所发生的事情。

　　为简单起见,我们以两个氢原子为例,其中一个原子发射了为
另一个原子所吸收的能量。倘若没有量子理论及像光电效应这样
的现象,这样的假定将是不可能的。假如从一个氢原子中以光的
形式辐射出来的能量确实拥有球面波的形态,那么全部能量不可
能都为另一个原子所吸收,就像由太阳辐射出来的光不可能全都
落在地球上一样。但是,假如单独的一个原子所发出的光,就像一
个物质粒子一样,是沿着一条直线(大约)传播的,那么它可能会撞
上一个原子并被其全部吸引,这正像约拿可以被另一条鲸鱼吞没
一样。① 既然这样,我们不得不设想,一个辐射体周围的光的球形
分布是一种统计学意义上的现象,而此种现象就如从一个堡垒中
向各个方向所发射出的子弹。这让人想起了我们在第十三章中已
经考虑过的假设;根据那个假设,在一个物体的光的发射与另一个
物体对这种发射的吸收之间,根本不会发生任何事情。在那种情
况下,空的空间就像电子一样瓦解了,而且只剩下了电子的表面。
然而,这似乎不是一种可站得住脚的观点。从度量的观点看,介于
中间的空间可以被描述为一种非存在,因为光线的发射与吸收之

_____

　　① 作者在这里风趣地借用了《圣经》中的故事:先知约拿因故被水手们抛入大海,
但上帝安排一条大鱼将其吞没,他在鱼腹中呆了三天三夜后被吐在陆地上。——译者注

间的间隔是零;但从通常的观点看,情况并非如此,因为假如 A 和
B 是一条光线上的两个点,那么我们能够区分光线从 A 传播到 B
与光线从 B 传播到 A 这样的两种情形。这种差别可以用度量的
术语加以陈述。例如:让我们把任意物体的固有时间作为我们的
时间坐标;无论我们选择什么样的物体,A 都将早于 B,否则无论
我们选择什么样的物体,B 都将早于 A。还有:假设 A 处和 B 处
有镜子,并且这些镜子以某种方式反射了这条光线的一部分,以至
于一个观察者 O 看到了两条被反射的光线。那么,每一个这样的
观察者,要么都将在看到来自 B 的反射光之前看到来自 A 的反射
光,要么都将在看到来自 A 的反射光之前看到来自 B 的反射光。
通过下述的陈述方法,我们能使这一点不再依赖于观察者:设 A'
是来自 A 的反射光线上的一个点,B' 是来自 B 的反射光线上的一
个点,并且我们让 A' 和 B' 之间的间隔是类时间的。那么,不管我
们怎样选择 A' 和 B',要么 A' 总在 B' 之前,要么 B' 总在 A' 之前。
这是用狭义相对论的语言来陈述的,但经过细节上的适当修改之
后,它在广义相对论中仍然有效。因而,当我们说一条光线上的两
个点之间的间隔是零时,我们并不是在否认存在某种重要的意义;
在这种意义上,一个点早于另一个点,并且一个可以被看作原因,
而另一个可以被看作结果。这表明,零间隔并不像其看起来的那
样完全没有意义,而且我因此不能接受这种观点,即在空的空间中
没有什么事件沿着光道发生。

　　现在,我们回到光的发射问题上来,暂且不考虑光的吸收问
题;而且让我们仍然考虑一个单一的氢原子。我们被告知要做出
下面这样的假定:电子围绕质子在(比如说)一个四倍于最小轨道

的圆形轨道上旋转一段时间，然后突然决定在最小轨道上旋转。当出现这种变化时，这个原子就失去了一定数量的热量；所失去的热量被转换成光，而用它除以 h（普朗克常数）就得到了那些光的频率。不管光是仅朝着一个方向传播的，还是以球面波的方式传播的，在当前的物理学知识状况中，我们都被迫留下一个悬而未决的问题。但是，我们确实假定了某种东西离开了电子，而且确也假定了，如果光被另一个原子吸收了，那么它就已经穿越了一条以它所在地点或原始地点为起点的路线。我们也假定了光有一种频率，即传播者是一个周期性过程。当光被吸收时，它就不再作为光存在了，尽管它可以重新出现（以荧光的形式）。但是，它的能量时常以可发现的形式存在，例如在叶绿素中是以化学形式存在的。然而，当能量以电子在其轨道上平稳运动这样的形式存在时，它是不可发现的，直至发生了轨道的变化。假如我们有倍数足够高的显微镜，我们就能看到一缕炽热的气体正在分解为数目较少的光点，而平稳运动中的电子将是不可见的。因而，我们似乎能断定，真正把一片物质与另一片物质联系起来的因果律是量子定律，并且在这些定律中，存在许多不同的阶段：首先，有一个没有外在效果的周期性过程；第二，这个过程的能量突然分解为两部分，一部分是原来物体上的一个新的周期性过程，另一部分是在空的空间中前进的一个周期性过程；第三，前进的过程到达了另一个物体上；第四，这另外一个物体发生了一种量子变化，而且这种变化涉及到在吸收体上制造一种新的稳定状态时对辐射能的吸收。我们可以设想，不同物体之间的所有真正的因果关系，都包含下面这样的过程：一个物体突然丧失其能量，另一个物体稍后又突然获得那

331

种能量。经过相对论的重新解释,那些比较陈旧的物理定律显然能以一种使物体彼此独立的方式加以陈述;但是,我看不出如何能以这种方式来陈述量子定律。

根据所谓的关于辐射的"邮包"理论,当能量离开原子时,它有一个明确的在望的目的地。假如我们接受这种理论,我们就能简化关于这个问题的陈述。假使那样,原子在绝大多数时候都过着一种独立自足的生活,"遗忘了世人,也被世人遗忘。"[①]但是,它们有时会把一小包能量交给邮递员,有时又会从他那里收到一小包。邮递员(或许他不是滴酒不沾的人)在邮路上行走时左右摇摆,并且邮包越大,他摇摆得越快。但是,不管他的邮包是大是小,他都以同样的速度在前进;而且他是原子与世界其余部分之间的唯一纽带。

目前,我们不敢想当然地认为问题就像在关于邮包的例子中一样简单。能量可能(就如正统理论所假定的那样)因为辐射到真空中而丧失——我所说的丧失并非是数学意义上的,而是实际的丧失。困难在于,我们不能把一个仪器放入真空中以便看看那儿发生了什么;这样的尝试正如我们试图从没有眼睛的地方去看看事物像什么一样。我们的一切实际知识都与物质与空的空间之间的界面有关:在这些界面内部及外部的东西都是推测性的。我不得不认为,在物理学中,某种比迄今所制定的任何方案都远为简单

---

①　此语出自十八世纪英国诗人、启蒙思想家亚历山大・蒲柏(Alexander Pope)的爱情诗《艾洛伊斯致亚伯拉德》(*Eloisa to Abelard*),其英文原文是:The world forgetting, by the world forgot。——译者注

的逻辑方案是可能的，并且这种简单极有可能因为放弃使物理的空间类似于知觉对象的空间这一尝试而得以实现，而海森堡的量子力学则已提供了这种尝试的一个开端。第二十八章及二十九章所阐述的时-空理论，或许太正统且太缺乏想象力了。大量的装备恐怕是能被削减掉的，假如我们能让自己不再持有这样的信念，即我们必须在物理学中保留我们在心理的时间和空间中所发现的特征。我将在下一章中专门探讨这个问题。

第三十二章　物理的及知觉的时-空

　　在第二部分中,当我们考虑从知觉到物理学的过渡时,我们从常识中接受了某些虽粗糙但尚能用的近似的东西;现在,我们必须寻求用某种更精确的东西来代替它。我们现在要构造另一种近似的东西:由于已经从知觉对象推论出某种类型的物理世界,我们能使用这个推论出的世界的属性来重新解释知觉对象与外部世界的关系,并且我们能够更仔细地考虑,在我们归之于外部世界的属性中,是否有一些是在没有充分理由的情况下,仅仅因为它们是我们信以为我们在知觉世界中所发现的东西才被接受的。这个问题在想象中是困难的;而且分清不同层次的推论是不容易的,但这样做是重要的。

　　从知觉对象出发,我们发现不同的人拥有类似的知觉对象;这些知觉对象之间的差异是近似地依据视角法则而展开的。我们从对知觉对象的比较中所获得的关于物理世界的第一幅图像(当我们从一种成熟的逻辑而非常识开始时)是这样的:存在一些由排列在中心周围的或多或少类似的事件所构成的事件组,关于一个事件组中的事件之间的差异的一阶法则就该组的中心来说是球形对称的,并且二阶法则是通过把许多关于"变形"的法则结合起来而获得的,而所说的这许多法则中的每一个都有其自己的中心。在这幅世界图画中,我们使用了一种物理空间;这种物理空间以我们在第二十章讨论现象论时所解释过的那种方式起源于并且也关联于知觉对象的空间。我在这里将重复并进一步阐述这种构造，以便对它做出一些源自物理学的修改。 334

　　在我们关于世界的知识中，我们不可能完全消除主观的因素，因为我们不可能通过实验发现，从无人看世界的地方看起来，世界是什么样子。但是，我们能够使主观的因素大致地保持不变，并因而有理由确信余下的差异是由非主观的因素引起的。我将因此假定，在一特定的时刻，有人用照相机和感光板从不同地点拍摄许多关于某个对象——比如一张椅子或一张桌子——的照片，并尽可能使这些照片与原物保持相似。我将假定，一个一动不动地坐着的人把这些照片相继地放在他面前的一个固定的架子上，并对它们进行比较。那么，做出下述假定将是合理的：在他关于这些照片的知觉对象之间的差异是由物理的原因所导致的，并且在一定限度内，它们之间的相似性是由刺激照相感光板的事物之间的相似性所导致的。我们发现，这些照片之间的差异是依据某些法则而展开的，而我们称这些法则为视角法则；这些法则与不同的照相机向一个在拍照的时刻看见所有照相机的观察者所呈现的那些现象之间的差异相关联，如此等等。事实上，它们全都能被表达为关于照相机及桌子之各部分的"坐标"的函数，而这里的"坐标"则可以通过与这个单一的观察者的关系而得到定义。例如，他可以让另一个人拿着一根被拉伸了的卷尺的一端依次走到每一部照相机前，而他自己则握着卷尺的另一端；他能够阅读卷尺的长度 γ，并在一定范围内发现卷尺的角坐标 θ 和 φ。这些事实使我们认为坐标拥有一种客观的尺度，因为尽管它们都是从我们自身的角度被

我们观察到的,但是它们决定了一部照相机所将拍摄到的照片的
类型。此外,它们也使我们认为,在正在被拍摄的那张桌子或椅子
的周围,有一些依据视角法则而相互联系起来的事件,并且这些法
则是围绕通过极坐标而得到定义的某一中心而被陈述的。我们的
观察者的 γ, θ, φ 是一些与其自己的知觉对象相关的事实,然而它
们在数学上足以决定关于这些照相机的知觉对象;它们因此一定
拥有某种并非纯粹属于他个人的意义。

    人们通过各种方式来阐述并扩展这个论证。它让人们有理由
假定我们的知觉空间拥有某种客观的对应物;也就是说,在照相机
和桌子之间存在某种关系,并且这种关系与我们关于二者的知觉
对象的坐标之间的关系是一致的。(我始终假定了关于知觉的原
因理论。)假如我们现在用一台照相机去拍摄一张包含各种对象的
照片,那么我们将再次发现,在这幅照片中,那些对象的图像之间
的空间关系能从那些对象与那台照相机的坐标中计算出来。我们
无法知道发生在照相机上并作为这幅照片之形成原因的事件所具
有的内在性质,但我们能够推断,在这些事件与我们关于这幅照片
的知觉对象之间,存在某种结构上的相似性。所有这一切都把我
们引向关于排列在一些中心周围的事件所构成的事件组的概念,
并且这些中心相互之间拥有某些关系,而这些关系的因果属性能
从我们的某些知觉对象之间的关系中推论出来;换句话说,给定一
个事件组 G 且其中的一个分子为知觉对象 p,再给定另一个事件
组 G' 且其中的一个分子为知觉对象 p',那么,若 γ, θ, φ 是 p 的坐
标,并且 $\gamma', \theta', \varphi'$ 是 p' 的坐标,则在 G 和 G' 之间有一种关系,且这
种关系能从 γ, θ, φ 和 $\gamma', \theta', \varphi'$ 推论出来。这些事实让我们有理由

认为空间是客观的，尽管即使因为有了这些事实，客观的空间也将不会等同于知觉的空间，而只是与其相关联。

作为一幅照片之形成原因的事件显然发生在照相感光板的表面；在这个表面与被拍摄的对象之间所发生的事情是由诸多因果前件组成的，而不是由直接的原因组成的。因此，最终得到的照片是在感光板上，而不是在对象上。类似地，作为我们的知觉对象之直接原因的事件发生在眼睛和视神经中，而且当我们谈及物理空间时，知觉对象是在我们身上，而不是在外部世界中。对于物理学来说，我们的全部知觉世界都在我们的头脑中，因为要不然就会在刺激物和知觉对象之间存在一种时间及空间上的跳跃，而这种跳跃是相当不可理解的。任何两个一同被我们经验到的事件，比如我们觉察到同时发生的声音和颜色，都是"共存的"。然而，我不应该说，两个并未"被意识到的"知觉对象一定是共存的。两个事件是共存的，当它们共同构成一个因果单元或一个因果单元之一部分时——这是一个充分条件，但也许不是必要条件。当两个事件被一同经验到时，它们因此就是因果上相连接的；但是，当两者中的任意一个"没有被意识到"时，它们可能不是因果上相连接的，而且我们因此不能确信它们是共存的。因而，没有必要假定心灵只占据物理空间中的一个点。

现在，有必要指出上述解释之精确性的限度。首先，存在某些对视角法则的背离，比如不透明物、折光物、镜子及回声等等；我们可以很容易地将它们嵌入到视角法则中。这些情形是容易解释的，因为当在一个方面出现对规律的背离时，从另一个方面看，那将有证据表明在干扰的中心处存在一个物理对象，而若干扰像阴影一样是圆锥形的,则表明那个对象存在于顶点处。于是,就出现了这样的情况:一个物理对象是从干扰中推断出来的,尽管没有直接的证据表明其存在。但是,这些都并不真正重要。两个重要的问题是:(1)关于测量的困难;(2)一个如其看起来的那样的知觉对象与一种被推论出来的刺激物之间的差异。

(1)我们已经讨论过关于测量的困难,但现在必须努力在这个问题上获得一些结论。如已指出的那样,每一种测量,无论多么不准确,都记录了一个事实——尽管并非总是它想要去记录的那个事实。我们刚才看到,假如我们测量一个将要被拍摄的对象及许多照相机的坐标 γ, θ, φ,我们能针对各种照相机所将拍摄的关于这个对象的图片而做出一些推论。我们推断,这些坐标代表着与我们的身体之间的关系,而且这些关系具有某些特殊属性。当我们知道两个物体相对于我们的坐标时,我们就能推断它们相对于彼此的坐标;在这种意义上,这些属性被称为几何属性。如果我们的测量是粗心的,那么所有这一切都只是大致真实的:若是那样,当我们想发现内在关系时,我们只是在发现一些牵涉我们的感官,甚至欲望在内的非常复杂的关系。我们探索一种消除所有条件因素(除我们所欲关注的以外)的技术,而且我们在很大程度上是成功的。但是,相对论告诉我们,在测量上有一些无法消除的变异性之残留,因为事实上,我们试图去测量的关系部分说来是不存在的;或者更正确地说,作为关系,它们所包含的项比我们原先想象中的更多。我们曾设想,坐标代表与轴之间的关系。但是,假如我们有两组轴,并且其中一组在相对于另一组作运动,那么在它们瞬间重合的那一刻,一个事件相对于两者的坐标通常也不会是一样

的。于是，我们甚至不能在任何严格的意义上在两个相互分离的
点之间发现能赋予坐标以物理意义的某种精确关系。相反的现象
也只是一种近似的事实，我们无法使其精确化。

　　所有这一切都表明，我们无法在物理的时-空与知觉的时间和
空间之间发现一致之处。如果我们假定人体是在一条短程线上运
动的，那么知觉的时间可以等同于沿着那条短程线所获得的关于
ds 的积分，而知觉的空间则是由同时出现的知觉对象之间的某些
关系所组成的（"同时出现的"这个词没有带来什么麻烦，因为所有
知觉对象都在我们的头脑中）；所说的那些关系，部分说来本身是
知觉的，部分说来是推论的，但是不管物理学可能会说什么，所有
这些关系都恰好是其所是。我们可以在某些方面对知觉空间进行
修正，以使其适应物理学；而在另外某些方面，我们则无法做到这
一点。例如，我们能够推断知觉对象是由不可觉察的部分组成的，
假如物理学为我们提供了这样思考的理由。但是，在我们觉察到
知觉对象之间的某种关系的地方，我们不能否认有这样的一种关
系，无论物理学可能在多么小的程度上允许它存在于据说被觉察
到了的对象之间。规律是这样的：我们能够推断知觉对象拥有结
构上的额外的复杂性，假如物理学需要这种复杂性的话；但是，无
论物理学可能在多大的程度上需要它，我们都不能推断说，相比于
我们在单纯研究知觉对象时所需的复杂性，存在一种程度更低的
复杂性。在知觉对象的世界中，时间与空间的区分确实是存在的，
而且空间确实拥有相对论认为是物理的空间所没有的某些属性。
因而，在这种程度上，知觉的与物理的空间之间的一致就不复存在
了，而且主要与知觉对象有关的测量，并未能为我们提供我们所期

338

待获取并用于对物理世界进行推论的那些相当有用的材料。

（2）现在,我来探讨一个如其表面看上去那样的知觉对象与一种被推论出来的刺激物之间的差异。但是,这并不是即将被讨论的问题之全部范围。"知觉"这个词蕴涵了与一个物理对象之间的关系;我们被猜想"感知到"一把椅子,或一张桌子,或一个人。假如物理学是正确的,一个知觉对象与一个物理对象之间的关系是非常遥远和奇特的。在通常情况下,我们是借助于反射光或散射光而看见对象的;而这就增加了复杂性。为了举最简单的可能的例子,且假定我们正看见一团炽热的气体。这里的知觉对象似乎是具有某种形态的一片明亮颜色,并且它在知觉的空间中具有明显的连续性,而在知觉的时间中是近似不变的。仅就这个知觉对象与气团中实际发生的事情相一致而言,知觉才为我们提供了知识。现在,假如物理学是真的,那么在该知觉对象的表面的结构与气团中所发生的事情的实际结构之间,存在着重大的差别(可以忽略结构以外的差别。)发生在气团中的实际过程,不再像这个知觉对象表面看起来的那样是某种稳定的连续的东西,而应该是由大量独立的突然的且互不连接的激变所组成的。确实,在这个知觉对象与所发生的物理事件之间有一些重要的类似之处。因为刚才所提到的测量方面的限制因素,这个知觉对象的形态与激变正在其中发生的那个区域的形态是一致的。这个知觉对象的颜色是与在一次激变中每个原子所丧失的能量总额相一致的。激变以一定的速度在气团的任意一个并非太过微小的区域内发生着,而知觉对象的不变性就与这种速度在统计学意义上的不变性相一致。因而,除了颜色以外,这个知觉对象中的每一种东西都代表与气团有关的一个统计学意义上的事实；而颜色被设想为代表与每个原子有关的一个事实。顺便说一句，这是对洛克在第二性质问题上的权威看法的一种奇怪的颠倒：在知觉对象的所有元素中，颜色是最接近于客观的东西的。

从某个方面讲，这些差别都属于一种类型：它们归于物理现象的结构多于它们归于知觉对象的结构。这是与下面这个一般原理相一致的：远处的现象与近处的现象之间的关系是一对多的，因此知觉对象上的差别蕴涵着对象上的差别，但反之则不然。在最终的分析中，对象的相对精致的结构全都是从知觉对象的相对粗糙的结构中推论出来的；但是，它以我们在第二部分中所考虑过的方式，包含着对许多知觉对象的比较及对不变的因果律的寻求。因此，若认为物理事件以物理学所表明的方式不同于知觉对象，那么这种观点并无矛盾之处，因为这种不同就在于把更多的结构归于物理事件，而不在于否认它具有知觉对象所拥有的那些结构之元素。

假如我们愿意，把物理现象——或确切点说，直接的外部刺激——所拥有的结构归于知觉对象是可能的。我们无法证明这个假设是不正确的，但是它并不像人们可能认为的那样有用，因为唯有在知觉对象问题上所知道的东西才是认识论上重要的，而且这样的结构，假如存在的话，肯定是未被觉察的。我们依靠推论所仅仅发现的与知觉对象有关的东西，并不能为科学提供前提；从知识论的立场看，它只处在与外部世界中的事件相同的地位。因此，尽管知觉对象可以拥有一种未被觉察到的结构，但这并不降低下述事实的重要性：我们在知觉对象上所感知到的结构与它们的刺激物的结构之间仅仅拥有一种一对多的关系。

　　我们必须面对这样的问题：与我们本来所设想的相比，物理的时–空与知觉的时间和空间也许是大相径庭的吗？因为我们只是零碎地修正常识的偏见，我们已经成为想象力上懒惰行为的受害者了吗？怀特海博士极明显地不易受到这样的指控；他所说的"简单定位的谬误"，若被避免，将导致一种与在常识及早期科学中完全不同的世界结构。但是，他的结构依赖于一种我所不能接受的逻辑；此种逻辑假定，各种"样相"可以是极不相同的，但从某种意义上说，它们在数目上仍然可以是一。我认为，这样的一种观点，若加以严肃对待的话，是与科学不相容的，并且包含一种神秘的泛神论。但是，我在这里不会继续讨论这个题目，因为我已在先前的一些场合处理过它了。我想问的问题是：假如我们急于保留物理学中可能真实的东西，而不是急于同常识尽可能地保持接近，那么，若不采取大胆的措施，我们能就物理的时–空做出什么样的假定呢？特别地，时–空自身，可以就如作用量单位 h 的存在似乎表明的那样是原子式的吗？那么，首先，我们如何看待"作用量"？

　　作用量通常被定义为能量的时间积分；因为能量可以等同于质量，"作用量"也可以被定义为质量乘以时间。引力质量是一种长度；例如，太阳的质量是 1.47 公里。[①] 因为引力质量和惯性质量是相等的，我们可以认为作用量就是长度乘以时间。金斯博士（《原子性与量子》第 8 页）说：

　　"连续体自身几乎不可能拥有原子性，因为假如拥有的话，空间乘以时间这样的物理量纲中的一个普适常数应该遍及全部的物

---

　　① 爱丁顿，上文所引用的书，第 87 页。

理科学。甚至没有人怀疑会有这样的东西，而且就我所知，甚至也未曾有人推测过这样的东西。因而，科学今天能够极为自信地宣称，空间和时间都是连续的。"

在我看来，这段文字中的"极为自信"无法被证明是合理的。假如以原子的方式构想时-空的结构能促进科学的发展，那么我认为，某些相反的理论论证是不能行使否决权的。诸如金斯博士所使用的那些来自量纲的论证，不再拥有在相对论被引入之前它们所具有的那种明确性。就像我们刚才看到的那样，我们能够以一定的方式定义"作用量"，从而使其量纲等于长度乘以时间。现在，有一个关于作用量的普适常数，即 h。或许，假如我们把作用量看作物理学的基本概念之一，那么我们也许能够构造一种始终具有原子性的物理学，并且它仍会包含一切可以证实的东西。我并不"极为自信地宣称"这是可能的；我只是提请人们注意这个假设，因为它值得我们去研究，并有望能对物理学的概念装备进行一番简化。在随后的几章中，这个假设将会被记在心间。

第三十三章 周期性与质系列

自从人们发现自己的呼吸及昼夜更替以来，许多物理现象的周期性特征就已经非常明显了；但是，因为量子的发现，它获得了一种全新的意义。量子是一个快速的周期性过程之全周期的特征，而非这个周期之某一时刻的特征；因而，它要求我们把周期作为一个整体来考虑，并在某种意义上颠倒了迄今为止的物理法则之前进趋向，即从积分走向微分的趋向。我们记得，量子原理，像威尔逊和索末菲所阐明的那样，表述了如下的内容：给定一个周期性或准周期性过程，并且这个过程的动能是借助于"分离的"坐标来表达的，那么，若 q_k 是这些坐标中的任意一个，并且 E_{kin} 是动能，则有：

$$\int \frac{\partial E_{kin}}{\partial \dot{q}_k} dq_k = n_k h \ ;$$

在这里，积分运算跨越了 q_k 的一个完整的周期，并且 n_k 是一个小的整数，即与 q_k 相联系的量子数。这条法则本质上是与一个完整的周期相关的，并因而以一种全新的方式使得周期性成为物理学中基本的东西。

在进一步探讨之前，如果考虑一下，在海森堡开创的这种较新的量子力学中，周期性将在多大程度上保持这种重要性，那将是合适的。为了这个目的，我们可以专注于这个新的体系中一个包含

h 的基本方程。这个方程采取了这样的形式[1]：

$$pq - qp = \frac{h}{2\pi i} 1;$$

在这个式子中，p 和 q 是矩阵，q 是新的意义上的一个哈密顿坐标，p 是对应的"冲量"且亦是新的意义上的，而 1 则是单位矩阵。这个方程被断言适用于所有运动，而不只适用于周期性运动。但在关于非周期性运动的情形中，它给出了一种与经典力学近似的结果。因而，新的力学依然只是因为周期性运动才成为必需的，尽管从技术上说，发现一个也适用于非周期性运动的量子原理是可能的。因此，从经验的观点看，周期性的重要性仍丝毫未损，尽管从对基本法则的陈述的角度来看，多少有点被削弱了。无论如何，要求对此进行单独的讨论仍然是十分重要的。

传统上，物理学中的周期性是一个关于运动的问题：一个物体在空间中反复勾画同一条路径。由于相对论的出现，已有必要对这个陈述做些许的修改。在时-空中，每一个点都有一个日期，而且不能两次被占据；地球和电子都不能再次勾画它们先前所勾画的轨道。因此，周期性是相对于一个特定的坐标系的：假如在一个坐标系中，一个坐标重复穿越某一特定范围的值，并且每次穿越所用的时间总是相等的，那么在另一个坐标系中，即使有一个振动坐标，它的各周期的时间也可能并不都是相等的。轴的变化甚至可以从一个过程中消除所有周期性特征的痕迹。然而，由于量子原

---

① M.波恩和 P.约尔丹，*Zur Quantenmechanik*，Zeitschrift fur Physik，34，第 871 页。也参阅 M.波恩、W.海森堡和 P.约尔丹，同上，35，第 562 页。

理迫使我们认为周期性在物理学上是重要的，当参考与其一起运动的轴时，我们似乎必须把它看作一个过程所具有的特性，因为这将会克服与相对论相联系的困难。假如在某些情况下这种方法对我们来说是无法利用的，那就必须发现同样避免了这些困难的某种其它方法。但是，在涉及与物质相联系的过程（相对于电磁过程）时，我认为，除了选取与所涉及的物质一起运动的轴以外，我们发现不了其它的可能性。可这样一来，把周期性作为一个事物在运动中展现的基本特性就是不可能的，因为我们已经让处于周期性过程的物体静止了下来。我需要提示的是，从根本上说，周期性是由性质的反复出现所构成的。

在本章中，我希望考虑一个事件的"性质"能意味着什么；我也想研究性质与因果性、运动及周期性的联系。

传统上，物理学忽视性质，并把物理世界还原到运动的物质上。这种观点不再是充分的。能量最终证明比物质更重要；而光则拥有许多属性，例如重力，这些属性先前被认为是物质所特有的。用时-空代替时间和空间后，把事件而非持存的实体看作物理学的原材料就可以理解了。量子现象已对运动的连续性提出了怀疑。由于这些及其它的原因，古老的简单性就消失了。

当我们从知觉而非数学物理学出发时，我们发现，我们最充分地亲知到的事件拥有一些"性质"，而且凭借这些性质，它们被排列在类及系列中。所有的颜色都拥有不为声音所拥有的某种共同的东西。两种颜色可以是非常相似的，以至于几乎或完全无法区分，但它们也可以是非常不同的。正像格式塔心理学所强调的那样，形状是从性质上被感知到的，而非以分析的方式被感知为一个由诸多相互联系的部分所组成的系统。但是，这整个关于性质的概念，虽在我们的知觉生活中起到了如此大的作用，却是传统物理学中所完全没有的。颜色、声音及温度等等，全都被认为是由各种各样的运动引起的。在其获得成功的范围内，对于这一点是不存在反对意见的；但是，只有当它到头来被表明是不充分的时，重新把质的差别引入物理世界才同样不会存在反对意见。

然而，有一种本质性的局限。我们可以找出假定质的差别的理由，以便能构造我们已经推论出的那种结构；但是，我们不能拥有某种知道这些相异的性质是什么的方法。由于我们在第二部分讨论过这一点，现在无需再为此耽搁时间。

迄今所假定的装备，除了性质以外，还有：共点、原因-结果、量子法则。我之所以说"原因-结果"，是因为能够区分一次交换中相对较早的事件和相对较晚的事件是很有必要的，而且同关于一个因果序列中的事件间的一般时间顺序的假定相比，这是一个不太重要的假定。除了对于定义"重复"这一目的以外，上述装备就足够了。我们能对时间和空间做出常识的区分，而能做到这一点的根源就在于"重复"的可能性。人们或许会认为，用时-空代替时间和空间使重复变得不可能了；然而，量子物理学的全部特殊之处以及关于光和声——更不用说别的物质了——的理论都依赖于周期性，而周期性则包含着重复。只要我们拥有诸多在一种不变的空间中运动着的弹子，我们就能满足于构形的重复。但现在，对于构形来说具有本质意义的空间距离，不得不被分析成一种复杂而又间接的关系，且此种关系依赖于通常的因果根源或派生物的存在。因此，我们必须能够使用不同于其空间关系的工具在事件之间做出区分。

　　然而,要发现支配我们所谓的"性质"的法则,是极为困难的。在一个由连续的过程所构成的世界中,人们会说性质一定是逐渐变化的。但是,在一个量子过程中,它们显然是突然变化的。然而,这种突然性也许并不存在于一种稳定的律动过程中;或者,即使存在,它可能也包含一些在相继出现的性质中产生一种连续性之特征的微小变化。就拿电子绕核旋转为例吧。在较新的量子理论中,这种情况并未真正出现;但是,假如有必要假定它的话,我们可以考虑它如何才能得到解释。让我们纯粹为举例说明而做出一个荒唐的假设:我们且假定,电子和原子核能够彼此看见,并且两者都不绕自己的轴转动。那么,它们各自将得到一些关于对方的图片;这些图片在每一次绕转期间都发生变化,且每一次都重复这种系列变化。现在,让我们把这个假设颠倒过来,并从假定这个反复出现的系列图片开始。由此,我们能够推论电子的绕转——倘使我们可以自由地构造我们想要的服从于某些形式法则的空间。现在,我们事实上拥有这种自由:电子在其中绕转的"空间"仅需拥有某些抽象的数学属性,而且只要它拥有这些属性,它就可以从任何可用的材料中被构造出来。只要电子继续在一个轨道上,我们就可以设想:有一个持存的事件 E,它可以被当作电子的代表;而且类似地,有一个持存的事件 P,它可以被当作质子的代表。无论如何,这样的设想可以作为一种纲要式的简化的东西。现在,让我们假定:有一些相继发生的事件 p_1、p_2、p_3、…,它们与 E 共存,但并不彼此共存;而且,这些事件可被视作质子的"样相",并或多或少以某种方式彼此关联,而所说的方式就是质子在不同地点所表现出来的现象——假如电子能够看见那些现象的话——彼此关联的方式。类似地,让我们假定:有一系列事件 $e_1,e_2,e_3,\cdots$,它们与 P 共存,但并不彼此共存,而且它们可比拟于电子向质子所表现出来的现象——假如质子能够看见那些现象的话。让我们进一步假定,在一个由这样的事件所构成的事件组之后,一个完全类似或者说非常类似的事件组将反复出现。这个假定为我们提供了一种周期性的相对运动所需要的材料。因此,我们将不说视角有所不同是因为空间关系发生了变化,而说空间关系的变化是由视角的系统性改变所构成的。这样的一种观点是行得通的,但它使性质的类似与差异成了本质性的东西。假如除了在纯形式的特征方面以外,我们放弃与视觉的类比,那么它就不再是荒唐的了。

　　现在,让我们阐明以上论述所提出的关于周期性过程的分析,并使其与第二十八章中的点的构造联系起来。首先,让我们假定这种过程是由分离的部分组成的;以后我们可以放弃这个假设,但它简化了初始的陈述。为了举例说明,假定有十种性质即 $q_0,q_1,q_2,\cdots q_9$,并假定存在如下事件:

$$a_{10},a_{11},a_{12},\cdots a_{19},a_{20},a_{21},\cdots a_{29},a_{30},\cdots;$$

这些事件服从于以下条件:

　　(1)$a_{10},a_{20},a_{30},\cdots$ 拥有性质 q_0;$a_{11},a_{21},a_{31}\cdots$ 拥有性质 q_1;等等;

　　(2)这些 a 中的每一个都与其直接的左邻和右邻共存,但不与其余的 a 中的任何一个共存;

　　(3)假如 $m<n$,那么在时-空中,任意一个包含 a_m 而非 a_n 作为其一个分子的点,都与任意一个包含 a_n 而非 a_m 作为其一个分子的点之间,拥有一个类时的间隔。

既然如此,a 系列就构成了一个周期性过程,并且在其每一周期中都拥有十个 a。一个 a 的下标中的最后一个数字表明了这个 a 的性质,也就是说,假如最后一个数字是 r,那么它的性质就是 q_r;而余下的数字则表明了周期的编号。

假如所有的 a 都是一片物质之经历中的事件,那么这片物质就在经历这个周期性过程。假如在另一片物质上有一个由诸多 b 构成的相关系列,那么这两个周期性过程将共同构成一种具有周期性特征的相对运动,比如电子围绕质子的旋转。

概括以上所述,当仍然假定这个过程是由分离的部分所组成的时,设想我们拥有 r 个性质,即 $q_1,q_2,\cdots q_r$ 及一组事件

$$a_{11},a_{12},\cdots a_{1r},a_{21},a_{22},\cdots a_{2r},a_{31},\cdots;$$

在这里,就像前面一样,最后一个下标指明了性质,即 a_{mn} 拥有性质 $q_n(n{\leqslant}r)$。我们也假定:每一个 a 都与其前驱中的 p 及后继中的 p 共存,且 $2p+1{<}r$;但是,没有一个 a 与除这些以外的任何 a 共存。其余的假定将和前面一样。那么,我们再次获得一种节律,且此种节律可以视为对物理学中周期性过程的一种分析。

如果我们假定这些 a 不与被指明的 a 之外的事件共存,那么一个给定的 a 与之共存的这组 a 构成了一个点,并且该点可以被当作所说的那个 a 的持续期间的中点。我们能够认为这个点代表了所说的 a,因为它们的关系是一对一的。因而,所说的 a 与一个点有关,尽管它持续有限的一段时间,即与并不彼此共存的一些事件共存。

应该看到,根据第二十八章及第二十九章中的时-空理论,完全可能出现这样的情况,即时-空的一些部分是连续的而另外一些部

分是分离的。现在,我假定我们正在考虑时-空的一个分离部分中的一个周期性过程;这并不涉及所有时-空都是分离的这个假设。

假如,就像我们刚才所假定的那样,一个周期性过程中的 a 不与某些相邻的 a(它们一定少于整个一个周期中的 a)之外的一些事件共存,那么,一个周期中的点的数目就是 a 的数目,并且两者都提供了关于这个周期的持续时间的测量结果,而此种结果是用其固有时间来计量的。显然,在时-空的一个分离部分中,关于距离的自然的测量结果将是处于中间的点的数目。我们也看到一个过程的固有时间如何能够不同于另一个过程的固有时间。让我们假定,除了在首端和终端处,我们的 a 形成了一个"孤立的"过程(即不与别的 a 之外的某种东西共存)。第一个和最后一个 a 将与由诸多 b 构成的另一个周期性过程中的第一个和最后一个项共存;除了在端点处,这另一个过程也是孤立的。于是,b-过程的固有时间是通过两个端点之间的 b 的数目来衡量的,而且这个数目与 a 的数目之间无需有任何关系。这表明——当然也是相对论的推论——周期性必须用内在于所涉及的过程的标准而不能用适合于别的周期性过程的标准来衡量。若不是因为相对论和量子理论目前彼此独立且尚未被物理学家们统一起来,几乎没有必要说这样的话。

上述内容可以用数理逻辑的语言来陈述,并由此可使这些假定所具有的特性更明显,亦可使向连续性过程的推广更容易。设 Q 是性质系列,A 是律动过程中的事件系列。让我们想象这些事件被排成行和列,并且每一行都是由一个周期构成的,每一列都是由所有拥有一特定性质的事件构成的。我们假定有一种一对多的

关系 S,它的前域是 Q 的取值范围,而它的后域则是 A 的取值范围。当 q 同 a 拥有关系 S 时,我们就说"a 拥有性质 q"。如果 a 是 A 的取值范围中的任意一个项,而且我们假设 q 是同 a 拥有关系 S 的项,那么同一列中紧接在 a 下面的项(即下一周期中相应的 a)就是 A 系列中在 a 之后且 q 与其拥有关系 S 的第一个项 a'。"a 行"是由早于 a' 但不早于 a 的所有 a 构成的,"a 列"是由 q 与之有关系 S 的所有 a 构成的。我们料想,当其后域限定在一行上时,S 就是一对一的,从而每一行(即每一周期)都是一个与 Q 系列类似(在技术的意义上)的系列。

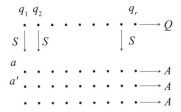

使上述关于周期性的分析适应于连续性过程并没有什么困难。我们不选取一组被列举出的性质 q_1,q_2,$\cdots$,而是必须选取某个连续的性质系列,诸如彩虹的颜色,或者通过让一个人的手指沿着琴弦来回滑动而在小提琴上奏出的乐音。与一给定事件共存的事件的数目现在一定是无限的,但一定依然少于一整个周期的数目(不考虑在所涉及的过程外部的事件)。一个周期中的点的数目,或者说一个周期之任何有限部分中的点的数目,现在是无限的,而且因此不能用作对距离的一种度量。因而,在度量属性问题上,连续的过程与分离的过程之间有一些重要的差别。然而,我不会详细论述这些,因为我计划在以后的一章中考虑关于"间隔"的

分析。

到目前为止,我一直在考虑可被视为发生在物质中的过程,或者说至少不以光速在运动的过程。但是,光通常也被看作是由周期性过程构成的。在接受光的波动说的前提下,让我们接着分析其周期性。我们将发现,在一些重要的方面,它不同于发生在物质中的周期性过程。

从其自身的角度来看,光波的周期性是不能存在的;而唯有从它所遇到的或它由之向外辐射的物质的角度看,这种特性才能存在。我们可以设想:当在发生量子变化的那一刻光从一个原子中向外辐射时,从那个原子的角度看,存在一个短暂的事件系列,而系列中的事件可被我们称为"光事件";而且,这个系列在我们一直在考虑的那种意义上是周期性的。这种光事件的一个周期构成一种光波的发射。如果我们假定光被另一个原子吸收,那么我们可以假定每一个光事件都不仅与发射光的原子中的某些事件共存,也与吸收光的原子中的某些事件共存。当用原子的固有时间来测量时,光事件的时间顺序对于两个原子来说是一样的。但从光事件自身的角度看,不存在周期性。只要光不遇到物质,它就是由分离的事件组成的,而这些事件至多在每一个边界处"碰上"另一个事件;陪伴其中一个事件的旅行者不可能察知任何一个其它的事件,因为它们不可能彼此追上。假如我们能够想象一个体型微小的人漂游在光波的顶峰,那么他无法发现任何周期性的现象正在发生,因为他不能"看见"这光波的其余部分。一句话,光波的不同部分彼此间不能以任何方式发生因果作用,因为任何因果作用都不可能比光传播得更快。

　　我们甚至不能正确地向一个观看光波通过的观察者提及光波的周期性。光唯有被阻止才能被我们发现。这适用于像干涉这样的现象；通过允许光遇到物质，我们才能使光的干涉变得可见。确实，干涉现象为我们推论结构提供了一种根据：两个过程可以相互抵消，但两个"事物"不能。假如 A 欠 B 一英镑的钱，并且 B 欠 A 同样数目的一笔钱，那么结果归零；但是，假如 A 的手头有一英镑要给 B，并且 B 的手头有一英镑要给 A，那么就有两英镑。只要两种现象之和可以归零，这两种现象就一定都有一种关系性。因而，有了像干涉图样这样的事实，我们就可以正当地假定，当光遭遇一个物体时，该物体就经历了一系列事件，而这些事件对其所产生的效果分属于全然不同的类型，就好像一些事件将其推往一个方向，而一些事件将其推往另一个方向。但是，所有这一切都是从这个物体而非光的角度而言的。因而，作为一种特征，光的频率对于光的发射体以及吸收体（例如一个科学观察者的身体）而言是存在的，但对处于真空中的光自身而言则是不存在的。

　　当光被发射和吸收时，我们可以因此假定，所发生的事情取决于下述方案。我们在发射体上有一个短暂的事件系列，并且对于这些事件中的每一个，我们都有一个光事件与其共存。这些光事件是依发射体上共存事件的时间顺序排列的，它们构成先前意义上的一个周期性过程。每一个光事件也都与吸收体上的某个事件共存。吸收体上的事件的时间顺序与发射体上的事件的时间顺序是一样的；也就是说，假如 e, e' 是发射体上分别与 l, l' 两个光事件共存的事件，并且 l, l' 分别与吸收体上的 a, a' 两个事件共存，那么，若 e 早于 e'，则 a 早于 a'。我们不能判断被发射而非被再次吸收的光波会发生什么事情，因为必然地，在这点上绝不可能存在任何可构想的证据。

根据以上所述，光波的频率是光波相对于物质而非其自身时所拥有的一种特征。在这点上，它有别于——例如说——电子旋转的周期性，而我们可以认为这种周期性对于电子自身而言就是存在的。

上述假设的要点是这样的看法：一个个的"光事件"从发射体伸展到了吸收体。我不把它作为超出一种可能的假设的东西提出来。其主要目的之一在于解释这样的事实，即一条光线上两个部分之间的间隔是零；但是，这部分论证放在了以后的一章中。

第三十四章 物理现象的类型

　　在本章中，我打算把物理现象分为三种类型；我将分别把它们称为稳定的事件、律动及交换。"稳定的事件"这个用语是由"稳定的运动"进行类推而形成的，尽管所涉及的事件并未被设想为运动。律动是我们在上一章中所考虑过的周期性过程。交换是量子变化；在这种变化中，能量从一个系统传递到另一个系统。支配不同类型的现象的法则也是不同的，而且在着手对物理的因果性进行一般的讨论以前，有必要把它们分开。

　　传统上认为，物理学只关心运动的物质；由于多种原因，我们不能再坚持这种观点。首先，就以太而言，即使我们能说它是存在的，也几乎不能认为它拥有一种颗粒状的结构，而且以太中的事件，比如像光的传播，也不能被解释为以太粒子的运动。第二，量子变化，假如确实是突然的，就背离了运动的连续性，并因而摧毁其作为一种富有想象力的图画的优点。第三，关于运动的概念依赖于关于持存的物质实体的概念，而我们已经看到，有理由认为后者只是一种近似的经验的概括；从哲学上讲，这一点是最重要的。在我们能说一片物质已经运动之前，我们必须确定处于不同时间的两个事件属于一种"历史"，并且一种"历史"是由某些因果律而非实体的持存来定义的。因而，运动是根据物理法则或者作为——我们可以说——陈述物理法则的一种便利手段而被构造出来的某种东西；它不可能是物理学的基本概念之一。最后，还有一种难以精确陈述的理由，但这种理由仍然具有一定的份量。对牛顿来说，运动是绝对的，并且一个运动的物体可以被认为处于一种与一个静止的物体不同的状态中。但是，当运动被认识到仅仅是相对的时，关于运动的法则就变成了关于与在或远或近的距离以外的物体之间的关系的法则。它们因而包含某种像超距作用这样的东西，尽管由于使用了并非始终根据严格的维尔维特拉斯方法而得到解释的微分方程，这一点被掩盖了。假如我们要避免超距作用，我们的基本法则必须与具有有限时空范围且因而能接触和重叠的项有关——一句话，与事件而非粒子或不可穿透的物质单元有关。这涉及到对出现在物理学中的运动的再解释，我们将在以后的一章中考虑这个问题。现在，我所感兴趣的是，为了达到这种目的以及为了重新解释其它物理现象所需要的材料。

一个"稳定的事件"，就像我对这个术语的使用一样，是某种没有物理结构且与彼此并不共存但一个靠前另一个靠后的那些事件共存的东西；换句话说，这个稳定的事件至少是彼此间拥有类时间间隔的两个点的分子。当把稳定的事件与律动进行对比时，我们假定稳定的事件并不是周期性过程之一部分；但我们不能认为一定存在一些作为这样的过程之若干部分的基本事件。也许，所有非周期性的变化都是在交换过程中发生的，但在当前的知识水平上，这一定是一个悬而未决的问题。

一种"律动"，就像已解释的那样，是一个反复发生的事件系列，而且在这个系列中，不同周期的对应分子之间存在一种质的相似性。一种律动可以拥有一个由数目有限的事件组成的周期，或

者拥有一个由数目无限的事件组成的周期;它可以是分离的,或者
是连续的。假如它是分离的,那么一个周期的固有时间是通过这
个周期中的事件的数目来度量的,而且这个过程的"频率"是事件
的数目的倒数。但是,在这里,我们是在谈论用这个周期的固有时
间来度量的频率;若用外部时间来度量,这个频率可以是完全不一
样的。通常所谓的光波的频率是其相对于同发射体之间保持相对
固定的轴的频率;它相对于与其一起移动的轴的频率是零,但这只
是多普勒效应的极端表现。在借助于与物体一起运动的轴来研究
物体的实践中,可能会存在某种前后矛盾的地方,然而我们却始终
是结合物质的轴来探讨光的。假如我们要从其本身的角度而非从
其与物质的关系上来理解光,我们应该让我们的轴与其一起移动。
在这种情况下,它的周期性是空间的,而非时间的;它类似于波纹
铁的情况。从光自身的角度来看,光波的每一部分都是上述所解
释的意义上的一个稳定的事件。

除非我们接受新的量子力学的观点,最基本的律动过程之一
将是电子的绕核旋转;根据新的观点,没有理由设想这种情况真的
会发生。在玻尔-索末菲理论中,这种旋转将依靠其自身而继续下
去,直到它或者被量子变化或者被某种另外的常见的化学作用或
电作用所改变。问题就出现了:为什么我们应该设想终究会有一
个过程?为什么不做下述这样的设想呢? 也就是,设想有一个拥
有某种数量的能量的稳定事件,并且该事件在量子变化中被另一
个拥有不同数量的能量的稳定事件所取代,而两者能量的差额部
分或被辐射或被吸收了。这个假设具有一定的吸引力,因为在假
想的过程持续期间,原子没有给出其存在的外在提示,而且因此不

可能像稳定的运动所假定的那样,存在直接的可以表明变化正在发生的证据。无论如何,假如电子是在圆周上绕质子转动的,并且两者都是球形对称的,那么从相对论的观点来看,不容易精确发现电子正在绕转这样的说法意味着什么。这个困难并没有因为关于自旋电子的假设而得到减轻。我们遇到了与在关于绝对转动及傅科摆①的情形中一样的难题,即牛顿提出的用来证明绝对运动之必然性的那些难题。在只由电子和质子组成的系统内,电子在其圆形轨道上运转时任何东西都不会发生变化;变化只是相对于其它物体的。为什么不认为这种情况是静止的,而认为它拥有一定数量的能量呢? 能量可以因为轴的变化而在数量上发生改变,并且不是系统的一个不变属性;但是,在这里提到外部世界是不太严肃的,因为原子能量所服务的唯一目的,就在于为物理学提供某种能辐射到外部世界或者从外部世界中吸收的东西。换句话说,仅当能量的变化决定着原子与外部世界之间的因果联系时,我们才需要它。这种观点本质上就是海森堡理论的观点。

　　这样的一种观点具有几个明显的困难。首先,根据电子绕转这个假定而得到的关于能量的公式,精确地说明了需要用来解释光谱现象的能量的变化;玻尔-索末菲理论非常精细地与观察保持了一致,因而其关于能量的公式必须被接受。当然,我们可以说能量恰好就是当电子在一个量子轨道上绕转时它实际所是的那样,但这似乎是一种几近奇迹的巧合。然而,这并不是最有力的论证,

---

　　① 　傅科摆是法国物理学家傅科(1819—1868)发明的一种演示地球绕轴自转的仪器。——译者注

359 最有力的论证是从量子原理中形成的。旧的量子原理只能应用于周期性过程；假如，就像我们实际发现的那样，它适用于光和原子之间的能量交换，并且假如我们坚持旧的理论，那么我们就必须做出这样的假定：在原子内部有某种可被称为"频率"的东西，即某种周期性的东西，并且这种东西迫使我们承认，在一个处于稳定状态的原子内部，有一种反复发生的过程，且该过程的形式属性就是通过电子的绕转——而且或许也通过自转——而展现出来的属性。

假如我们坚持玻尔的理论，我们能够假定什么东西确实在发生呢？假如相对运动就是所发生的一切，那么我们要么必须为自旋电子找到一种解释，要么必须说，若选取相对于某个大的物体而固定的轴，连接电子和质子的线则迅速旋转。任何大的物体都将合适，因为没有什么东西以一种可与电子的速度相媲美的角速度在旋转。但是，为什么电子应该与这个事实相关？为什么它发射光的能力应该与这个事实相联系？假如这个过程是可理解的，那么在电子那里一定有某种事情在发生。这把我们带回到了麦克斯韦方程组，它们决定着媒介中所发生的事情；而且，假如我们要避免超距作用的所有麻烦，那么在电子那里所发生的事件就必须具有一种律动性。

因此，我们设想，在整个电磁场中，存在一些我们或多或少知道其形式属性的事件，而且它们，而非空间构形的变化，是所发生的事情的直接原因。这把我们带回到了我们在上一章中用来定义节律的事件系列。核心的意思是，节律绝不能仅仅是两个或更多物体之间的空间关系的周期性变化，而一定是由一些性质性（qualitative）的事件系列构成的。当我们观看像钟摆这样的大尺

度的周期性事件时,我们就有了关于此种系列的经验。在这个系 ₃₆₀
列事件期间对我们发生的一切事情,都发生在我们之内,而非发生
在许多不同的地方;而且在我们身上所产生的任何效果都依赖于
对我们发生的事情。我的意思是,当我们希望理解周期性运动如
何影响电子时,这是一个恰当的类比。

我现在来探讨我将称之为"交换"的东西,并用它来指量子变
化。我之所以把它们称为"交换",是因为能量是在不同的过程之
间彼此互换的。所涉及的过程必须是周期性的,因为要不然,量子
原理就是不必要的。在最简单的情形,即关于氢原子发射光的情
形中,若用旧的量子理论的语言来说,我们拥有一个周期性过程
(电子在最小轨道以外的轨道上绕转)作为前期过程,并且拥有
下述两个过程作为后期过程:(1)电子在一个较小的轨道上绕转;
(2)光波。如已解释的那样,后者仅在某种意义上是周期性的。前
期过程的能量是两个后期过程的能量之和。一个周期中的前期过
程的作用量的数量是 h 的一个倍数,而且就每一个后期过程来说,
一个周期中的作用量的数量也是如此。当光被氢原子吸收时,恰
好就会出现相反的情况。在其它情况下,前期过程和后期过程都
可以由两次或更多次的律动组成;但是,能量总是守恒的,而且每
一次律动都将包含数量等于 h 的一个倍数的作用量。

迄今为止,一切与量子有关的东西都或多或少是神秘的,尽管
海森堡的理论稍微减少了这种神秘性。我们不知道量子变化是否
真的是突然的,我们不知道原子结构中的空间是连续的还是分离
的。假如就像在玻尔理论的第一种形式中那样,电子总是在圆周
上运动的,那么我们就能满足于一种颗粒状的分离的空间,并设想

361　中间的轨道在几何学意义上是不存在的。但是,因为索末菲在阐
发这种理论时认为椭圆形轨道是存在的,这一点变得困难了;而且
有人设想,在一些拥有许多行星式电子的原子内,一些电子的运行
路线穿越了其它一些电子的运行路线。然而,尽管有这些困难,我
并未对空间是分离的这个假设感到绝望。旧的量子理论使用传统
的物理学概念,并在一种不变的空间中思考几何学的轨道。相反,
海森堡理论拥有一种全新的运动学;根据这种学说,非量子化轨道
(假如我们仍然可以提及轨道的话)在几何学意义上是不可能的。
迄今为止,我们还难以剥离这种理论的技术形式并将其通俗地表
达出来。但是,甚至根据旧的理论,人们也能看到分离的空间是可
能的。因为,当我们根据时-空来思考这个问题时,我们认识到,原
子附近区域的几何构造在不同的时间可以是不同的。假如一个电
子在一个时间是在一种轨道上运行的,而在另一个时间是在另一
种轨道上运行的,那么我们不能说,当其中一种轨道正在形成时,
另一种轨道也是几何学意义上可能的。当我们说一个轨道是“几
何学意义上可能的”(尽管不是物理学意义上实际的)时,解释一下
这种说法的意义也许不是多余的。它的意义是这样的:存在一系
列事件组,并且每一组都是一个点;在这个系列中,所有的点和点
之间的间隔都是类时间的,并且假如把一个恒定的值指派给其中
的一个坐标,那么剩余的三个坐标将给出三维空间中的一条曲线,
而该曲线拥有所说的这条轨道的几何属性。每当我们在几何学意
义上提及一条轨道时,我们就是在假定,我们能够把其中一个坐标
作为“时间”挑选出来,赋予其一个恒定的值,并考虑其余三个坐标
之间的关系。现在,在这种步骤中始终可能有一种谬误,因为我们

正在考虑的几何学关系在"同时存在的"点之间也许是不可能的；而且，在广义相对论中，认为一个坐标比其它坐标更代表时间并因此将其挑选出来，也许亦不可能。

如果从传统的观点看，两条轨道是彼此穿越的，那么从相对论的立场看，这种情况就不再发生了；换句话说，我们不能做出这样的假定：存在一个点，并且两次旅程都因这个点而成为可能。两个电子绝不可能实际碰撞。当人们说它们的轨道交叉时，所意味的一切就在于：在我们已经采纳的坐标系中，有一个点(x, y, z, t)，它是一个电子的经历的一部分，而且有一个点(x, y, z, t')，它是另一个电子的经历的一部分。在另一个同样合法的坐标系中，这两个点不会拥有三个相同的坐标。而且，某条轨道朝着某个方向并经过点(x, y, z, t)，并不意味着存在一条朝着某一方向并经过点(x, y, z, t')的轨道；就x, y, z而言，(x, y, z, t')还是先前的点。因此，在分离的空间方面所遇到的这些明显的困难并非必然是不可克服的。

从我们的观点看，量子原理所遇到的一个困难，就在于它是用一种涉及能量的形式被陈述出来的；而从相对论的立场看，能量需要重新解释。我们不知道决定一种交换将在何时发生的一些法则，而且不知道它是否确实是突然发生的；这些也都是困难。鉴于所有这些原因，我们从哲学角度进行解释时被迫在很大程度上采取推测性的方法。然而，尽管如此，我还将重述本章的结果。

在一种意义上，关于作为事件组的时-空点的理论要求所有变化都是不连续的。一个事件 e 是某个时-空点集而非其它时-空点集的一个分子：由这个集所构成的区域的边界就是 e 的边界，所以它突然存在又突然不再存在。不过，假如必要的话，我们能够在这

363 个系统内部提供连续性。假定有一个就像彩虹的各种颜色那样的连续的性质系列,并假定在某个过程中,这些性质中的每一种都在两个方向上与相隔一定距离的其邻近分子共存,但并不与该系列中相距更远的分子共存。那么,存在于一个点上的这组性质将连续变化,尽管每一种单独的性质都是不连续变化的。我们可以设想这是两次交换之间的——尤其是在一次律动期间的——变化的性质。没有办法证明变化终究是连续的,但也没有办法证明它不是这样的。我们暂时将假定,在上述意义上,两次交换之间的变化是连续的,但交换是不连续的。我们仅仅是为了让陈述变得简洁才做出这个假定的;我们不断言它是真的,甚至不断言它比相反的假定更具可能性。

如果我们采取上述观点,物理学中将有三类事物需要考虑:交换、稳定的事件与律动。交换受量子法则支配。在没有发生内在变化时,稳定的事件将从一次交换持续到下一次交换,或者说将贯穿一次连续变化的某一阶段。知觉对象是稳定的事件,或说得确切些,是稳定的事件的系统。我根据与音乐的类比来构想稳定的事件与律动之间的关系:这类似于当一系列和声在钢琴上反复出现时小提琴上所演奏出的一个长音。我们的一生都是在呼吸及心跳的律动的伴随下度过的,这种律动为我们提供了我们可以由之大致估算时间的生理时钟。我把某种隐约类似的东西看作每一个稳定的事件的伴随物,也许这种做法是奇特的。有一些把稳定的事件与律动联系起来的法则,它们是和声法则。有一些调节交换的法则,它们是对位法则。

我们必须假定周期性是事态(其中存在着稳定的事件)所具有

的一种特征,因为我们不能在没有它的情况下来陈述量子原理。364
我们不得不为"频率"找到一种意义,以便把能量与 h 联系起来。
发现如何把一种频率与另一种频率相比较,并不是一件完全容易
的事情。在关于光的情形中,我们能够估算一个光波的顶峰与下
一光波的顶峰之间的距离。知道了光的速度,这就告诉了我们在
一秒之内将有多少光波通过一个特定的地点。但在这里,周期性
是相对于外部观察者而存在的;对于一个在特定的光波的顶峰旅
行的观察者来说,既不存在过程,也不存在周期性。对于一个外部
观察者来说,光波的运动中存在一种过程;但是,我们在光波上的
观察者认为他自己处于静止之中,并且很可能看不到从他旁边飞
驰而过的对象。因而,对他来说,光波的周期性是空间的而非时间
的。一个光波将由一个系列的稳定事件 $e_{11}, e_{12}, e_{13}, \cdots e_{1n}, \cdots$ 所组
成,它们之间的间隔是类空间的;下一个光波将由另一个系列的稳
定事件 $e_{21}, e_{22}, \cdots e_{2n}, \cdots$ 所组成,这个系列中的事件彼此间再一次
拥有类空间间隔,并且该系列与前一系列之间也拥有类空间间隔;
e_{1n} 和 e_{2n} 在性质上将是类似的,但两者与 e_{1m} 或 e_{2m} 都没有性质上的
类似性(这里的 m 不同于 n)。只要光波在延续,也就是说,在出现
一次交换之前,这些事件中的每一个都将被认为是持续着的。给
定了与物质相联系的任意事件 e,那么它可以相继与 $e_{11}, e_{12}, \cdots$
$e_{1n}, \cdots e_{21}, e_{22} \cdots e_{2n}, \cdots$ 共存,但不与所有这些事件同时共存。这就
是当光波经过一个观察者或任何别的物质片时所发生的事情。形
成一个光波的一系列事件是不可分割地联结在一起的;这就是说,
在光波所覆盖的整个空间中,当其中一个事件存在时,其它的事件
就将存在。类似地,包含在电子绕转中的系列事件(假如存在的

话)也是不可分割地联结在一起的;但是,存在下面这样的差别:从电子的角度看,这些事件形成了一个时间系列,而从光波的角度看,构成光波的事件形成了一个空间系列。

365　　在以上所述中,存在一些困难;这些困难可以通过各种方法得到解决,但我们不知道选择哪一种。例如,关于原子从光波吸收能量这样的交换,我们将说些什么呢? 正确的看法应该是:在这样的情形中,一个行星式电子突然从一条较小的轨道跃到一条较大的轨道上。但是,假如我们设想光波是由许多事件 e_{11} , e_{12} , $\cdots e_{1n}$, $\cdots$ 组成的,那么人们或许可以预料,至少需要一个完整的光波才能产生一种确定的效果,并且这个光波的一部分只能产生这种效果——若能产生效果的话——的一部分。但是,一个完整的光波用有限的时间就能到达原子。任何一种观点,只要认为光是由波构成的,并认为量子跃迁是突然的,就都会遇到这种困难;但是,如果这两个假定中的任何一个被抛弃了,这种困难就会被消除。因此,我们可以把它当作一个一般的尚未解决的问题的一部分;而所说的这个一般问题,指的是辐射能和与物质相联系的能量之间的关系问题。这个问题尽管让哲学家们产生了兴趣,但属于物理学的领域,而且只能由物理学家们加以有益地思考。因此,我满足于等待他人的发现。

　　关于量子,让我们再次考察一下,存在一个重要的常数 h 这一事实意味着什么。第一, h 仅仅在遇到周期性过程时才存在,或至少,它仅仅在遇到周期性过程时才是重要的,而且它是一个完整的周期所具有的特征。第二,只有 h 的整倍数才会出现。第三,当一次交换导致一个系统丧失一定倍数的 h 时,另一系统可以获得另

一倍数的 h：在数量上始终被未加改变地转移的东西是能量。这些似乎是关于 h 的最有意义的事实。

似乎不可能抵制这种观点，即 h 代表物理世界中某种具有根本重要性的东西；该观点反过来又包含这样的结论：周期性是物理法则中的一种要素，而且在某种意义上，一个周期性过程中的一个周期必须被看作一个单元。这一点得自于这样的事实，即过程在对其自身进行组织时使得周期拥有一种重要的属性。此种属性就光而言是极其简单的：一个光波的能量乘以它通过一个特定的物质的点所用的时间等于 h。假如我们把光速看作 1，那么一个光波通过一个特定的点所用的时间等于该光波首尾两端之间的空间距离；因此，这个距离乘以能量就是 h。对于我们的意图来说，这种形式似乎是更可取的，因为它没有涉及一个外部的物质的点。至少，它没有明显包含这样的涉及；但也许，这种涉及隐藏在估算空间距离的过程中。我们已经看到，这个过程一定是间接的；光波的一部分不可能赶上另一部分，因此它们之间的类空间间隔只能凭借发生在物质中的某个过程来估算。

假如我们发现量子现象并不是物理学上基本的，那么本章所说的许多话都将成为不必要的。然而，应该说，相对论使我们的心灵为量子理论最奇怪的特征做好了准备，而这种特征则是指包含完整周期的因果律的存在。根据相对论原理，我们应该期待因果单元占据一个微小的时-空区域，而非只是空间区域；因此，它不应该像在前相对论力学中那样是瞬间性的。假如我们把这一点与关于分离时-空的假设结合起来，我们就能想象一种理论物理学，而且这种物理学似乎将会使量子的存在不再令人吃惊。

　　我不得不勉强地承认，本章所阐述的理论，尽管是不充分的，却是量子问题上我知道应该如何提出的最好理论。也许，不久以后，物理学的进步将使这个问题上的一种更好的观点成为可能。在此之前，我把这个问题交给读者去思考。

第三十五章　因果性与间隔

相对论的数学理论所依赖的"间隔"概念很难翻译成非技术术语，甚至无法近似地翻译。然而，很难不相信它同因果性之间具有某种联系。也许，一种关于间隔的不连续的理论可以减少通往这样的一种解释的障碍。让我们试着发现情况是否是这样的。

让人自然地想到的可以作为一种出发点的观点，是某种类似这样的东西：给定了两个共点事件组，其中一组的至少一个分子也许同另一组的至少一个分子之间拥有一种因果关系；在那种情况下，两组之间的间隔是类时间的。假如因果性是一个不连续跃迁的问题，那么人们或许可以期待，这种间隔的大小将用中间的跃迁的次数来度量。再则，也许会出这样的情况，即其中一组的分子中没有一个同另一组的任何分子之间拥有因果关系，但两者都包含一些同另一组即第三组的一个分子之间拥有因果关系的分子；在这种情况下，间隔将是类空间的，而且人们还可以认为，中间环节的数目将决定这种间隔的大小。

这代表着我们可以期待的东西；但照这样的话，它太简单了，并易于招致明显的批评。因此，让我们看一下，是否有可能回答反对的意见或做出将会避免它们的修改。

首先，让我们弄清我们所说的因果关系是什么意思。每当两个事件或两个事件组——其中至少有一组是共点的——通过一种

允许与其中一者有关的某种东西从另一者中被推论出来的法则而
发生关联时，就存在一种因果关系。从前，人们会设想，关于后面
事件的一切东西都能从数量充足的先前事件中推论出来。但是，
考虑到放射现象的爆发性和明显的自发性以及量子变化，就这一
点而言，我们必须满足于一种比较适度的定义。然而，在另一方
面，与从前相比，我们的定义是不太适度的。在经典力学中，因果
法则把加速度与构形联系了起来，以至于从一个微小区域的当前
状态中，我们不能精确地推论与在有限的时间之后那儿将要发生
的事情有关的任何东西。量子改变了这种情况：我们能够把从一
个原子中发射的光与其起因联系起来，直到它撞上了别的物质；我
们能够把光发射后的原子的状态与其先前的状态联系起来，直到
它经历了另一次量子变化。事实上，如同我们在上一章中所看到
的那样，我们能够把自然进程分析为一组具有因果关系的稳定的
事件和律动，而所说的因果关系支配着律动在其中经历变化的"交
换"。上述定义是在考虑到这些因素的情况下被构造出来的。

　　那么，我们将会说，所有因果关系都是由一系列律动或者说被
"交换"分开的稳定的事件构成的。假如这样的一个系列把一次律
动或者说一个稳定的事件 A 与一次律动或者说一个稳定的事件
B 联系起来，那么我们将说，A 是 B 的"因果根源"，而 B 是 A 的
"因果派生物"。我们可以假定，在这样的情况下，A 和 B 之间的
交换的次数总是有限的，因为人们可以猜想，两次交换之间的时间
不可能降到某一最低限度以下，或者至少说，在一有限时间中，被
因果地联系起来的交换的次数绝不是无限的。也许，我们可以假
定，一次律动必须持续较长的时间，从而足以获得一些总额为 h 的

作用量;也许,我们甚至能够构造一种将会导致这个结果的分离的
时间理论。然而,所有这一切都在很大程度上是推测性的。369

现在,让我们来考虑一种常见的情况,即关于光信号由 A 向
B 发射并由 B 向 A 反射回来的情况。这里只包含两次交换,即光
的发射和反射;也许,我们应该加上最后的交换,即 A 对光的再吸
收。无论如何,只需要两个稳定的事件:一个是在外出的光束上,
一个是在返回的光束上。但是,光的出发和返回之间的间隔可以
拥有任意的大小。当光从 A 出发与其到达 B 之间的间隔是零,且
从 B 出发与其返回 A 之间的间隔也是零时,这就格外让人觉得奇
怪了。这意味着,为了把间隔看作一种可类比于普通几何学中的
距离及普通运动学中的时间的东西,我们已付出了太多的努力。
假设我们说,如果一个事件 e_1 是一个事件 e_2 的因果根源,那么我
们把从 e_1 到 e_2 的所有可能的因果路线都拿来,并选出包含事件
数目最多的那一条;于是,从 e_1 到 e_2 的"间隔"被定义为这条最长
路线上的事件的数目。显然,如果有一段可测量的时间在光从 A
出发与它返回 A 之间流逝了,那么在这段时间里一定有各种事件
发生在 A 上。当我说"在" A 上时,我表达了一种意义;这种意义
我很快就会去考虑。但现在,说这种意义包含因果的传承就够了。
因而,当认为在 A 上的间隔相当长时,我们就表达了一种意义,而
且当认为光从 A 出发与其达到 B 之间的间隔是零时,我们也表达了
一种意义。这后一个陈述意味着,正是同一个事件从 A 出发并达到
了 B,而且不再有一条把从 A 出发和达到 B 这两次交换连接起来的
因果路线。我把从 A 出发并达到 B 的事件称为一个"光事件"。

但是,在我们能够判定上述关于类时间间隔的理论是否可行370

之前,我们必须处理类空间间隔。我们将会看到,类空间间隔是通过计算而从类时间间隔中得到的。让我们想象下面这个假想的实验:一位在太阳上的天文学家向地球上的一面镜子发送一条信息,并且一位在地球上的天文学家向太阳上的一面镜子也发送一条信息。每个人都看到了其自己的信息的出发及返回时间和对方信息的到达时间。每个人都发现,对方的信息是在其自己的信息到达与出发中间的时间点上被接收的。他们对记录进行比较,并发现了与彼此的观察有关的这个事实。他们将断定,根据两人的计算,这两个信息是同时被发送的,而且两个信息发送之间的类空间间隔的大小是每个信息发送和返回之间的时间的一半,即大约八分钟。我们可以将所包含的一般方法重新陈述如下:设我们拥有两次交换 S 和 T,它们被许多因果路线联接起来,并且所有因果路线都直接从 S 伸展到 T;再设其中最长的因果路线是由 n 个事件组成的。假定还有一次交换 S',其后面的事件延伸到了 T,并假定不再有一条从 S' 到 T 的因果路线,也根本没有任何从 S 到 S' 的因果路线。这里,S 对应于来自地球上的信号的发出,S' 对应于来自太阳上的信号的发出,T 对应于这样一点,即来自太阳上的信号达到了地球上的天文台。问题是:S' 和 S 之间的间隔是什么? 不可能有一条从 S' 到 S 的因果路线,因为假如有的话,它能够延长到 T,并且会比从 S' 延伸到 T 的单个事件更长,而这与假设相反。因而,不存在任何联系 S 和 S' 的因果序列;有一个把 S 和 T 联系起来的因果序列;并且 S' 是一次使终结于交换 T 的一个事件开始的交换。在这些情况下,我们说 S 和 S' 之间的间隔与 S 和 T 之间的间隔不属同一类,但它们拥有相同的用数字表示的大小。这个定义是有效的，这就表明了光速是不变的。

　　然而，我们仍然会想到一些困难。我们怎么处理引力场中的
光线弯曲呢？而且，对于相关的理论，我们将要说些什么呢？——
根据那种理论，光速在真空中并非完全不变的。我们一直尝试着
把光从一个物体到另一个物体的传播看作一种单一的静止的现
象，而且认为其内部没有变化，并因此拥有零作为它的固有时间，
因为时间一定是通过变化来度量的。如果我们不得不假定星光经
过太阳附近时改变了其方向，那么我们就不得不认为光的行进是
一个过程，而不仅仅是一个连续的事件。然而，我认为，这不会被
看作关于引力对光的影响的正确描述。引力的实质就在于这样的
事实，即一条短程线在几何学上不同于缺乏引力场时的情况；光的
路线并没有"真的"弯曲，但却"真的"是几何学上可能的最直的路
线。无论如何，这一点出现在相对论的一个高级阶段，而且所包含
的考虑因素为数众多，以至于假如不存在别的障碍，发现一种与我
们的建议相一致的解释几乎确实是可能的。

　　当一种间隔是类空间的时，从相关事件中的一个向另一个的
因果派生物发射一种光信号，从理论上讲总是可能的；因而，我们
关于类空间间隔的测量的定义总是可能的。

　　说实际存在的最快速度是光速，就等于说，当两次跃迁分别是
一个光事件的开始和结尾时，不存在作为这一个事件的因果派生
物及另一个事件的因果根源的跃迁。说一个因果的跃迁链条属于
一片物质的经历，就等于说，这个链条上的任何两个分子都不能用
一个比该给定链条上处于这两次跃迁之间的部分更长的链条连接
起来。这就是我们对一片物质的经历是一条短程线这条法则的通

俗表达。

　　根据上述理论,一条光线上的两个点之间的间隔是零这一事实,似乎正是我们可以期待的东西。因为当一个事件拥有时间的跨度时,那就意味着,与其共存的两个事件彼此间拥有一种因果关系。然而,当一个事件拥有空间的跨度时,那就意味着,与其共存的两个事件拥有一种共同的因果根源或派生物。这两种情况都不会发生在一个光事件中;因此,一个光事件既无时间的跨度,也无空间的跨度,尽管它覆盖一个全部区域的时-空点。

　　我们将看出,根据以上所述,间隔是分离的,而且总是用整数来计量的。据我所知,不存在可以用来赞成或反对这种观点的经验证据。假如相关的整数非常大,这些现象将会明显地与间隔能够连续变化时的情况一样。我不是因为相信它才照其现在这个样子提出这种理论的,而是在不拒绝任何可能为真的东西的前提下,向更有物理学能力的人表明我们的世界图画发生巨大变化的可能性。为了揭示这一点,我将在不插入说理性辩解的前提下重述这种理论。

　　我们提出,世界是由许多事件组成的,并且每个事件的内部都没有变化,但每个事件都通过量子法则或其它法则而与早于和晚于它的事件联系起来,这些法则使我们能把早于它的事件看成原因并把晚于它的事件看成结果。我把量子跃迁称为"交换"。交换服从于一些关于能量守恒及关于作用量的法则。一些事件可以是共存的,并且一个事件可以与大量的被跃迁分隔开的其它事件共存;在这种情况下,我们就说这一个事件持续了很长时间。我们甚至能在我们的理论中获得一种连续的时间,假如与一个特定事件共存的事件的数目是无限的,并且它们的首尾两端并不同步,即它们当中的一个事件可以与彼此并不共存的两个其它事件共存。但是,我看不出有什么理由去假定与一特定事件共存的事件的数目是无限的,或者说,去渴望得到一种使时间变得连续的理论;因此,我不强调这种可能性。

在一次交换中,或者在一次律动期间,因果前件可以由一个以上的事件所组成,而且因果后件也是如此;但是,构成因果前件的那些事件必须全都是共点的,而且构成因果后件的那些事件也都必须如此。前件组中的任一事件,都将被称为后件组中的任一事件的"母事件"。当两个事件为一个事件链条所连接且链条中的每一个都是下一个的"母事件"时,我们就说,一个事件是另一个事件的"根源",而另一个事件是这一个事件的"派生物"。两个事件可以被许多因果链条连接起来,但所有链条都将由有限数目的事件所组成,而且我们假定,就任意两个给定的事件而言,连接它们的各种世系线上的代(generation)的数目有一个最大值。当间隔是类时间的时,这个最大值就是"间隔"的大小。当间隔是类空间的时,关于间隔的定义要稍微比这复杂一些。

为了定义类空间间隔,我们首先必须说一说光的问题。当一个光事件从一个物体传播到另一个物体时,我认为这整个事件是一个静止的事件,它不包含任何内在的变化或过程。因此,从这个事件自身的角度看,假如人们能够想象一种存在物,并且这个事件构成那种存在物的历史的一部分,那么在开端和结尾之间就不存在任何时间。因为任何东西都不比光传播得快,一个光事件的两部分不可能与其中一个是另一个之因果派生物的两个事件共存;

因此,没有外部的信息源可供这个光事件从中发现它长时间地持续着,而且事实上,说它长时间地持续着也是没有意义的。但是,当我们说它被反射回其出发点时,我们的意思是,它经历了一次将其转换成一个新的光事件的交换,并且这个新的事件与一些事件的因果派生物共存;而所说的这些事件是指与前一个事件共存的事件,它们不是光事件,而是与物质相联系的那类事件。现在,给定任意两个事件 S 和 S',并且其中任何一个都不是另一个的根源,那么,发现一个与 S' 共存并且也与 S 的一个派生物 T 共存的光事件是可能的。于是,我们说事件 S 和 S' 拥有一种类空间的分离,并且这种分离的大小就是 S 和 T 之间的类时间分离的大小。

在上述理论中,我们假定,在任何情况下,只要一个过程或一片物质对另一个过程或另一片物质拥有一种影响,那就至少有一个与两者都共存的事件。这是在否定超距作用时所采取的形式。

如果我们假定——就像我们一直在做的那样——变化是不连续的,那么一种律动的一个单一周期将包含某一有限数目的点。现在,我们假定有两种律动,并且一种律动中的一个周期的初始事件总是与另一种律动中的一个周期的初始事件相同,但其它的事件是不一样的;而且我们还假定,第一种律动在其一个周期中包含 m 个事件,而第二种律动在其一个周期中包含 n 个事件。于是,第一种律动中的一个周期将包含 m 个点,并且第二种律动中的一个周期将包含 n 个点。我们说过,两个事件之间的"间隔"将是从一个事件到另一个事件的最长因果路线上的点的数目;因此,在这两种律动的任意一种中,一个周期的首尾两端之间的间隔都是通过 m 和 n 这两个数中较大的那个来计量的。假定这个数是 n,那么

我们可以认为 m-律动比 n-律动的速度慢,尽管两种律动的频率将会是一样的。在某一类情形中,这暗示着用相对运动以外的方式定义"速度"的可能性。我不知道,由此而获得的"速度"的性质将会在多大程度上类似于从通常的定义中所获得的那些性质。

我们可以毫无困难地解释一个稳定的事件在"运动"这一说法意味着什么。一个事件 E 占据着许多时-空点;我们能把这些点看成是一根可分成若干部分的四维管,以至于一个部分的所有点都是同时的,并全都晚于或早于另一部分的所有点。那么,我们将认为,我们的事件 E 是沿着这根管子运动的,并相继占据不同瞬间的部分。但是,这并不意味着在 E 之内发生了某种过程或变化;它只意味着发生在与 E 共存但并不全都彼此共存的那些事件中间的跃迁。因此,理论物理学的一切本质性的东西都能根据我们的理论加以陈述。

根据上述理论,运动是不连续的。但是,这个假设仅仅对于一个目的,即定义间隔才是必需的。容易引进某些公理,这些公理将使我们的时-空成为连续的,并且像在当前的物理学中一样,将保证不连续性被限定于量子现象,即被限定于我们所称的"交换"现象。但假如做到了这一点,我们关于间隔的定义就必须被放弃,而且间隔将重新获得其作为某种神秘的及不可解释的东西的地位。没有什么逻辑的理由可以说明它为什么应该拥有这样的一种地位,而关于交换的法则在我们的解释中就拥有这样的一种地位。但是,当我们能够减少不可解释的东西的数量时,它在理智上总是令人满足的。就我所能发现的而言,运动是连续的这一设想并无充分的根据;因此,提出一种不连续的假设是值得的,假如我们在解释物理世界时能够由此增加统一性并减少任意性的话。

第三十六章　时-空的形成

　　时-空,当出现在数学物理学中时,显然是一种人为的东西,即一种结构;在这种结构中,世界上所发现的一些物质是以一种让数学家感到便利的方式复合而成的。在本章中,我想把本书各部分在这个问题上已说过的话汇集到一起,并思考由此而产生的时-空之形而上学地位。

　　在广义相对论中,时-空以两种方式出现:首先,作为一种提供四维顺序的东西;其次,作为一种产生关于"间隔"的度量的概念的东西。两种方式都是"点"之间的关系,但在数学上都被看作微分关系。这要求我们解决一个纯数学的问题:趋向于作为极限的这些关系的函数或过程是什么? 这基于空间是分离的这个假定,而我们并不知道空间是那样的。让我们从这个假设开始,然后再讨论不分离性假设。在缺乏证据的情况下,对两者都进行阐述是有必要的。因此,我现在假定时-空是连续的。这又包含下述这样的假定,或至少使下述这个假定成为可理解的:存在无数个与任一给定事件共存的事件。只要我假定连续性,我也将做出这个假定。

　　"共存"被假定是一种对称关系,它的域中的每个项都与自身拥有这种关系,并且它的域能够被良好地排序。一个由五个事件构成的事件组能够拥有一种被称为"共点"的关系,而这实际上意味着有一个为所有这五个事件所共有的区域。由五个以上的事件

所构成的一个事件组被称为"共点"的组——当从中选出的每个五 377
元事件组都共点时。一个"点"被定义为一个若继续共点就不能被
扩充的共点事件组。"事件"被定义为共存关系的域。因此,依靠
并非不可置信的公理,我们获得了作为坐标指派之前提的时-空顺
序。这部分理论是简单的。

当我们开始探讨"间隔"时,困难更多些。遵循爱丁顿的做法,
在讨论测量问题时,我们认定两个间隔的相等是必须加以定义的
东西,而且必须被定义为两者都趋向于零时的极限。为了这个目
的,我们假定了五个点 a, b, c, d, d' 之间的一种关系;我们可以用
这样的文字来表达此种关系:"$abcd'$ 比 $abcd$ 更接近于一个平行四
边形"。从这一点出发,使用某种公理装备,我们能够获得对于数
学物理学来说似乎是度量上必要的东西。但是,这个步骤多少有
点是人为的。假定我们的五个点的关系以下述形式出现似乎是可
以理解的:在任意两点之间都有一种我们暂且将称之为"分离"的
关系,并且在相似性程度上,与 c 和 d 的分离相比,a 和 b 的分离
更接近于 c 和 d' 的分离。因而,我们不得不以点对的分离之间的
相似性程度来对付;然而,这些分离不可能仅仅对于无穷小的距离
而言才是存在的,而且对于有限的距离而言——至少当这些距离
足够微小时——一定也是存在的。

因此,我们必须自问是否能为分离发现某种物理的意义,并记
住在极限情况下它将具有一个微小的间隔 ds 的那些属性。这意
在表明分离可以有两种类型,即类空间的和类时间的,而且也想表
明一条光线的两个部分之间的分离是零。现在,分离将是类时间
的,假如在一个点上存在某个作为另一个点上的一个事件之因果

378 根源的事件；并且分离将是类空间的，假如这一个点上而非另一个
点上的某个事件和另一个点上而非这一个点上的某个事件拥有共
同的因果根源或派生物，但每个点上的任何事件都不是另一个点
上的任何事件的根源或派生物，或者说每个点上的任何事件都不
与另一个点上的任何事件是同一事件。我们将假定，每一对点都
拥有某种直接或间接的因果关系；也就是说，给定了任意两个事件
e_1 和 e_2，在时-空中的某个地方就将有两个共存的事件，并且其中
一个事件是 e_1 的根源或派生物，另一个事件是 e_2 的根源或派生
物。这仅仅是关于"物理世界"的一种定义，因为假如一个事件与
我们所知道的世界的这个部分之间并不拥有任何哪怕是无论多么
间接的因果关系，它就绝不可能被我们推论出来，并且事实上它将
会属于一个不同的宇宙。因此，假如两个不同的点既不拥有类时
间的分离，也不拥有类空间的分离，那么就有一个作为两者之分子
的事件，但每个点上的任何事件都不是另一个点上的任何事件的
结果。这是与一条光线的诸多部分一起发生的，如果就像已经做
过的那样：我们假定它是由稳定的事件组成的，且这些稳定的事件
一直持续到这条光线被转换成某种其它形式的能量。

　　因而，我们得出这种观点，即分离的关系以某种方式与介于两
个相关的点之间的因果作用的总量相联系。当我们假定一种分离
的时-空时，为这种想法赋予一种精确的意义是容易做到的；但是，
在一种连续的时-空中，做到这一点就困难得多了。不过，这也许
不是不可能的。

　　为了这些目的，因果性可以被限定于律动和交换；单纯的相对
运动，不管是加速的还是匀速的，都将被认为不包含我们所使用的

那种意义上的因果性。因果性将被间接地包含,因为将有一种类空间的分离的变化;但是,这种因果性将主要与其它事件相联系,而非与构成相对运动中的物体之历史的那些事件相联系。在这样说时,我想,我们只是在解释爱因斯坦的引力理论。

在前一章中,当我们考虑分离的时-空时,我们把类时间间隔定义为连接两个特定的点的最长因果路线上的中间的点的数目。如果要对这一点进行推广以使其能应用于连续的时-空,那么自然而然的方法就是把点的数目看作短程距离的大小;这将使我们能够说,一个物质单元所越过的短程距离衡量了它所经历的因果作用的总量。如果我们进一步假定,在对比不同的物质单元时,我们必须乘以质量以获得因果作用之总量的大小,那么一次有限运动中的总量就是关于 mds 的积分。但是,这是技术意义上的"作用"的总量。[①]

因此,我们似乎能够——尽管这只是一种暂时性的建议——把类时间分离看作从一个点通往另一个点的各种因果路线上最大因果作用量的大小。我们将会看到,由于点是事件的类,从一个点到另一个点的运动就在于某些事件的中止及另外一些事件的形成;每一种这样的变化,当沿着一片物质的路线发生时,都是因果的,因为不同时刻的一片物质的统一性是用关于因果路线的概念来定义的。因此,就我所能发现的而言,对于把类时间分离看作是对介于中间的因果作用之总量的度量并把微小的类时间间隔看作是分离的极限,是不会存在根本的反对意见的。就像我们已经看

[①] 爱丁顿,前文所引用的书,第 137 页。

到的那样,类空间间隔是从类时间间隔中推论出来的;因此,它们也依赖于因果作用的总量。

现在,当转到关于分离的时-空的假设上时,我们发现,一种与上述文字类似的分析仍然是可能的,而且事实上,相比于当我们假定连续的时-空时,这种分析是相当容易的;在分离的时-空中,每一个点都是由为数有限的事件组成的。在一种分离的时-空中,假如 P 和 P' 是包含某些事件的两个点,并且这些事件属于一个物质单元之历史,那么在这个物质单元的路线上处于 P 和 P' 之间的点的数目总是有限的。假如有若干短程线从 P 通往 P',那么这样的路线上的点的数目将有一个最大值;此最大值将是 P 和 P' 之间的间隔的大小,而且因此将总是一个整数。一条较长的路线意味着有一个较大数目的中间事件,而且因此也就意味着有一种较大总量的因果作用。因而,间隔又用来衡量从 P 到 P' 的任意一条因果路线上总量最大的因果作用。此外,因果路线是由一连串律动或被交换分开的稳定的事件组成的。

我们将会看到,在我们的理论中,空间距离并不直接代表任何物理的事实,而是一种相当复杂的谈论共同的因果根源或派生物之可能性的方式。例如,当我们设想一种光波正从一个原子中被传播出去时,它与其被发射后该原子内的任何事物之间没有物理的关系。它可以在到达某个其它的原子后被反射回这个原子,于是其来回路程所用时间(在第一个原子上所测得的)的一半被称为这两个原子之间的空间距离(光速被视作 1)。但是,我们没有充足的理由断言,在中间这段时间的每一个时刻,这条光线都与这个原子保持一定的空间距离;事实上,相对论反对这样的一种建议。

因此,就我所能看到的而言,在物理学中,我们没有理由相信连续的运动——除非它作为一种处理各种不连续变化之时间关系的方便的符号装备。而且,无论我们把时-空看作是连续的还是不连续的,运动都丧失了其基本的性质,因为它被属于小片物质之历史的诸多事件系列所代替。假如我们要认为运动是相对的且超距作用是一种虚构,那么这一点是不可避免的。

还剩下一个有点趣味的问题。时间能从因果性中获得吗?或者说,我们必须把时间顺序作为基本的东西保留下来并把原因和结果作为一种因果关系中较早和较晚的项而区分开来吗?① 这个问题与物理过程的可逆性问题密切相关。假如因果关系是对称的,以至于每当 A 和 B 作为原因和结果而被关联起来时,从物理学上讲在另一个场合 B 和 A 也有可能被如此关联起来,那么我们必须把时间顺序看作附加在因果关系上的某种东西,而不是从中派生的。假如,另一方面,因果律是不可逆的,那么我们就能够根据它们来定义时间顺序,而且无需将其作为逻辑上独立的要素引进来。可逆性问题依然是悬而未决的,而且我不敢冒昧发表意见。热力学第二定律断言了一种不可逆的过程,但它纯粹是统计学意义上的。球面波中的所有能量辐射乍看起来都是不可逆的,但我们不知道它们确实发生了。金斯博士表明,可能也有收敛的球面

---

① 这个问题(以及各种其它问题)在汉斯·赖欣巴赫所写的一篇有价值的文章中得到了出色的讨论。这篇文章是:《世界的因果理论及过去和未来的区别》(*Kausalstruktur der Welt und der Unterschied von Vergangenheit und Zukunft*),Sitzungsberichte der Baierischen Akademie der Wissenschaften, mathematisch-natur-wissenschaftliche Abteilung, 1925,pp. 133 – 175.

波,并且这些波能被用来解释量子现象。[①] 对他来说,可逆性是一个基本的假设。[②] 我不知道他是否会断言电子或者氦核从放射性原子中的射出是一个可逆过程;但必须承认,假如不是这样,放射性元素的存在就成了一个谜。总的说来,量子理论加强了有利于可逆性的论证;但我们不能说,迄今为止,两边都有决定性的证据。因此,对于这一问题,即一条因果路线中的事件的时间顺序能否根据因果律来定义,我们必须暂不做决定。

---

① 上文所引用的书,第 52－53 页。
② 同上,第 33 页。

第三十七章　物理学与中立一元论

在这一章中,我希望确定我们对唯物论与唯心论之间的古老争论所做的分析的结果,并弄清我们的理论在哪些方面不同于这两者。只要认为前面诸章所阐明的那些观点要么是唯物论的,要么是唯心论的,它们将似乎包含一些不一致的地方,因为一些观点趋向一个方向,一些观点趋向另一个方向。例如,当我说我的知觉对象在我的头脑中时,我将被认为是唯物论的;当我说我的头脑是由我的知觉对象及其它类似的事件组成的时,我将被认为是唯心论的。然而,前一个陈述是后一个陈述的逻辑推论。

唯物论与唯心论都在其所想象的物质图画方面无意识地犯了一种混淆的错误,尽管他们对此错误明确地加以否认。他们认为外部世界中的物质是由当他们观看及触摸时所产生的知觉对象来代表的,而这些知觉对象确实是感知者头脑中的物质的一部分。通过考察我们的知觉对象,推论外部物质的某些形式的数学的属性是可能的,而且我也是这样主张的,尽管这种推论并不是结论性的或可靠的。但是,通过考察我们的知觉对象,我们在脑的物质方面获得了并非纯粹形式的知识。的确,这种知识是不完整的;但就其本身而论,它有一些优点,并且这些优点超过了物理学知识所具有的优点。

通常的看法是,我们是通过心理学来获得关于我们的"心灵"

的知识的，但获得关于我们的脑的知识的唯一办法通常是在我们死后让它们接受生理学家的检查——这似乎多少有点令人不太满意。我应该说，当一个生理学家在看一个脑时所看到的东西是其自己的脑的一部分，而非他所检查的那个脑的一部分；而且我也应该说，我们在这个观点上所产生的似是而非感，来自于错误的空间观。确实，我们所看到的东西并不位于我们关于我们自己的脑的知觉对象所在的地方——假如我们能够看见自己的脑；但是，这是关于知觉空间的问题，而非关于物理学空间的问题。物理学空间以某种方式与因果关系相联系；假如我们接受——我认为我们一定会接受——知觉的原因理论，这种方式将迫使我们认为我们的知觉对象在我们的脑中。说两个事件之间没有时-空分离，就等于说它们是共存的；说它们之间有一种微小的分离，就等于说它们是由一些全都很短的因果链联接起来的。因此，知觉对象一定更靠近感官而非物理对象，一定更靠近神经而非感官，一定更靠近神经的脑端而非另一端。这是不可避免的，除非我们说知觉对象根本不在时-空中。人们通常认为"精神"事件在时间而非空间中；我们且自问一下关于知觉对象的这种观点是否有根据。

　　知觉对象是否位于物理空间中这一问题，也就是它们与物理事件之间的因果联系问题。假如它们能够是物理事件的结果与原因，那么，只要涉及间隔，我们就一定会在物理时-空中给它们一个位置，因为间隔就是通过因果关系来定义的。但是，真正的问题是关于第二十八章中所说的"共存"的。一个精神事件能与一个物理事件共存吗？假如能，那么精神事件在时-空顺序中就拥有一种位置；假如不能，那么它就没有这样的位置。因此，这是关键的问题。

　　当我主张一个知觉对象与一个物理事件能够共存时,我并不 384
是在说一个知觉对象能够同一片物质之间拥有另一片物质将会拥
有的那类关系。共存关系出现在一个知觉对象与一个物理事件之
间,而且物理事件不会混同于物质片。一片物质是一种由事件所
组成的逻辑结构;所涉及的事件的因果律和这些事件的时间及空
间关系所具有的抽象的逻辑属性或多或少是已知的,但它们的内
在性质是未知的。知觉对象被纳入与物理事件相同的因果系统
中,而且我们不知道它们拥有物理事件所不能拥有的内在性质,因
为我们不知道能够与物理学归之于物理事件的逻辑属性不相容的
任何内在性质。因此,没有根据认为知觉对象不能是物理事件,或
假定它们绝不与其它的物理事件共存。

　　人们公认,精神事件拥有时间的关系;当时间和空间远没有它
们看上去的那样不同时,这一事实就有了很多影响。认为精神事
件虽在时间中但在不空间中,已经变得困难了。它们彼此间的关
系只能被看作是时间的这一事实,是它们与形成一片物质之历史
的任何一组事件所共有的事实。相对于与其脑一起运动的轴,感
知者的两个并不彼此共存的知觉对象之间的间隔应该总是时间
的,假如他的知觉对象在他的头脑中的话。但是,不同感知者的同
时出现的两个知觉对象之间的间隔属于一种不同的类型,而且它
们的整个因果环境会使我们把这种间隔称作类空间的。因此,我
断定,没有充分的理由从物理世界中排除知觉对象,却有几种较强
的理由将它们包括进来。在我看来,被认为妨碍了我们的那些困
难完全是由关于物理世界——更具体地说,关于物理空间——的 385
错误观点所引起的。在物理空间问题上的错误观点得到了第一性

质是客观的这种观念的鼓励,而许多会在其清晰的思维中明显否认此种观念的人又在想象中持有它。

因此,我认为,一个感知者的两个同时出现的知觉对象之间拥有共存的关系,而且时间及空间的顺序就是从这种关系中产生的。我们几乎不可抗拒地会继续深入一步,并说一个心灵中任何两种同时出现的被感知到的内容都是共存的,因此我们所有有意识的精神状态都在我们的头脑中。我发现,反对这种扩展的理由与反对知觉对象是共存的观点的理由一样地少。我应该说,一个知觉对象不同于另一种精神状态之处,仅仅体现在它同外部刺激物之间的因果关系的性质上。某种这样的关系无疑总是存在的;但是,因为有了其它的精神状态,这种关系可能是比较间接的,或者可能仅仅是相对于身体——更具体地说,相对于脑——的某种状态。"无意识的"精神状态是将与某些其它的精神状态共存的事件,但却不拥有那些构成所谓的"意识到"一种精神状态的效果。然而,我不想不必要地进一步探讨心理学,并且我将不再研究这个问题,而回到对于物理学来说更重要的问题上。

涉及物的哲学的核心之处在于,我们一直由之构造物理世界的事件非常不同于传统上所构想的物质。人们曾期待物质是不可入的和不可毁灭的。我们所构造的物质根据其定义就是不可入的:一个地点的物质就是发生在那儿的所有事件,因而任何其它事件或物质片都不能发生或出现在那儿。这是同义反复,而非一个物理的事实;人们同样可以证明伦敦是不可入的,因为除了其居民,谁都不能住在那里。另一方面,不可毁灭性是一种经验的属性,人们认为它近似地而非完全地为物质所拥有。我并不是用不可毁灭性来表示质量守恒,我们知道这种守恒只是近似的;我是用它来意指电子与质子的不灭。现在,我们不知道一个电子和一个质子有时是否会达成一项自杀合约①;但是,肯定没有已知的理由来解释为什么电子和质子应该是不可毁灭的。

然而,电子和质子并不是物理世界的材料:它们是由事件组成的一种复杂的逻辑结构,而此种结构最终又是由第二十七章所说的那种意义上的殊相组成的。组成物理世界的这些事件又是什么呢?它们首先是一些知觉对象,然后是任何可以通过第二部分所考虑过的那些方法由知觉对象而推论出来的东西。但是,根据各种推论性理由,我们得出了这样的观点,即我们不能在其中感知到一种结构的知觉对象时常仍有一种结构,也就是说,表面上简单的东西时常是复杂的。因此,我们不能认为最小的可见的东西是殊相,因为物理的及心理的事实都可以使我们认为它有一种结构——不仅有一般的结构,而且有如此这般的结构。

事件既非不可入的,也非不可毁灭的。时-空是凭借共点构造出来的,而共点与时-空互入是一回事。时-空互入完全不同于逻辑互入,尽管可以怀疑一些哲学家是由于有了支持前者的论证才使自己支持后者的;对此做出解释也许不是不必要的。我们习惯于猜想,数的差异包含着时-空的分离;因此,我们往往会认为,假如两个有差异的存在体处在一个地方,那么它们不可能是完全不同的,而一定在某种意义上也是同一种东西。人们认为,正是这种

_____

①　它们被认为极有可能达成了自杀合约。参见金斯博士"宇宙物理学近来的发展"(*Recent Developments of Cosmical Physics*),载《自然》杂志(Nature),1926 年 12 月 4 日。

结合构成了逻辑互入。至于我本人,则认为逻辑互入不可能在没有明显的自相矛盾的情况下得到定义;柏格森主张逻辑互入,却没有定义它。我所了解的唯一已对逻辑互入的困难进行过严肃处理的作者是布拉德雷;在他那里,逻辑互入相当一贯地导致了一种彻底的一元论,而且这种一元论公开表示所有真理最终都是自相矛盾的。我本人应该把这后一种结果看作是对它从中被导出的逻辑的一种反驳。因此,尽管我尊重布拉德雷甚于尊重任何其他主张逻辑互入的人,但在我看来,为了证明他所主张的体系是错误的,他依靠自己的能力做了比任何其他哲学家更多的事情。不管怎样,用于构造时-空顺序的时-空互入完全不同于逻辑互入。在对其逻辑的想象的应用中,哲学家们是时间和空间的奴隶。这部分地归因于欧拉图、传统的 A, E, I, O 是命题的基本形式这一看法,以及对"x 是一个 $β$"和"所有的 $α$ 都是 $β$"的混淆。所有这一切都导致了类和个体之间的一种混淆,并导致下面这样的推论:因为类能够重叠,所以个体能够互入。我不指出一些明确的此类混淆,而只是表明,年轻时所学的传统的基础逻辑几乎是后来岁月中清晰思维的一种致命障碍——除非花许多时间去习得一种新的技术。

　　在用来构造物理世界的材料问题上,本书所主张的这些观点或许更接近唯心论而非唯物论。假如我们是正确的,那么所谓的"精神"事件就是物理世界之材料的一部分,并且我们的头脑中的东西就是心(经过了补充),而非生理学家透过其显微镜所看到的东西。确实,我们没有表明所有实在都是精神的。在我看来,支持这样的一种观点的肯定性论证,不管是巴克莱主义者的,还是德国人的,都是谬误的。现象论者提出了一种怀疑论的证明,即不管可

388

能存在什么其它东西,我们都不可能知道它;这种证明是非常值得重视的。事实上,假如我们是正确的,那么就存在三个等级的确定性。最高等级属于我自己的知觉对象,第二等级属于他人的知觉对象,第三等级属于并非任何人的知觉对象的事件。然而,我们将会看到,第二等级仅仅属于能够与我直接或间接交流的那些人的知觉对象,以及被认识到非常类似于能够与我交流的那些人的知觉对象。有些心灵的知觉对象,例如其它行星上的心灵的知觉对象,并没有通过交流与我的知觉对象发生联系;因此,假如存在这样的知觉对象,它们充其量只能拥有第三等级的确定性,即属于显然无生命的物理世界的确定性。

对于没有被任何能与我交流的人感知到的事件,若假定它们已被正确地推论出来了,则它们与一些知觉对象之间拥有一种因果联系,而且是通过这种联系而被推论出来的。我们对它们的结构知之甚多,但对它们的性质一无所知。

唯心论认为,精神事件是世界的材料的一部分,并且这种材料的其余部分类似于它们,而且类似的程度甚于与传统的弹子类似的程度。尽管,在世界的材料问题上,前面几页所阐述的理论与这种唯心论思想有一些相近之处,但在科学法则方面人们所主张的立场则与唯物论而非唯心论有更多的相近之处。在可能的地方,从一个事件到另一个事件的推论,仅当能根据物理法则而被我们陈述时,似乎才会获得精确性。存在心理法则、生理法则及化学法则,它们目前均无法还原为物理法则。但它们中没有一个是精确且没有例外的;它们陈述一些倾向及一些平均数而非陈述支配最小量事件的数学法则。比如,以关于记忆的心理法则为例。我们

不能说 A 将在某天的格林尼治时间 12 点 55 分记住事件 e,除非我们确实有办法在那个时刻就此事提醒他。已知的记忆法则属于科学的一个早期阶段——早于开普勒定律及波义耳定律。我们能说,假如 A 和 B 一起被经验到了,那么 A 的再次出现往往导致对 B 的一种回忆,但我们不能说它一定会导致这样的结果,或者说,在一类可指定的情形而非另一类情形中,它将会如此。人们设想,为了获得一种精确的记忆的原因理论,有必要对脑的结构做更多的了解。所瞄准的目标将是像对荧光的物理学解释那样的某种东西,而荧光现象在许多方面类似于记忆。因此,在因果律方面,物理学在各门科学中似乎是最出色的;这种出色不仅是相对于其它的物质科学而言的,而且也是相对于同生命和心灵打交道的科学而言的。

然而,这有一个重要的局限。我们需要知道如此这般的知觉对象将在什么样的物理环境中出现,而且我们不可以忽视我们所拥有的与精神事件有关的更熟悉的性质方面的知识。因而,还剩下某个将处于物理学以外的区域。举一个简单的例子:理想地说,物理学也许能够预言,我的眼睛将会在这样的一个时间中遭受某种刺激;物理学也许能够追踪该刺激在眼睛和脑内所导致的那些事件的物理属性,而那些事件之一事实上是一个视知觉对象;但是,物理学自身不能告诉我们那些事件之一是一个视知觉对象。显而易见,一个有视力的人知道一个盲人所不能知道的一些事情,但是,一个盲人能够知道全部的物理学。因而,他人拥有而他所不拥有的知识并不是物理学的一部分。

尽管因此存在一个被排除于物理学的区域,然而物理学明显与一部"词典"一起提供了所有的因果知识。人们设想,给定了我的头脑中的事件的物理特征,这部"词典"将给出我的头脑中的"精神"事件。这绝不是一个方针问题。无需这种结果,前面的整个物理学理论就可以是真的。就物理学所能表明的而言,拥有同一种结构的不同事件组拥有因果序列中的同一个部分也许是可能的。换句话说,如果有了物理的因果律,并假定我们对一个初始事件组的了解足以让我们确定这个组中的事件的效果所具有的纯粹物理属性,那么这些效果在性质上仍能属于不同的类型。假如情况就是这样的,那么物理决定论就无需心理决定论;这是因为,给定两个结构相同但性质有异的知觉对象,我们无法判断哪一个会从我们仅知其物理属性的刺激物中产生;这里所说的物理属性也就是结构上的属性。这是物理学之抽象性的一个不可避免的结果。假如物理学只关心结构,那么除了事件的结构上的属性,它本身不能向任何人证实它的推论。现在,视知觉对象的结构事实上可能非常不同于触知觉对象的结构;但我认为,我们不可能足够严格而又普遍地确立这样的差异,以使我们能够说如此这般的刺激一定产生一种视知觉对象,而另一种刺激一定产生一种触知觉对象。

我认为,在这个问题上,我们必须求助于证据;这种证据部分说来是心理学的。事实上,我们确实知道,在正常情况下,我们或多或少能够由刺激物推论出知觉对象。假如情况不是这样,说和写的行为就是无用的。当功课被读时,会众能够跟随自己圣经中的文字。同时他们"思想"上的差异,至少可以部分地通过因果的方式与他们过去经验上的差异联系起来;而且人们假定,这些差异因为导致了脑结构上的差异而使其自身产生了效果。所有这一切似乎都是完全可能的,从而值得认真对待。但是,假如这实际上是为人的身体而确立的,那么它们位于物理学之外,而且不是从物理学的因果自主中产生的。可以看到,我们现在正在考虑的东西与从知觉到物理学的推论所需要的东西是相反的。我们在那里所需要的是,给定了知觉对象,我们就应该能够至少部分地推论刺激物的结构——或者无论如何,当被给予足够数量的知觉对象时,这一点就应该是可能的。我们现在所需要的是,给定了刺激物的结构(这是物理学所能给予的全部),我们就应该能够推论知觉对象的性质——这种推论具有和以前一样的缺陷。情况是否如此,并不是物理学的问题;但是,有理由认为情况就是这样的。

物理学的目标,不管是我们意识到的还是未意识到的,都总是在于发现我们可以称之为世界的因果框架的东西。存在这样的一种框架也许会令人吃惊,但物理学似乎表明存在这样的东西——尤其是当它连同证据被一起看待时;所说的证据是指,知觉对象是由其刺激物的物理特性所决定的。我们有理由——尽管不是完全决定性的理由——认为物理学是因果地起支配作用的;这就是说,给定了世界的物理结构,其事件的性质,只要为我们所熟悉了,就可以通过相互间的关联而推论出来。我们因而实质上拥有一种心-脑平行论,尽管加于其上的解释并不是通常的那一种。我们假定,给定了足够的知识,我们就能从我们头脑中的事件的物理属性推论出其性质。这就是当我们不严谨地说心的状态能从脑的状态中推论出来时确实要表达的意思。尽管我认为这很可能是真的,但相比于另一个在我看来可靠得多的命题,我并不急于断言它,这另一个命题是说:我们刚才所说的东西的真并不来自物理学的因果自主,或者说,并不来自被应用到包括生命体的物质在内的所有物质上的物理决定论。这后一种结果产生于物理学的抽象性,并属于物理哲学。前面那个命题,假如是真的,不可能通过单独考虑物理学而得以确立;它只能通过站在知觉对象本身的角度来研究知觉对象而得以确立,这种研究属于心理学。物理学仅仅研究知觉对象的认识的方面,它们的其它方面在物理学的权限之外。

即使我们拒绝认为我们头脑中的事件的性质能从其结构中推论出来,物理决定论适用于人的身体这种看法也使我们非常接近于唯物论中最不受喜欢的东西。物理学也许不能说出我们将听到、看到或"想到"什么;但是,根据我在这些篇章中所主张的观点,它能够说出我们将说什么或写什么,我们将去哪儿,我们将实施谋杀还是进行盗窃,如此等等。这是因为,所有这些都是身体的运动,而且因此属于物理法则的范围。时常有人要求我们承认诗歌或音乐之美不可能产生于物理法则。我应该承认,这种美不产生于物理学,因为美部分地依赖于内在性质。假如,就像一些美学作者所主张的那样,它只是一个形式问题,那么它就在物理学的范围内;但我认为这些作者没有认识到一种抽象的事情形式真正是什么。我也应该承认,莎士比亚或巴赫的思想不在物理学的范围内。但是,他们的思想对我们来说是不重要的:这些思想的全部社会功效依赖于他们印在白纸上的某些黑色符号。现在,似乎没有理由假定物理学不适用于这些符号的印制;这样的印制是一种恰好与地球在其轨道上的旋转一样真实的物质运动。无论如何,我们无法否认,他们的思想所具有的重要社会作用与某些纯粹物理的事件即白纸上的黑色符号的出现之间,拥有一种一对一的关系。此外，没有人能够怀疑，当我们阅读莎士比亚或听巴赫时，我们的情感的原因是纯粹物理的。因而，我们不能摆脱物理的因果关系的普适性。

然而，这也许不是我们在这个问题上的定论。我们已经看到，在物理学自身的基础上，物理决定论也许是有其适用范围的。我们不知道关于量子交换将在何时发生或放射性原子将在何时衰变的法则。我们相当充分地知道，如果某事发生了，那么将会有什么发生；并且我们知道足以决定宏观现象的统计学意义上的平均数。但是，假如心与脑是因果地相互联系的，那么非常微小的脑差异一定与显著的精神差异相关联。因而，我们可能被迫向下深入到量子交换的区域，并且在存在统计学意义上的平均数的地方抛弃宏观层面。也许，电子会随心所欲地跃迁；也许，对精神现象产生重大影响的脑内细微现象，属于物理法则在其中不再明确地规定什么事情必须发生的区域。当然，这只是一种纯理论的可能性；但是，它对唯物论的武断论行使了否决权。或许，物理学的进步将用某种方法来解决这个问题；目前，就像在这么多的其它问题上一样，哲学家必须安心等待科学的进步。

第三十八章 总结与结论

从当前的物理学状况看,许多在哲学上极为重要的问题都无法被回答,尽管它们是科学可以期待去回答且先前已在很大程度上被认为已被回答过的问题。这使哲学家的任务变得更难了;有必要制定各种假设,以便为科学可能达到的任何决断做准备。确实,可以认为我们已明确地弄清了某些事情;在其与哲学相关的范围内,这些事情在第一部分中被考虑过了。显然,在某种意义上存在电子和质子,而且我们无充分理由怀疑其估计质量及电荷的实质的精确性。也就是说,这些常数明显代表着物理世界中某种重要的东西,尽管说它们精确地代表目前所假定的东西是草率的。类似地,对于这样一点,即有一个常数 h,似乎不存在一种合理的怀疑;它的量纲就是作用量或角动量的量纲,并且它的大小实质上就是人们对它的估计结果。h 是代表周期性过程所特有的一个常数,这一点似乎也是清楚的。此外,从这样的一个过程到另一个过程的变化,即我们所谓的交换,除了受能量守恒原理的支配外,还受与 h 相关的原理的支配。

但是,若认为当前对量子原理所做的数学公式化表述是可能的最好的表述,那就非常草率了;事实上,存在一些对它不满的理由。也许,这些理由当中最重要的是,在表达动能时我们不得不使用变数分离的方法,而且我们不知道变数分离是否总是可能的,或者说,是否所有分离变数的方法都给出了等值的结果。除了这些颇具技术性的困难外,还有其它一些不太明确但也许并非不太重要的困难。根本没有人成功地使量子的存在看起来是"合理的";也就是说,它依旧是独立的,并与其它的物理学思想相分离。而且,它包含不连续性,而相对论的整个要旨则在于强调连续性。此外,尚未有人成功地用光量子解释干涉和衍射,也尚未有人在没有它们的情况下成功地解释光电效应。由于这些理由,哲学家能够自信地处理量子理论的时刻尚未到来;他只能表明他的哲学将会是什么,假如这种或那种观点在物理学中流行的话。

在相对论中,我们处于相对可靠的境地。往日的物理学的发展,在涉及相对论的地方,主要是逻辑的和哲学的。确实,是一些事实导致了这个理论,而且该理论反过来又导致一些新的事实的发现。但是,这些事实是无关紧要的,并刚好处于可观察的范围内;而且,作为事实,它们并不具有与量子相关的事实所具有的那种全新的意义。此外,由于这种理论是相当完美的,人们能够看到,理论上讲,它应该为伽利略所发现,或至少早在人们知道光速时就应该为人所发现。从技术上看,它代表着一种比牛顿哲学更好的哲学;事实上,其最显著的特征之一就在于技术对哲学的适应。

在我看来,当作为一个逻辑演绎系统来考虑时,相对论是最出色的。这就是我发现有必要如此反复地提到爱丁顿的理由或理由之一。除了爱因斯坦和外尔,他以最符合于哲学家的意图的形式阐述了这种理论。闵可夫斯基拥有同样的地位,但他没有活着看到广义相对论。因而,为了哲学的目的,我已允许自己几乎完全接受爱丁顿的指引。

在广义相对论中,我们从点的四维连续统开始;这种连续统的属性首先是纯粹顺序性的。然后,我们根据任一原则为每一个点指派四个坐标,并使这些坐标的顺序属性与那些点的顺序属性相一致。接着我们假定,若两点非常接近,就有关于这些坐标的二次函数;其坐标从属于上述顺序条件,但不管其坐标如何被指派,其值不变。如果该函数为正,其平方根就被称作(类时间的)间隔;如果为负,则其正值的平方根就被称作(类空间的)间隔。省略掉各种细节,我们可以说该理论中剩余的部分主要探讨短程线。一条短程线就是两个时-空点之间的路线,并且沿着这条路线所得到的关于间隔的积分是不变的。在各种重要的路线中,它是一个最大值。能量似乎能够被分成沿着短程线运动的包裹;当这些能量包以低于光速的速度运动时,它们被看作一些物质片。通过把某些限制强加于测量,外尔成功地把电磁现象列入了这个系统中。因而,我们有一种综合的理论,而且可以认为这种理论解释了除量子现象以外的一切东西。

尽管这个系统中有如此多的东西——尤其是张量法和哈密顿导数——为逻辑学家带来了快乐,哲学家仍然不能不对人们在间隔问题上的一个明显任意的假定感到不满。这个假定由于与毕达哥拉斯定理的历史的关联以及在非欧几何中的一些修改,似乎不像现在这样任意。但是,这个定理先前之所以被人相信,是因为它已经被证实了;当这种证明被发现没有价值时,人们之所以还相信它,是因为人们认为经验证据表明它大约是真的。当然,这种经验证据依然存在;但是,相对论使其价值与其以前看上去的样子相比变得很让人怀疑了。而且,人们惯常仔细地实施测量,并为此费力地弄到一些尽可能刚硬的物体及一些精确的光学仪器。假如我们的坐标就像其在广义相对论中那样是任意的,那么我们未必依然有权利期待它们将证实某种类似于毕达哥拉斯定理的东西。

与这些怀疑相比较,可以说,广义相对论因其所有可证实的结论都是正确的,证明了自身的合理性。这是事实,而且我不想贬低这个证明的力量。但我似乎看到,在获得这些结果时,这个理论并没有利用它开始时所主张的在坐标指派上的全部自由。在天文学中,它的坐标仍然是通过惯常的谨慎的方法被指派的,而且这种谨慎并非显然是无用的。由张量法,似乎可以断定,我们能够使用一些从属于顺序条件的坐标。但是,张量法,如所使用的那样,假定了关于间隔的公式;由于这个原因,在其《相对论原理》中,怀特海博士发现有必要给出一种独立于关于间隔的公式的张量理论。因而,在关于间隔的公式是否确实完全独立于坐标的选择这个问题上,仍然有合理的怀疑空间。

而且,除了这个问题以外,为间隔指明一种非技术的意义也是非常困难的。然而,假如间隔与其在相对论中一样根本,这样的一种意义应该是存在的。在测量意味着什么的问题上,也存在困难。而且有这样的一种感觉:张量方程也许代表时-空连续统的纯粹顺序的属性,并能在根本不使用坐标的情况下通过一种更好的技术被阐明。这种必要的技术在当前是不存在的;但是,很快将其创造出来也不是不可能的。

在第二部分,我们着手探讨一个不同类型的问题:物理学真理的证据问题,即物理学与知觉之间的关系问题。为了进行这种探究,在比心理学稍微狭窄的意义上地使用"知觉"一词是很方便的。

我们的目的是认识论的;因此,仅当知觉是明确的且知觉对象被观察到时,知觉才是相关的;未被注意到的知觉对象不能变成物理学的前提。当把知觉对象用来推论物理世界时,我们依赖于知觉的原因理论,因为常识的素朴实在论最终证明是自相矛盾的。可以严肃地替代知觉的原因理论的东西不是常识,而是唯我论和现象论。唯我论,作为认识论上的一种严肃的理论,一定意味着这样的观点:由我所经验到的事件,无法有效地推论我所没有经验到的事件的特性,甚至无法合理地推论其存在。假如推论是在严格的演绎逻辑的意义上被理解的,那么就我所能看到的而言,我们无法摆脱唯我论的立场。而且,应该看到,这种立场不能承认在我之外的事件,同样也不能承认我身上未被意识到的事件:它的基础是认识论的,因此对它来说,重要的区分是在我所经验到的和我所没有经验到的东西之间,而不是在什么是我的和什么不是我的东西之间,这后一种东西是某种形而上学的和物理学的意义上的。我们不能在不引进归纳和因果性的前提下摆脱唯我论的立场,并且归纳和因果性仍然要经受一些怀疑,而这些怀疑是从休谟怀疑论的批评中产生的。

然而,由于所有的科学都依赖于归纳和因果性,做出这样的假定,即它们在被适当地使用时最起码能给出一种概率,似乎是一种可辩护的行为,至少从实用主义的角度看是这样的。在本书中,我只是做出了这个假定,而没有试图为它辩护;我之所以这样做,是因为我认为这样的一种辩护不可能比凯恩斯的《论可能性》简单得多,而且也因为,尽管我相信辩护是可能的,但我对别人提出的那些辩护以及我自己有能力提出的任何辩护都不满意。因而,最好

399

尽可能严格地做出这个假定,而别去尝试人为的貌似合理性。

在唯我论与通常的科学的观点之间,有一种叫"现象论"的中间地带。它承认有不同于我所经验到的事件的事件,但认为所有这些事件都是知觉对象或别的精神事件。实际上,当科学家们这样主张时,这意味着,在他们实际经验到了什么这个问题上,他们将接受其他观察者的证据,但他们不会由此推论任何观察者都没有经验到的东西。可以说,现象论在为这种立场进行辩护时,尽管使用了类比和归纳,然而没有假定因果性。但是,我们可以怀疑它是否真的能放弃因果性。现象论者似乎把他人证据看作是理所当然的;也就是说,他们似乎假定,他们所看到和听到的词,当被使用时,表达了那些词本身将会表达的东西。但是,这里包含着因果性,并且在这种包含中,原因在一个人身上,而结果在另一个人身上。因此,对于这种作为中间地带的立场,似乎不存在任何实质性的辩护意见。

我们因此要做出一个假定,尽管这个假定不怎么具有论证上的确定性。它说的是:知觉对象拥有可以不是知觉对象的原因;特别地,当许多人同时拥有类似的知觉对象时,就有所谓的一个由因果地联接起来的诸多事件所构成的"场",并且这个场被发现拥有一些关系,而这些关系时常使我们能以一种球状顺序把事件安排在一个中心周围。我们因而获得事件的一种时-空顺序,而且我们发现,不管我们采取我们由之获得它的许多可能的方法中的哪一种,这种顺序都是一样的;在这种顺序中,知觉对象位于感知者的头脑中。在做出从知觉对象到其原因的推论时,我们假定刺激物一定拥有知觉对象所拥有的无论什么样的结构,尽管它也可以拥有不为知觉对象所拥有的一些结构上的属性。知觉对象的结构上的属性一定存在于刺激物中这个假定,是由"同因则同果"这条谚语推论而来的,而这条谚语是以"果异则因异"这种颠倒了的形式存在的;由"果异则因异",可以断定,假如——比如说——我们看到红和绿挨在一起,那么在红的知觉对象的刺激物与绿的知觉对象的刺激物之间就有某种差别。为刺激物所拥有但不为知觉对象所拥有的结构上的特征,当能被推论出来时,是凭借一般法则而做到的;例如,当两个对象用肉眼看起来相似而在显微镜下看起来不同时,我们就假定,在肉眼所看到的知觉对象的刺激物上有一些差别,而且这些差别在相应的知觉对象上要么不产生差别,要么不产生显著的差别。

这些原理使我们能对物理世界的结构做出大量的推论,但不能对其内在特性进行推论。它们把知觉对象放到了其自身的位置上,即把知觉对象看作与物理世界中的其它事件类似并与其相联系的现象;而且它们使我们能够认为口述录音机和照相感光板拥有从物理学的立场来看并非显著不同于知觉对象的东西。我们不再必须与知觉的原因理论中往常看似神秘的某种东西作斗争:一系列光波或者声波或者别的什么东西,突然产生一个在特性上显然完全不同于其自身的精神事件。至于内在特性,我们在物理世界中对它并无足够的了解,因而无权说它非常不同于知觉对象的内在特性;而至于结构,我们有理由认为它在刺激物和知觉对象之间是类似的。这一点之所以变得可能,是因为有下述这些事实:"物质"能被看作一个由事件构成的系统,而不能被看作世界的材料的一部分,并且我们已经发现,与先前所想象的相比,出现在物理学中的时-空,与知觉空间有相当大的差异。

401

这把我们带到了第三部分。在这一部分中，我们努力发现物理世界的一种可能的结构，这种结构同时将证明物理学的正当性；而且，我们考虑到了它与知觉之间的联系——物理学必须拥有一种经验的基础，而这就要求物理学与知觉之间具有某种联系。这里，我们首先关心点的构造，即把点构造为由在时-空中重叠或者说共点的事件所构成的系统；然后，我们关心时-空的纯粹顺序的属性。所使用的方法是非常一般的，而且能够适用于一种分离或连续的顺序；现已证明，给定了某些关于其重叠方式的法则，N_0 个事件足以产生一个点的连续统。然而，整个这一理论的目标仅仅在于构造属于拓扑学的时-空属性；一切属于间隔及度量的东西都在这个阶段被省略了，因为因果的考虑对间隔理论来说是必需的。

一个物质单元——比如说一个电子——的概念并不是一个我们可以正当采用的概念，因为我们没有丝毫证据来表明它是错误的还是正确的；这里所说的一个物质单元被看作一个"实体"，即一种在时间中持存的单个的简单存在体。我们把一个单独的物质单元定义为一条"因果线"，即一系列通过内在的微分因果定律而彼此联系起来的事件；这种内在的微分因果定律决定着一阶变化，并把二阶变化交由一些外在的因果定律去决定。（在这一点上，我们暂时忽略量子现象。）假如存在光量子，这些将或多或少满足这种物质定义，而且我们将回到光的微粒说；但在目前，这是一个尚待解决的问题。对于物理学来说，整个物质概念并不具有它以往所具有的那种根本地位，因为能量已越来越取代它的位置。我们发现，在地球条件下，电子和质子是持续存在的；但是，在理论物理学中，没有什么东西让我们这样期待，而且物理学家已完全做好准备，以便发现物质是可以湮没的。人们甚至就是为了解释恒星的能量，才提出这种观点的。

间隔问题呈现出一些巨大的困难，当我们尝试构造一幅使其重要性看起来不会令人吃惊的世界图画时。同样的说法也适用于量子。我已努力提出——恐怕不是很成功——一些把这两种奇特的事实连为一个整体的假设。我提出，世界，就像当钢琴演奏琶音时小提琴上所奏出的一个长音一样，是由律动所伴随的稳定的事件所组成的，或者单独由律动所组成。稳定的事件有种种类型，而且许多类型都有适合其自己的有节律的伴随物。量子变化是由诸多"交换"组成的；也就是说，这种变化就是一种律动突然代替了另一种律动。当两个事件拥有一种类时间间隔时，假如时-空是分离的，那么这个间隔就是从一个事件通往另一个事件的任何一条因果路线上数量最多的跃迁。关于类空间的间隔的定义是从关于类时间间隔的定义中得到的。就目前的证据来说，全部自然过程都可以被认为是不连续的；甚至周期性的律动也可以由每个周期中数目有限的事件所组成。为了解释量子原理的用途，周期性的律动是必需的。一个知觉对象，至少当它是视觉的时，将是由交换所引起的一个稳定的事件或稳定的事件的系统。知觉对象是物理世界中我们以非抽象的方式认识到的仅有的部分。至于通常意义上的既含物理的也含精神的在内的世界，我们对其内在特性有所知的一切事物都形成于精神的一边，而我们对其因果律有所知的几乎一切事物都形成于物理的一边。但是，从哲学的立场看，物理的和精神的之间的差别是表面的，并且是不真实的。

索　引

图书在版编目(CIP)数据

物的分析/(英)罗素著;贾可春译.—北京:商务印书
馆,2021
(汉译世界学术名著丛书)
ISBN 978-7-100-19263-7

Ⅰ.①物… Ⅱ.①罗… ②贾… Ⅲ.①物理学哲学—
研究 Ⅳ.①O4-02

中国版本图书馆 CIP 数据核字(2020) 第 252909 号

汉译世界学术名著丛书
物 的 分 析
〔英〕罗素 著
贾可春 译

商 务 印 书 馆 出 版
(北京王府井大街 36 号 邮政编码 100710)
商 务 印 书 馆 发 行
北京新华印刷有限公司印刷
ISBN 978-7-100-19263-7

2021 年 1 月第 1 版 开本 850×1168 1/32
2021 年 1 月北京第 1 次印刷 印张 14⅛
定价:56.00 元